W0260016

Die Grundlehren der mathematischen Wissenschaften

in Einzeldarstellungen
mit besonderer Berücksichtigung
der Anwendungsgebiete

Band 124

Herausgegeben von

J. L. Doob · E. Heinz · F. Hirzebruch · E. Hopf · H. Hopf
W. Maak · S. Mac Lane · W. Magnus · D. Mumford
M. M. Postnikov · F. K. Schmidt · D. S. Scott · K. Stein

Geschäftsführende Herausgeber

B. Eckmann und B. L. van der Waerden

Dietrich Morgenstern

Einführung in die Wahrscheinlichkeitsrechnung und mathematische Statistik

Zweite, verbesserte Auflage

Mit 6 Abbildungen

Springer-Verlag Berlin Heidelberg New York 1968

Dr. rer. nat. DIETRICH MORGENSTERN Ph. D.
o. Professor für Mathematische Statistik
an der Universität Freiburg i. Br.

Geschäftsführende Herausgeber:

Prof. Dr. B. Eckmann
Eidgenössische Technische Hochschule Zürich

Prof. Dr. B. L. van der Waerden
Mathematisches Institut der Universiät Zürich

ISBN-13: 978-3-642-99937-6 e-ISBN-13: 978-3-642-99936-9
DOI: 10.1007/978-3-642-99936-9

Alle Rechte vorbehalten
Kein Teil dieses Buches darf ohne schriftliche
Genehmigung des Springer-Verlages übersetzt
oder in irgendeiner Form
vervielfältigt werden.
© by Springer-Verlag, Berlin/Heidelberg 1964 and 1968
Softcover reprint of the hardcover 2nd edition 1968
Library of Congress Catalog Card Number 68-57397
Titel Nr. 5107

Vorwort zur ersten Auflage

In einer Zeit von Überangeboten, Überforderungen und reklamehaften Übertreibungen, die sich auch im Hochschulbetrieb und bei wissenschaftlichen Veröffentlichungen bemerkbar machen, muß man sich auf das Wesentliche besinnen. So ist es das Ziel dieses unter Benutzung meiner Vorlesungen in Berlin, Münster und Freiburg entstandenen Buches, eine knappe Einführung in das große und wichtige Gebiet der Wahrscheinlichkeitsrechnung und insbesondere der mathematischen Statistik — beides möchte ich Stochastik nennen — zu geben, die es dem Lernenden ermöglicht, sich schon früh mit den wesentlichen Begriffen und Fragestellungen dieser mathematischen Bereiche bekannt zu machen.

Unter Zugeständnissen an die Allgemeinheit und Eleganz der Darstellung werden nur Kenntnisse der Differential- und Integralrechnung sowie der Matrizenlehre vorausgesetzt, so daß die Darstellung auch Ingenieuren und Interessenten aus den Wirtschaftswissenschaften, die ja mehr und mehr eine gewisse mathematische Grundausbildung erhalten, zugänglich sein sollte, zumal im ersten Abschnitt (diskrete Wahrscheinlichkeitsfelder) die mathematischen Anforderungen noch geringer sind. Auch Lehrer höherer Schulen dürften davon profitieren: Elementare Wahrscheinlichkeitsrechnung bis zur POISSON-Verteilung bildet ein gutes Arbeitsgemeinschaftsthema.

Die Darstellung ist mathematisch vollständig, indem alle Sätze bewiesen werden, auch wenn die Regularitätsvoraussetzungen weggelassen werden, die der Nichtmathematiker ohnehin als langweilig unbeachtet läßt, die aber der mathematisch Gebildete leicht einfügen kann (und die je nach verwendeten Vorkenntnissen oft verschieden gewählt werden können) und in praxi sich von Fall zu Fall leicht nachprüfen lassen bzw. mangels Wissen als gültig unterstellt werden. An manchen Stellen begnüge ich mich auch mit der Formulierung in zwei oder drei Dimensionen (wo sich der Leser dann auch Figuren zeichnen kann).

Die Reihenfolge und Auswahl des Stoffes ergibt sich aus den Forderungen, einerseits aus der Fülle des Stoffes eine Minimalauswahl zu treffen, damit die übliche Diskrepanz (bei Lehrbüchern und Vorlesungen) zwischen dem, was geboten und dem, was gelernt wird, verringert werden kann, andererseits aber das, was man zur Allgemeinbildung jedes Mathematikers rechnet, zu bringen, und zwar in logisch richtiger Reihenfolge. Dabei kommt es nicht nur auf die mathematischen Sachverhalte an, sondern auch auf deren wahrscheinlichkeitstheoretische Formulierung.

Das Bemühen, das für praktische Anwendungen benötigte Grundwissen zu vermitteln — ein als Robinson auf eine Insel verschlagener Leser sollte im Prinzip alle ihm begegnenden statistischen Probleme behandeln können — ergab eine Darstellung, die nicht das Moderne bevorzugt, sondern einen klassisch gewordenen Tatbestand berücksichtigt.

Tabellen sind dem Buch nicht beigefügt (so wenig wie in Schulbüchern Logarithmentafeln), weil man diese — auch zur Lösung der Aufgaben des Buches — besser unabhängig benutzt. Die verschiedenartigen Übungsaufgaben dienen nicht nur als Musterbeispiele für praktische Anwendungen, sondern zum Teil auch der Gewöhnung an die stochastischen Begriffe, indem sie (oft wichtige) Ergänzungen zum Stoff des eigentlichen Textes bringen.

Das Literaturverzeichnis bringt — dem Charakter eines Lehrbuches entsprechend — nur eine Auswahl von weiterführenden Büchern, nach Gebieten sortiert, während einige Ergänzungen und Hinweise bei den betreffenden Stellen im Text angebracht sind. Die Angabe aller irgendwie benutzten Quellen ist bei einem Lehrbuch schlechterdings unmöglich. Innerhalb des Buches wird, wie heute üblich, durch bloße Gleichungsnummer innerhalb desselben Kapitels, durch Doppelnummer bei Hinweis auf andere Kapitel verwiesen.

Ich danke Herrn J. Gottschewski für wertvolle Hilfe und dem Springer-Verlag für die Ausstattung.

Ich wünsche mir, daß das Buch dazu hilft, Wahrscheinlichkeitsrechnung und mathematische Statistik bei Mathematikern und Nicht-nur-Mathematikern zu verbreiten und so die Verwendung dieser Gebiete in vielerlei Anwendungen zu unterstützen.

Freiburg i. Br., im Frühjahr 1964

D. Morgenstern

Vorwort zur zweiten Auflage

Die zweite Auflage enthält Verbesserungen und Ergänzungen an vielen Stellen, so auch viele Aufgaben, die weitere Anwendungen bringen, Hinweise auf die Informationstheorie sowie insbesondere einen Anhang über Theorie und Anwendungen der Extreme mit Ungleichungen als Nebenbedingungen. Ich danke zahlreichen Kritikern, insbesondere Herrn B. Hornfeck.

Freiburg i. Br., August 1968

D. Morgenstern

Inhaltsverzeichnis

II. Teil

Wahrscheinlichkeitsrechnung und Statistik bei zufälligen Größen mit Verteilungsdichten

Anhang

Theorie und Anwendungen der Extreme mit Ungleichungen als Nebenbedingungen

Einführung in die Wahrscheinlichkeitsrechnung und mathematische Statistik

Einleitung

Schon als Kind, etwa beim „Mensch, ärgere Dich nicht", kommt jeder Mensch mit Erfahrungstatsachen zusammen, die man zweckmäßig mit *Zufall* beschreibt. Es handelt sich dabei um Beschreibung von Versuchen mit Würfeln und Rouletten, die man oft zu wiederholen pflegt; Ergebnisse von vielen solchen Einzelexperimenten, wie z. B. die Anzahl der Würfelwürfe bis zum Erreichen einer großen Augensumme oder die relative Häufigkeit von 6-6-Folgen lassen sich nach einfachen Regeln mit großer Sicherheit voraussagen. Auf dem großen Lebensweg der Menschheit ist dieses einfache Spielwissen — ähnlich der Entwicklung manches ursprünglich nur dem Spieltrieb Dienenden zu naturwissenschaftlich-technisch Nützlichem — zu einer großen Theorie geworden, die zur Beschreibung eines beachtlichen Teiles der Erfahrungswelt, insbesondere bei großen Anzahlen nicht unterschiedener (insbesondere: nicht unterscheidbarer) Ereignisse (z. B. Lebensdauer oder Tätigkeit von Menschen oder Maschinen, Verhalten von Molekülen) herangezogen wird, insbesondere dann, wenn andere Beschreibungsversuche gescheitert sind (etwa dadurch, daß ihre Verwendung zur Vorhersage zu kompliziert oder teuer wird). Diese *Wahrscheinlichkeitstheorie* ist eine mathematische Theorie, deren Modelle für jeweils gewisse Wirklichkeitsbereiche — wie bei anderen Theorien — nach gewissen Handhabungs- und Interpretationsregeln nützlich gemacht werden:

Den Gegenstand der Anwendung der Theorie bilden Experimente oder deren mögliche Ergebnisse, die man sich am anschaulichsten als mögliche *zukünftige* Ereignisse (im Gegensatz zu historischen) vorstellt. Auch die Aussagen über statistische Test- und Schätzverfahren haben also (als Wahrscheinlichkeitsaussagen) nur Gültigkeit vor dem Experiment, auf das sie sich beziehen.

Gewisse Größen gehen als Urwahrscheinlichkeiten in das Modell ein (z. B. $\frac{1}{6}$ für das Ergebnis „6" bei jedem der beabsichtigten Würfelwürfe); sie können (wie beim Würfel) aus Symmetriegründen gewonnen sein oder auf andere, später zu besprechende Weise, bestimmt werden. Ereignisse (wie die Ergebnisse der verschiedenen Würfelwürfe) werden in einem später zu präzisierenden Sinn als „unabhängig" angenommen[1].

[1] Es gibt auch komplizierte Modellvorstellungen, z. B. die in diesem Buch erwähnten MARKOFF-Ketten.

Eine Interpretation der Aussagen der Theorie erfolgt nur für solche, denen Wahrscheinlichkeiten ungefähr gleich Eins zugeordnet sind. Die hierin steckende Willkür entspricht der mehr oder weniger großen Glaubwürdigkeit oder Sicherheit der Aussagen (eine im täglichen Leben wohlbekannte Abstufung zwischen todsicher, sicher, gewiß bis vermutlich), die sich z. B. in der Bereitwilligkeit zu Garantieabgaben oder zum Wetten zeigt[1].

Die anderen Aussagen der Theorie, die mit Wahrscheinlichkeiten zwischen Null und Eins belegt sind, werden nicht direkt für die Anwendungen in der Wirklichkeit herangezogen; sie können aber auf ähnliche Weise als Urwahrscheinlichkeiten durch Zusammenfassung des Modells zu einer umfassenderen Gesamtheit interpretiert werden; oder man sieht sie als eine Wirklichkeit im erweiterten Sinn an.

Die besondere Nützlichkeit der Wahrscheinlichkeitsrechnung zur Beschreibung sehr vieler gleichartiger Einzelerscheinungen spiegelt sich in der Fülle von *Grenzwertsätzen* wider.

Über die Wahrheit von Wahrscheinlichkeiten Betrachtungen anzustellen, kann man getrost Philosophen überlassen; für uns handelt es sich hier um eine mathematische Theorie, die durch ihre reiche Begriffswelt interessant ist, während sich die Zweckmäßigkeit in den verschiedenen Anwendungsgebieten aus der Nützlichkeit und dem Erfolg ergibt, wie z. B. der Existenz von Spielbanken und Versicherungen, der Rentabilität von Fabrikationsbetrieben mit statistischer Qualitätstheorie, sowie dem Funktionieren von öffentlichen Einrichtungen, wie Eisenbahnen, die zwar vielen willensfreien Menschen offenstehen, aber von diesen im Mittel regelmäßig benutzt werden[2].

Das Problem, die in ein spezielles wahrscheinlichkeitstheoretisches Modell eingehenden Parameter, z. B. die vorhin erwähnten Urwahrscheinlichkeiten, zu bestimmen („schätzen") und damit das Modell der Wirklichkeit anzupassen, wird durch Methoden behandelt, deren Herleitung die Aufgabe der mathematischen Statistik ist. Diese Anpassungsaufgabe ist das zu dem betreffenden Modell gehörende „statistische Problem"[3]. In einfachen Fällen löst man es durch Gleichsetzen der Wahrscheinlichkeiten mit beobachteten relativen Häufigkeiten; aber selbst bei dem Musterbeispiel des Münzenwurfes gibt es unter den

---

[1] Nur bei Juristen gibt es eine „an Sicherheit grenzende Wahrscheinlichkeit".

[2] Man stelle sich vor, alle Bewohner einer Großstadt wollten gleichzeitig mit der Straßenbahn in dasselbe Kino fahren! Ein Mensch, der solche Erfahrung macht, oder etwa sein Leben lang mit allen Würfeln nur Sechsen würfelt, kann die Wahrscheinlichkeitsrechnung für überflüssig halten, als mathematische Theorie bleibt sie trotzdem richtig.

[3] Diese Definition der Statistik umfaßt alle von Spezialisten gegebenen, z. B. Statistik als Stichprobentheorie oder Versuchsplanung anzusehen.

vielen Gesichtspunkten, unter denen das zugehörige statistische Problem behandelt werden kann, solche, bei denen die Lösung nach einer anderen Regel gefunden wird. Oft besteht die statistische Aufgabe auch darin, zu prüfen („testen"), ob das vorgeschlagene wahrscheinlichkeitstheoretische Modell brauchbar ist.

Hat man weitere Kenntnisse über die Auswirkungen der Antworten statistischer Fragen, etwa in Form von Gewinn und Verlustgrößen, so kann man mittels allgemeiner Prinzipien, z. B. dem Mini-Max-Prinzip, systematisch Methoden zur Beantwortung statischer Fragen entwickeln: „Entscheidungstheorie", hier an mehreren Stellen als „höhere Gesichtspunkte" dargestellt.

Von vielen Autoren wird ein Teil der Urwahrscheinlichkeiten als „subjektives Wissen", „Vorherbewertung" oder anders bezeichnet; dies soll die Übertragbarkeit der Ergebnisse auf andere Fälle einschränken; für die mathematische Betrachtung ist dies unerheblich, da die formale Behandlung dieselbe ist.

Philosophisch interessierte Leser seien darauf hingewiesen, daß man jegliches Erfahrungsammeln, auch das Denken selbst, als einen Prozeß unvollständiger Induktion bezeichnen könnte, bei dem wir die Sicherheit der Aussagen zu vergrößern suchen; letztlich könnte also alles Denken als Statistik bezeichnet werden.

Im ersten Kapitel wird der einfachste Fall wahrscheinlichkeitstheoretischer Modelle, der Münzenwurf, behandelt und das zugehörige statistische Problem diskutiert; der weitere Aufbau beschränkt sich im ersten Teil auf die mathematisch besonders einfachen diskreten Wahrscheinlichkeiten, während im zweiten Teil dann zufällige Größen mit Verteilungsdichten zugelassen werden.

Der Anhang behandelt die an vielen Stellen der Wahrscheinlichkeitstheorie, der eigentlichen Statistik und bei der „Linearen Optimierung" auftretenden Extremwertaufgaben mit Ungleichungen als Nebenbedingungen.

I. Teil

Wahrscheinlichkeitsrechnung und Statistik bei elementaren Wahrscheinlichkeitsfeldern

§ 1. Elementare Wahrscheinlichkeitsfelder

1. Der Wahrscheinlichkeitsbegriff

Beobachtungen bei gewissen oft wiederholbaren Versuchen, wie Würfeln, Drehen eines Glücksrades auf dem Jahrmarkt oder Betrachten (d. h. Entnehmen und Zurücklegen) einer Kugel oder eines Loses aus einer gemischten Urne[1], zeigen, daß die Anzahlen n_i des Eintretens der verschiedenen möglichen Ergebnisse (z. B. „6" zu würfeln), dividiert durch die Anzahl der Versuche n, also die beobachteten relativen Häufigkeiten n_i/n, bei derselben Apparatur bei großem n immer wieder dicht beieinanderliegen. Es liegt daher nahe, den verschiedenen Möglichkeiten für das Ergebnis *eines* solchen Experimentes gewisse Zahlen p_i zuzuordnen, denen sich die beobachteten relativen Häufigkeiten bei vielen Experimenten in einem gewissen Sinne nähern. Dabei bleibt es vorläufig frei, die p_i zu bestimmen. Damit die p_i die Eigenschaften der relativen Häufigkeiten wiedergeben, soll gefordert werden:

$$\begin{aligned} &\text{a)} \quad p_i \geqq 0, \\ &\text{b)} \quad \sum p_i = 1. \end{aligned} \tag{1.1.1}$$

Da es oft nicht interessant ist, alle möglichen Ergebnisse zu unterscheiden (man denke an die Spielregeln mancher Würfelspiele oder die Beobachtung eines Farbenroulettes durch einen Farbenblinden!), sollen auch den durch Zusammenfassung der ursprünglichen Ergebnisse entstandenen Ergebnissen Wahrscheinlichkeiten zugeordnet werden. Damit diese Wahrscheinlichkeiten wieder analoge Eigenschaften wie die relativen Häufigkeiten haben, wird dazu definiert

$$\boldsymbol{P}(i_1, \ldots, i_r) = \sum_{\nu=1}^{r} p_{i_\nu}, \tag{1.1.2}$$

---

[1] Die Vorstellung des Beobachtens eines Loses bei einer einmaligen Ziehung aus einer Urne halte ich für die Anschauung sehr geeignet, da man sich später die Lose mit mehreren Zahlen bedruckt denken kann.

wobei mit $\boldsymbol{P}(i_1, \ldots, i_r)$ die Wahrscheinlichkeit des aus den ursprünglichen Ergebnissen $i_1, \ldots, i_r$ (voneinander verschieden!) zusammengesetzten Ergebnisses bezeichnet wird.

Es ergibt sich damit eine Situation, die vorläufig so beschrieben werden kann:

Alle Teilmengen einer (endlichen oder abzählbaren) Menge $\Omega = \{\xi_i\}$ heißen Ereignisse. Jedem ξ_i ist eine Zahl $p_i \geqq 0$ mit $\sum_{\xi_i \in \Omega} p_i = 1$ zugeordnet, und für alle Ereignisse gilt

$$\boldsymbol{P}(A) = \sum_{\xi_i \in A} p_i.$$

Man spricht von der „Wahrscheinlichkeit von A" oder der „Wahrscheinlichkeit, daß A eintritt".

2. Mengentheoretische und logische Verknüpfungen

Um mit den Ereignissen oder Teilmengen von Ω operieren zu können, ist es nötig, die Bildung neuer Ereignisse aus gegebenen zu betrachten. Vorher sei bemerkt, daß die Gleichheit zweier Mengen A und B naturgemäß dadurch definiert ist, daß ein Element ξ dann und nur dann Element von A (in Zeichen $\xi \in A$) ist, wenn es Element von B ist. Drücken wir die Tatsache, daß $\xi \in A$ ist, auch als „ξ hat Eigenschaft α" aus und sprechen wir A mit „Menge der ξ, die die Eigenschaft α haben", kurz „Eigenschaft α" an, so können wir auch die folgenden einfachen Operationen auf mehrere äquivalente Weisen beschreiben. Die Menge, die von Elementen ξ, die $\xi \in A$ und $\xi \in B$ erfüllen, gebildet wird, nennt man den Durchschnitt, in Zeichen $A \cap B$, auch $A \cdot B$ oder $A\,B$ geschrieben. Sie besteht aus den Elementen, die die Eigenschaften α und β haben, kurz „α und β" (in Zeichen $\alpha \wedge \beta$).

Die Menge, die von den Elementen ξ, die $\xi \in A$ oder $\xi \in B$ erfüllen[1], gebildet wird, nennt man die Vereinigung, in Zeichen $A \cup B$. Mit Eigenschaften kurz formuliert: „α oder β" (in Zeichen $\alpha \vee \beta$). Man bestätigt leicht, daß folgende Regeln gelten:

$$\left.\begin{array}{lll} A \cup B = B \cup A & & \text{(Kommutativgesetz)} \\ A \cap B = B \cap A & & \\ (A \cup B) \cup C = A \cup (B \cup C) & & \text{(Assoziativgesetz)} \\ (A \cap B) \cap C = A \cap (B \cap C) & & \\ A \cup (B \cap C) = (A \cup B) \cap (A \cup C) & & \text{(Distributivgesetz)} \\ A \cap (B \cup C) = (A \cap B) \cup (A \cap C) & & \end{array}\right\} \quad (1.2.1)$$

[1] Im Sinne des lateinischen „vel"; nichtausschließendes oder; auch beide Fälle dürfen eintreten.

Die Assoziativgesetze erlauben, bei fortgesetzter Vereinigungs- (bzw. Durchschnitts-) Bildung die Klammern wegzulassen; statt

$$A_1 \cup A_2 \cup A_3 \ldots \quad \text{schreibt man} \quad \bigcup A_\nu,$$

$$A_1 \cap A_2 \cap A_3 \ldots \quad \text{entsprechend} \quad \bigcap A_\nu.$$

Als Komplement einer Menge A erklärt man die Menge aller derjenigen ξ, die nicht zu A gehören und schreibt

$$\Omega - A \quad \text{oder} \quad A^C \quad \text{oder} \quad \complement A.$$

Hierfür gelten offenbar folgende Regeln:

$$(A \cup B)^C = A^C \cap B^C; \qquad (A \cap B)^C = A^C \cup B^C.$$

Durch Eigenschaften ausgedrückt entspricht die Komplementbildung der Negation „nicht α“.

Die Enthaltenseinsbeziehung zweier Mengen, $A \subset B$, „enthalten in“ oder gleichwertig $B \supset A$ „umfaßt“, dadurch erklärt, daß alle ξ, für die $\xi \in A$ gilt, auch $\xi \in B$ erfüllen (z. B. bei $A = B$) drückt sich so aus: „aus α folgt β“.

Zusammen mit der leeren Menge $\emptyset$, die kein ξ enthält und der Eigenschaft „α ist unmöglich“ entspricht, entsteht dann folgende lexikonähnliche Tabelle äquivalenter Beschreibungen durch mengentheoretische (links) bzw. logische Verknüpfungen (rechts).

$$\left.\begin{array}{ll} A \cap B & \alpha \text{ und } \beta \text{ (auch } \alpha \wedge \beta \text{ geschrieben)}, \\ A \cup B & \alpha \text{ oder } \beta \text{ (auch } \alpha \vee \beta \text{ geschrieben)}, \\ A \subset B & \text{aus } \alpha \text{ folgt } \beta \text{ (auch } \alpha \rightarrow \beta \text{ geschrieben)}, \\ A^C & \text{nicht } \alpha, \\ A = \emptyset & \alpha \text{ ist unmöglich}, \\ A = \Omega & \alpha \text{ gilt immer}. \end{array}\right\} \tag{1.2.2}$$

Im Falle, daß die A_ν paarweise fremd sind, d. h. wenn für $\nu \neq \mu$ immer $A_\nu \cap A_\mu = \emptyset$ gilt, schreibt man statt $\bigcup A_\nu$ auch $\sum A_\nu$ oder $A_1 + A_2 + \cdots$; diese Schreibweise impliziert immer die Voraussetzung des Paarweise-fremd-Zueinanderseins der A_ν.

3. Das elementare Wahrscheinlichkeitsfeld

Für die in § 1.1 eingeführten zusammengesetzten Ereignisse, nämlich das System $\mathfrak{A}$ aller Teilmengen von Ω, gilt offenbar folgendes KOLMOGOROFFsches Axiomensystem

I. 1. Mit $A_\nu \in \mathfrak{A}$ gehören auch $\bigcup A_\nu$ und $\bigcap A_\nu$ zu $\mathfrak{A}$.

2. Mit A gehört auch A^C zu $\mathfrak{A}$.

3. Ω und $\emptyset$ gehören zu $\mathfrak{A}$.

II. Die auf $\mathfrak{A}$ definierte reellwertige Funktion $\boldsymbol{P}$ hat die Eigenschaften:

1. $\boldsymbol{P}(A) \geqq 0$ (Nichtnegativität)
2. $\boldsymbol{P}(\sum A_\nu) = \sum \boldsymbol{P}(A_\nu)$ (σ-Additivität)[1]
3. $\boldsymbol{P}(\Omega) = 1$ (Normierung)

Es ist klar, daß im Falle einer endlichen Menge Ω die Forderung II.2. nur für endliche Vereinigungen gefordert werden muß.

Ein System (Ω, $\mathfrak{A}$, $\boldsymbol{P}$), das die Eigenschaften I[2]. und II. hat, heißt Wahrscheinlichkeitsfeld; dabei heißt $\mathfrak{A}$ das Ereignisfeld, $\boldsymbol{P}$ die Wahrscheinlichkeitsbelegung.

Aus nichtnegativen Mengenfunktionen Q, definiert auf $\mathfrak{A}$, die die Eigenschaften II. 1. und 2. haben, erhält man im Falle, daß $Q(\Omega)$ endlich ist, durch Division (Normierung) eine Wahrscheinlichkeitsbelegung.

Im Falle endlicher Mengen Ω hat man eine häufig verwendete additive Mengenfunktion in der *Anzahlfunktion* $Q(A) =$ Anzahl der ξ in A[3].

Wenn eine Klasseneinteilung der Elemente von Ω vorliegt, d. h. $\Omega = B_1 + B_2 + \cdots$ geschrieben werden kann, kann man die B_ν als Elementarereignisse eines neuen Wahrscheinlichkeitsfeldes ansehen für die man $\boldsymbol{P}(B_\nu) = p_\nu$ als definierende Größen für die Wahrscheinlichkeitsbelegung verwendet. Diesen Vorgang nennt man Vergröberung.

Man kann die Vergröberung auch deuten als Einschränkung von $\boldsymbol{P}$ auf ein in $\mathfrak{A}$ enthaltenes Ereignisfeld, nämlich dasjenige, dessen Teile sich aus den B_ν zusammensetzen lassen.

In diesem Zusammenhang ist der Begriff des von einem System $\mathfrak{S}$ von Teilmengen erzeugten Ereignisfeldes wichtig; das ist das kleinste System $\mathfrak{A}$ mit den Eigenschaften I. 1., 2., 3., das $\mathfrak{S}$ enthält.

Im Falle, daß $\mathfrak{A}$ endlich ist, bestimmen diejenigen Teilmengen darin, aus denen alle anderen durch Vereinigungsbildung hergeleitet werden können, die von $\mathfrak{S}$ erzeugte Vergröberung.

Interessant und für spätere Überlegungen wichtig ist folgende Betrachtung: Wenn man das Differenzzeichen $\mathfrak{A} - C$ statt $\mathfrak{A} \cap C^C$ für Mengen verwendet, die ineinander enthalten sind ($C \subset \mathfrak{A}$), und das Summenzeichen bei Vereinigung fremder Mengen verwendet, darf man schreiben

$$A \cup B = (A - A \cap B) + B.$$

Also, wegen der Additivität der Wahrscheinlichkeitsbelegung

$$\boldsymbol{P}(A \cup B) = \boldsymbol{P}(A - A \cap B) + \boldsymbol{P}(B). \tag{1.3.1}$$

Ähnlich folgt aus

$$A \cap B + (A - A \cap B) = A$$

$$\boldsymbol{P}(A \cap B) + \boldsymbol{P}(A - A \cap B) = \boldsymbol{P}(A) \tag{1.3.1a}$$

---

[1] Die Bezeichnung impliziert, daß $A_\nu A_\mu = \emptyset$ ($\nu \neq \mu$) vorausgesetzt wird.

[2] Bei den Operationen in I. 1. werden abzählbar-unendlich viele A_ν zugelassen.

[3] Aus der Anzahlfunktion ergibt sich die Konstantverteilung, die „klassische“ oder LAPLACEsche Wahrscheinlichkeit, die oft durch „regellos“, „rein-zufällig“ oder dgl. beschrieben wird.

mithin aus (3.1) und (3.1a) durch Addition die nützliche Beziehung

$$\boldsymbol{P}(A \cup B) + \boldsymbol{P}(A \cap B) = \boldsymbol{P}(A) + \boldsymbol{P}(B). \tag{1.3.2}$$

Gilt insbesondere etwa, daß

$$\boldsymbol{P}(A) \geqq 1 - \varepsilon, \quad \boldsymbol{P}(B) \geqq 1 - \varepsilon, \tag{1.3.3}$$

so folgt wegen $\boldsymbol{P}(A \cup B) \leqq 1$, daß

$$\boldsymbol{P}(A \cap B) \geqq 1 - 2\varepsilon.$$

4. Poincaré-Sylvestersche Formel

Wenn die Elementarereignisse nach verschiedenen Eigenschaften (Merkmalen) unterschieden werden können, entsteht oft die Aufgabe, diejenigen abzuzählen, die keine dieser Eigenschaften haben, wenn die Anzahlen der Elementarereignisse mit einer oder mehreren Eigenschaften bekannt sind.

Allgemein gilt für nichtnegative additive Mengenfunktionen (also insbesondere auch für Wahrscheinlichkeiten) folgende von SYLVESTER rührende Darstellung:

$$Q\left(\bigcap_{\nu=1}^{n} (\Omega - A_\nu)\right) = Q(\Omega) - \sum Q(A_\nu) + \sum_{\nu<\mu} Q(A_\nu \cap A_\mu) - + \\ + (-1)^n Q(A_1 \cap \cdots \cap A_n). \tag{1.4.1}$$

Die Bedeutung der einzelnen Summanden der rechten Seite wird leicht klar: Von $Q(\Omega)$ sollen zunächst diejenigen Beiträge erfaßt werden, die von den einzelnen Mengen A_ν stammen; dann hat man aber mit $\sum Q(A_\nu)$ diejenigen Elementarereignisse zuviel subtrahiert, die in mehreren der A_ν liegen; deshalb werden mit $\sum Q(A_\nu \cap A_\mu)$ die wieder erfaßt, die in mindestens zwei der A_ν liegen, aber diejenigen, die in mindestens dreien der A_ν liegen, wieder zuviel, usw. Daher wird (4.1) auch Formel des Ein- und Ausschließens genannt. Man erkennt zugleich, daß die an irgendeiner Stelle abgebrochene rechte Seite abwechselnd zuviel und zuwenig liefert.

Ein Beweis der SYLVESTERschen Formel kann leicht durch Induktion nach der Anzahl der A_ν geführt werden:

Führen wir die neue nichtnegative additive Mengenfunktion

$$Q^*(B) = Q\big((\Omega - A_n) \cap B\big) = Q(B) - Q(B \cap A_n) \tag{1.4.2}$$

ein, so gilt

$$Q\left(\bigcap_{1}^{n} (\Omega - A_\nu)\right) = Q^*\left(\bigcap_{1}^{n-1} (\Omega - A_\nu)\right) \\ = Q^*(\Omega) - \sum_{1}^{n-1} Q^*(A_\nu) + \sum_{\nu<\mu}^{n-1} Q^*(A_\nu \cap A_\mu) - + \cdots$$

(nach Induktionsvoraussetzung).

Mit der Beziehung (4.2) ergibt sich nach Zusammenfassung die Behauptung. Die oben gemachte Bemerkung über die abgebrochenen rechten Seiten folgt auf dieselbe Weise.

Man kann sich die SYLVESTERsche Formel leicht merken:

Wenn man formal das Produkt $\prod_{\nu=1}^{n} (\Omega - A_\nu)$ ausmultipliziert und vor jedem Summanden Q schreibt, erhält man die rechte Seite; ein Beweis, bei dem in entsprechender Weise wirkliche Produkte auftreten, wird in § 4.2 gebracht werden.

Aufgaben

1. Man zeige, daß jede aus den Relationen (2.1) hergeleitete allgemeine Mengengleichung richtig bleibt, wenn $\cap$ und $\cup$ vertauscht werden.

2. Man überlege sich, daß die Tabelle der logischen und mengentheoretischen Beziehungen ergänzt werden kann durch:

Unendlich viele α_ν gelten $\bigcap_{n=1}^{\infty} \bigcup_{\nu=n}^{\infty} A_\nu$ (der sog. $\lim\sup A_\nu$).

Alle α_ν bis auf endlich viele $\bigcup_{n=1}^{\infty} \bigcap_{\nu=n}^{\infty} A_\nu$ (der sog. $\lim\inf A_\nu$)

und folgere aus beiden Seiten dieser Ergänzung, daß

$$\lim\inf A_\nu \subset \lim\sup A_\nu$$

ist. Für monotone Folgen $A_\nu \subset A_{\nu+1}$ (bzw. $A_\nu \supset A_{\nu+1}$) beweise man die Gleichheit beider limites!

3. Man folgere aus $\boldsymbol{P}(A_\nu) \geqq 1 - \varepsilon_\nu$, daß

$$\boldsymbol{P}(\bigcap A_\nu) \geqq 1 - \sum \varepsilon_\nu$$

gilt; bei endlich vielen A_ν ergibt das die „Regel von den kleinen Ausnahmewahrscheinlichkeiten".

4. Aus A folge das Eintreten von mindestens einem der $B_1, B_2, \ldots$; man zeige, daß gilt

$$\boldsymbol{P}(A) \leqq \sum_\nu \boldsymbol{P}(B_\nu).$$

§ 2. Einblick in die Kombinatorik

1. Permutationen und Kombinationen

Für viele Aufgaben der Wahrscheinlichkeitsrechnung und Statistik, z. B. bei der Berechnung von Wahrscheinlichkeiten, wenn (etwa aus Symmetriegründen) die Elementarereignisse als gleichwahrscheinlich angenommen werden, ist es nötig, gewisse Anzahlberechnungen durchzuführen. Methoden zur Anzahlbestimmung von Anordnungen und Auswahlen von Dingen behandelt die Kombinatorik.

Betrachten wir n unterscheidbare Dinge, die wir uns von 1 bis n numeriert denken. Jede Auswahl von r dieser Dinge, bei der es auf die Reihenfolge nicht ankommt, d. h. jede Teilmenge, die aus r dieser n Dinge besteht, nennt man eine r-Kombination. Die Anzahl $C(n, r)$ dieser Kombinationen soll bestimmt werden. Wenn wir nicht nur auf die in die Teilmengen aufgenommenen Dinge achten, sondern auch auf deren Reihenfolge, d. h., wenn wir geordnete Teilmengen betrachten, die man sich am bequemsten veranschaulicht, indem wir r genau unterscheidbare Plätze (etwa von 1 bis r numeriert), besetzen, so sprechen wir von r-Permutationen (in der älteren Literatur werden die r-Permutationen als Variationen geführt). Im Fall $r = n$ spricht man von Permutationen schlechthin; da die Teilmengen alle verfügbaren Dinge umfassen, kommt es dann nur auf deren Anordnung an.

Die Anzahl der r-Permutationen von n Dingen sei $P(n, r)$ und soll ebenfalls bestimmt werden.

Bei den Permutationen gibt es n Möglichkeiten, Platz Nr. 1 zu besetzen; dann bleiben jeweils noch $n - 1$ Dinge, aus denen die anderen $r - 1$ Plätze zu besetzen sind, also gilt

$$P(n, r) = n\,P(n-1, r-1),$$

woraus folgt

$$P(n, r) = n(n-1)\ldots(n-(r-1)), \qquad (2.1.1)$$

was i. allg. mit $(n)_r$ bezeichnet wird. Wir setzen auch $(n)_0 = 1$. Insbesondere gilt $P(n, n) = n!$

Man kann auch über die Rekursionsformel

$$P(n, r) = P(n-1, r) + r\,P(n-1, r-1),$$

zu diesem Ergebnis kommen, wenn man die Permutationen danach sortiert, ob und auf welchem Platz sich das Ding „1“ befindet.

Die Anzahl der r-Kombinationen kann man aus der Anzahl der r-Permutationen gewinnen, da man offenbar aus jeder Kombination genau $r!$ Permutationen erhält.

Also gilt

$$C(n, r) = \frac{P(n, r)}{r!} = \frac{n!}{r!\,(n-r)!} = \binom{n}{r}. \qquad (2.1.2)$$

Ohne Benutzung der Permutationszahlen gewinnt man das Ergebnis aus der Rekursionsformel

$$C(n, r) = C(n-1, r) + C(n-1, r-1),$$

die sich durch Zerlegen aller r-Kombinationen in diejenigen ohne bzw. mit Element Nr. „1“ ergibt. Diese letzte Formel drückt die Eigenschaft der Binomialkoeffizienten $\binom{n}{r}$ aus, die bei deren Anordnung im PASCALschen Dreieck

$$\begin{array}{ccccccccccc} & & & & & 1 & & & & & \\ & & & & 1 & & 1 & & & & \\ & & & 1 & & 2 & & 1 & & & \\ & & 1 & & 3 & & 3 & & 1 & & \\ & 1 & & 4 & & 6 & & 4 & & 1 & \\ 1 & & 5 & & 10 & & 10 & & 5 & & 1 \end{array}$$

der Regel entspricht, daß jede Zahl gleich der Summe der beiden schräg darüberstehenden ist. Die Symmetrie des PASCALschen Dreiecks zur Senkrechten ist auch für die Kombinationsanzahlformel klar, denn

$$C(n, r) = C(n, n - r)$$

folgt sofort daraus, daß jede Teilmenge eindeutig durch die komplementäre Teilmenge bestimmt ist.

Andere Aufgaben betreffen Anzahlen von r-Kombinationen aus Dingen, bei denen n verschiedene (wieder von 1 bis n numeriert) Arten von Dingen je in unbeschränkter Zahl zur Bildung von Teilmengen (Umfang r) zur Verfügung stehen. Wenn wir die Anzahl dieser r-Kombinationen „r-Kombinationen mit Wiederholung" mit $C^*(n, r)$ bezeichnen, so muß gelten

$$C^*(n, r) = C^*(n, r - 1) + C^*(n - 1, r),$$

wie man erkennt, wenn man die r-Kombinationen zerlegt in diejenigen, die „1" enthalten und diejenigen, die nur aus den Dingen 2 bis n gebildet werden.

Da offenbar $C^*(n, 1) = n$ und $C^*(1, r) = 1$ ist, folgt, daß

$$C^*(n, r) = \binom{n + r - 1}{r} \tag{2.1.3}$$

sein muß.

Diese Formel kann man auch durch Zuordnung einer anderen Kombinationsaufgabe direkt auf die Formel für $C(a, b)$ zurückführen: Indem man die in die Kombination aufgenommenen Dinge nach deren Nummer sortiert und durch Teilstriche voneinander trennt, wobei gegebenenfalls mehrere Teilstriche nebeneinander gesetzt werden sollen, wenn von einem oder mehreren Dingen keines in der Kombination vorkommt, erhält man eine Zeichenfolge aus Zahlen und Strichen, die die Kombination eindeutig festlegt, wenn man nur weiß, an welchen der insgesamt $n + r - 1$ Zeichenplätze die $n - 1$ Striche stehen. Die Anzahl der Aufteilungen von $n - 1$ Elementen auf $n + r - 1$ Plätze ist aber gerade

$$C(n + r - 1, n - 1) = C(n + r - 1, r), \qquad \text{q. e. d.}$$

Die entsprechende Frage bei r-Permutationen von n Dingen „mit Wiederholung" führt auf deren Anzahl $P^*(n, r) = n^r$.

2. Permutationen mit Einschränkungen

Schwieriger werden die Anzahlbestimmungen, wenn noch gewisse Nebenbedingungen gestellt werden. Ein einfaches Beispiel dafür bietet die Aufgabe, die n-Permutationen ohne „Rencontre" abzuzählen. Dabei bedeutet „Rencontre" das Liegen eines Elementes „k" auf Platz „k". In der Zeit der Gesellschaftsmathematik deutete man die Aufgabe als die Bestimmung der Anzahl von Möglichkeiten, aus n Ehepaaren n Tanzpaare zu bilden, bei denen kein Ehemann mit seiner Ehefrau tanzt.

Man kann für die gesuchte Anzahl D_n eine Rekursionsformel aufstellen:

Für die Besetzung des Platzes „1" kommen die Dinge „2", ..., „n" in Betracht. Wenn bei einer dieser $n-1$ Möglichkeiten „k" auf Platz „1" liegt, sortieren wir die noch verbleibenden Besetzungsmöglichkeiten danach ob auf dem Platz „k" das Ding 1 liegt oder nicht. Im ersten Fall bleiben die restlichen $n-2$ Dinge mit derselben Rencontre-Bedingung zu besetzen, was D_{n-2} Möglichkeiten gibt; der andere Fall bedeutet, daß alle verbliebenen $n-1$ Dinge unter der Rencontre-Bedingung auf $n-1$ Plätze verteilt werden sollen.

Daher gilt die Rekursionsformel

$$D_n = (n-1)\,(D_{n-2} + D_{n-1}). \tag{2.2.1}$$

Mit den Anfangsbedingungen $D_1 = 0$, $D_2 = 1$ ergeben sich die Werte

$$D_3 = 2, \quad D_4 = 9, \quad D_5 = 44, \ldots$$

Die Rekursionsformel kann in der Form geschrieben werden:

$$D_n - n\,D_{n-1} = -(D_{n-1} - (n-1)\,D_{n-2}),$$

woraus

$$D_n - n\,D_{n-1} = (-1)^n \tag{2.2.2}$$

folgt, was eine andere Rekursionsformel darstellt.

Die gesuchte Anzahl D_n kann auch aus der SYLVESTERschen Formel erhalten werden, indem man mit Ω alle Permutationen, mit A_ν diejenigen, bei denen Ding „ν" auf Platz „ν" liegt, bezeichnet und die Anzahlfunktion verwendet:

$$D_n = n! - \sum_{\nu} (n-1)! + \sum_{\nu<\mu} (n-2)! - + \cdots$$

Da die Anzahl der jeweiligen Summanden nach der Formel für Kombinationen gleich n, $\binom{n}{2}$, $\binom{n}{3}$, ... ist, folgt

$$D_n = \sum_{\nu=0}^{n} (-1)^\nu \binom{n}{\nu} (n-\nu)! = \sum_{\nu=0}^{n} (-1)^\nu (n)_{n-\nu}. \tag{2.2.3}$$

Bemerkt sei, daß für die näherungsweise Berechnung von $n!$ später (§ 7.3) die STIRLINGsche Formel hergeleitet wird.

3. Ein elementares Entscheidungsproblem

Wenn alle Permutationen der Zahlen 1 bis n (als Besetzung von Plätzen 1 bis n durch Elemente 1 bis n gedeutet) gleichwahrscheinlich angenommen werden, soll ein Verfahren angegeben werden, bei dem die Wahrscheinlichkeit, den Platz anzugeben, auf dem „n" liegt, ein Maximum wird; dabei wird die Besetzung der Plätze der Platznummernfolge nach bekanntgemacht, aber nicht die Nummern der daraufliegenden Elemente mitgeteilt, sondern nur deren Ordnung durch Größer-kleiner-Beziehung. Der Betrachter hat die Möglichkeit, einmal im Laufe des Verfahrens auf den jeweils letztaufgedeckten Platz zu tippen.

Die Aufgabe läßt verschiedene amüsante Deutungen zu, z. B. kann man annehmen, daß ein Jäger, dem nur ein Schuß zur Verfügung steht, aus einer der Reihe nach vorbeifliegenden Taubenschar (bekannter Anzahl n) die größte schießen will, wobei er immer nur die gerade vorbeifliegende mit der Größe der bereits vorbeigeflogenen vergleichen kann (H. Robbins Taubenproblem). Oder ein photographierender Tourist will mit seinem letzten Filmbild die schönste der noch kommenden Burgen (deren Anzahl ohne Schönheitsangaben er dem Reiseführer entnimmt) photographieren. Oder ein Kunde will, ohne in einen Laden zweimal zu gehen, den günstigsten Einkauf tätigen.

Plausibel erscheint folgendes Verfahren: Man beobachtet zunächst die Besetzung der ersten k Plätze und wähle danach denjenigen der folgenden Plätze, bei dessen Aufdeckung das erste Mal eine größere Zahl als bei den ersten k Plätzen als Besetzung festgestellt wird.

Es soll dafür die (von k abhängige) Wahrscheinlichkeit, „n" zu treffen, berechnet werden; dazu müssen offensichtlich diejenigen Permutationen gezählt werden, bei denen Ding „n" auf einem Platz „l" ($l > k$) liegt, während die größte der auf den Plätzen 1 bis $l-1$ liegenden Zahlen auf einem der Plätze 1 bis k liegt.

Da völlige Symmetrie bezüglich aller Plätze besteht, gibt es gleich viele Permutationen mit „n" auf Platz „l" für alle l; d. h. jeweils $(n-1)!$. Bei jedem l ist wieder wegen der Symmetrie bezüglich der Plätze 1 bis $l-1$ die Zahl der Permutationen gleich groß, bei denen das größte der auf diesen Plätzen liegenden Elemente auf einem bestimmten dieser Plätze liegt; also gibt es deren je $\frac{(n-1)!}{l-1}$. Da alle Permutationen gezählt werden sollen, bei denen die größte der Besetzungszahlen der Plätze 1 bis $l-1$ auf einem der k ersten liegt, wobei nur $l > k$ gefordert wird, ergibt sich die Anzahl

$$(n-1)! \sum_{l=k+1}^{n} \frac{k}{l-1}$$

und damit die gesuchte Wahrscheinlichkeit

$$P = \frac{k}{n} \sum_{\nu=k}^{n-1} \frac{1}{\nu}. \qquad (2.3.1)$$

Für großes n und k kann man die Summe durch das Integral

$$\int_k^n \frac{dx}{x} = \log \frac{n}{k}$$

approximieren und erhält

$$P \approx \frac{k}{n} \log \frac{n}{k}.$$

Da die Funktion $\xi \log 1/\xi$ bei $\xi = 1/e$ ihren größten Wert $1/e$ annimmt, erkennt man, daß man zur Maximierung von P setzen muß $k \approx n/e$ und damit das bemerkenswerte Resultat findet, daß

$$P \approx \frac{1}{e} \approx 0{,}368\ldots$$

unabhängig von n erreicht werden kann. Vgl. auch §4, Aufg. 12.

Aufgaben

1. Man zähle sämtliche Teilmengen einer Menge von n Elementen auf zwei Weisen ab und gewinne so die Formel

$$\sum_{\nu=0}^{n} \binom{n}{\nu} = 2^n.$$

2. Aus der Rekursionsformel im Pascalschen Dreieck und Aufgabe 1 gewinne man

$$\sum_{\nu \text{ gerade}} \binom{n+1}{\nu} = 2^n,$$

$$\sum_{\nu \text{ ungerade}} \binom{n+1}{\nu} = 2^n.$$

Durch Subtraktion also

$$\sum_{\nu=0}^{n+1} (-1)^\nu \binom{n+1}{\nu} = 0.$$

3. Mit dem Ergebnis der Aufgabe 2 gebe man einen Beweis für die Sylvestersche Formel im Falle einer endlichen Menge, indem man den Beitrag eines beliebigen Punktes betrachtet.

4. Wieviel fünfstellige Zahlen gibt es, bei denen
a) alle Ziffern gleich sind,
b) vier Ziffern gleich sind und die eine Ziffer davon verschieden

c) drei Ziffern einander gleich sind, während die beiden anderen davon und untereinander verschieden sind,

d) drei Ziffern einander gleich sind und die beiden anderen untereinander gleich, aber von den ersteren verschieden sind,

e) ein Ziffernpaar gleich ist, alle anderen untereinander und von dem Ziffernpaar verschieden sind,

f) zwei Paare gleicher Ziffern auftreten, die untereinander und von der anderen Ziffer verschieden sind,

g) fünf verschiedene Ziffern haben.

Empfohlen wird eine Probe durch Summation!

5. Alle Permutationen der n verschiedenen Hüte einer Gesellschaft von n Personen seien gleichwahrscheinlich.

Wie groß ist die Wahrscheinlichkeit, daß keiner seinen Hut erhält? Limes bei $n \to \infty$?

6. Wie viele aller Folgen der Länge n aus 0 und 1 haben genau k-mal eine 1 hinter einer 0?

7. In einer Urne befinden sich r rote und s schwarze Kugeln; nach gutem Mischen (alle Permutationen der $r + s$ Kugeln gelten als gleichwahrscheinlich) werden n Kugeln entnommen; mit welcher Wahrscheinlichkeit sind alle n Kugeln rot? Man vergleiche dies mit der „Ziehung mit Zurücklegen"!

8. Ein gut gemischtes (alle Permutationen gleichwahrscheinlich) Kartenspiel von 52 Blatt wird an vier Spieler verteilt.

Wie groß ist die Wahrscheinlichkeit,

a) daß jeder Spieler ein As erhält?

b) daß alle vier Asse bei einem beliebigen der Spieler liegen?

9. Man zeige, daß sich eine Zahl n auf $\binom{n-1}{k-1}$ Weisen als Summe von genau k ganzen Zahlen $n_i > 0$ darstellen läßt: $n = \sum_{i=1}^{k} n_i$, wobei die Reihenfolge der Summanden beachtet werden soll.

10. Wie viele Permutationen von ν_1 gleichen Elementen der 1. Art, ν_2 gleichen Elementen der 2. Art, ... $\left(\sum_{i=1}^{k} \nu_i = n\right)$ gibt es?

11. Die Abzählung der Permutationen mit Einschränkungen dehne man auf den Fall von Permutationen von n verschiedenen Elementen $a_1, \ldots, a_n$ aus, die den Bedingungen, daß „a_i nicht auf Platz i" für $i = 1, \ldots, k$ liegen soll; man beweise die Rekursionsformel für die Anzahl $D_n^{(k)}$ dieser Permutationen: $D_n^{(k)} = (n-1)\, D_{n-1}^{(k-1)} + (k-1)\, D_{n-2}^{(k-2)}$.

12. a) Gegeben seien $\nu + l$ Punkte, von denen ν ausgezeichnet seien; von jedem der restlichen l Punkte wird eine Verbindung zu einem

der $\nu + l - 1$ anderen Punkte gelegt. Man zeige (durch Induktion), daß es $\nu(l+\nu)^{l-1}$ verschiedene Anschlußmöglichkeiten gibt, bei denen jeder nicht ausgezeichnete Punkt mit mindestens einem der ausgezeichneten Punkte (evtl. über Zwischenpunkte) verbunden ist. Daraus folgt insbesondere für $\nu = 1$, $l = n - 1$, daß die Anzahl der verwurzelten Bäume (n unterscheidbare Ecken, von denen eine ausgezeichnet ist, die einen zusammenhängenden Graphen ohne Zyklen bilden) gleich n^{n-1} ist (CAYLEYsche Formel).

b) Von jedem von n Punkten kann eine Verbindung zu einem der anderen $n-1$ Punkte gelegt werden. Man zeige, daß die Anzahl der Verbindungsmöglichkeiten, bei der jeder Punkt mit jedem (evtl. über Zwischenpunkte) verbunden ist, durch

$$(n-1)!\sum_{\nu=0}^{n-2}\frac{n^\nu}{\nu!}$$

dargestellt wird (Anleitung: es entsteht i. allg. ein geschlossener Kreis von Punkten, an die „Stichleitungen" angehängt sind; man sortiere für die Abzählung nach diesen Kreisen).

c) Betrachtet man die Auswahl der jeweiligen angeschlossenen Punkte als unabhängig voneinander mit gleicher Wahrscheinlichkeit, so ergibt sich nach b) als Wahrscheinlichkeit für Zusammenhang aller Punkte

$$P_1 = \frac{(n-1)!}{(n-1)^n}\sum_{\nu=0}^{n-2}\frac{n^\nu}{\nu!};$$

läßt man auch zu, daß Punkte auch mit sich selbst verbunden werden, so erhält man analog

$$P_2 = \frac{(n-1)!}{n^n}\sum_{\nu=0}^{n-1}\frac{n^\nu}{\nu!}.$$

Mit den Mitteln des § 7 kann ein asymptotischer Ausdruck für diese Wahrscheinlichkeiten hergeleitet werden (Aufgabe 6) (Ergebnis von L. KATZ, 1955).

13. Auf wieviele Weisen kann man $k\,n$ verschiedene Elemente in k-Tupeln zusammenfassen?

$$\left(\text{Lösung} = \frac{(k\,n)!}{(k!)^n\,n!}\right).$$

14. Die Anzahl der Besetzungen von n in einer Reihe liegenden Plätzen mit der Bedingung, daß keine unmittelbar benachbarte Plätze besetzt werden, sei f_n (FIBONACCI-Zahl). Man beweise die Rekursionsformel $f_{n+2} = f_n + f_{n+1}$ (allgemein $f_{n+m+1} = f_n f_m + f_{n-1} f_{m-1}$) und die Darstellungen

$$f_n = \frac{1}{\sqrt{5}}\left[\left(\frac{1+\sqrt{5}}{2}\right)^{n+2} - \left(\frac{1-\sqrt{5}}{2}\right)^{n+2}\right] = \sum_{0\leqq k}\binom{n-k+1}{k}.$$

§ 3. Bedingte Wahrscheinlichkeiten und Unabhängigkeit

1. Bedingte Wahrscheinlichkeiten

Bei vielen Experimenten interessiert man sich nicht für die Ergebnisse aller Versuche, sei es, daß man nicht alle beobachten kann, sei es, daß man nicht alle erfassen will. Die Auswahl sei bestimmt durch das Eintreten des fest-gewählten Ereignisses B; mit den Anzahlen n_i' für das gleichzeitige Eintreten von A_i und B bzw. n' für das Eintreten von B bei n Versuchen bildet man die relativen Häufigkeiten n_i'/n' die im Sinne unserer früheren Betrachtungen (§ 1.1) durch $\boldsymbol{P}(A_i\, B)/\boldsymbol{P}(B)$ approximiert werden.

Diese Quotienten (Nenner $\neq 0$ angenommen) bilden, wie man leicht bestätigt, wieder eine Wahrscheinlichkeitsbelegung über Ω, die wir die (durch B) bedingte Wahrscheinlichkeit nennen und so schreiben:

$$\boldsymbol{P}_B(A) = \boldsymbol{P}(A \mid B) = \frac{\boldsymbol{P}(A\, B)}{\boldsymbol{P}(B)}. \qquad (3.1.1)$$

Die Eigenschaften der Wahrscheinlichkeiten ergeben sich ja so: Wenn A_i paarweise fremd sind, gilt

$$\sum \boldsymbol{P}(A_i \mid B) = \frac{\sum \boldsymbol{P}(A_i B)}{\boldsymbol{P}(B)} = \frac{\boldsymbol{P}(\sum A_i B)}{\boldsymbol{P}(B)} = \frac{\boldsymbol{P}((\sum A_i)\, B)}{\boldsymbol{P}(B)} \equiv \boldsymbol{P}(\sum A_i \mid B),$$

da die $A_i B$ dann auch paarweise fremd zueinander sind. Die Nichtnegativität ist offenbar, während die Normierung aus

$$\boldsymbol{P}(\Omega \mid B) = \frac{\boldsymbol{P}(B)}{\boldsymbol{P}(B)} = 1$$

folgt.

2. Zweifache Klassifikation, marginale Wahrscheinlichkeit

Bei vielen Wahrscheinlichkeitsfeldern sind die Elementarereignisse nach zwei Gesichtspunkten eingeteilt, etwa mit zwei Indizes gekennzeichnet. Man denke an ein Jahrmarktsroulette, bei dem die Sektoren, in denen die Kugel liegenbleiben kann, mit Farben und Buchstaben gekennzeichnet sind, oder an die Betrachtung des Ergebnisses des Werfens mit zwei Würfeln, oder auch die beiden aufeinanderfolgenden Würfe mit einem Würfel!

Hier ist also die Menge der Elementarereignisse $\Omega = \{\xi_{ik}\}_{ik}$ mit der Wahrscheinlichkeitsbelegung $\boldsymbol{P}(\xi_{ik}) = p_{ik}$ auf zwei Weisen in eine Menge disjunkter Teilmengen zerlegt:

$$\begin{aligned} \Omega &= A_1 + A_2 + \cdots + A_r \quad \text{mit} \quad A_\varrho = \{\xi_{\varrho k}\}_k \\ &= \qquad\quad B_1 + \cdots + B_s \quad \text{mit} \quad B_\sigma = \{\xi_{i\sigma}\}_i. \end{aligned}$$

Die erste Einteilung nennt man oft die Einteilung nach dem Merkmal A (im Beispiel etwa die Farben) und seinen Merkmalsausprägungen A_i (rot, grün usw.).

Nach der in § 1.2 allgemein gegebenen Regel der Vergröberung eines Wahrscheinlichkeitsfeldes erhält man die zugehörigen Wahrscheinlichkeiten, die *marginalen Wahrscheinlichkeiten* durch Summation:

$$\boldsymbol{P}(A_i) = \sum_k p_{ik} = p_{i.}, \qquad \boldsymbol{P}(B_k) = \sum_i p_{ik} = p_{.k}. \tag{3.2.1}$$

Schreibt man die p_{ik} in Form der Elemente einer Matrix auf, so kann man die hier benötigten Zeilen- oder Spaltensummen bequem an den Rändern notieren, was den Namen erklärt.

Nach der allgemeinen Methode von § 3.1 kann man auch die bedingten Wahrscheinlichkeiten bilden:

$$\boldsymbol{P}(B_k \mid A_{i_0}) = \frac{\boldsymbol{P}(A_{i_0} \cap B_k)}{\boldsymbol{P}(A_{i_0})},$$

die im Fall $\boldsymbol{P}(A_{i_0}) \neq 0$ definiert sind und wenn man sich (für jedes feste i_0) auf die durch B_k erzeugte Einteilung beschränkt, als bedingte Wahrscheinlichkeit über B_k angesprochen werden kann. Entsprechend kann man durch

$$\boldsymbol{P}(A_i \mid B_k) = \frac{\boldsymbol{P}(A_i \cap B_k)}{\boldsymbol{P}(B_k)}$$

(falls $\boldsymbol{P}(B_k) \neq 0$) andere Wahrscheinlichkeitsbelegungen über der Einteilung $\Omega = A_1 \cdots + A_r$ gewinnen.

3. Bayessche Formel

Die Formeln kann man auch auffassen als Möglichkeit, aus der Wahrscheinlichkeitsbelegung $\boldsymbol{P}(B_k) = q_k$ und den bedingten Wahrscheinlichkeiten $p_{i|k} = \boldsymbol{P}(A_i \mid B_k)$ die Wahrscheinlichkeiten

$$p_{ik} = \boldsymbol{P}(A_i \cap B_k) = p_{i|k}\, q_k$$

zu erzeugen.

Oft kann man B_k als Ursachen deuten, während A_i die Wirkungen beschreibt. Dann beschreibt q_k die „a-priori-Wahrscheinlichkeit" der Ursachen, während $\boldsymbol{P}(B_k \mid A_i)$ als „a-posteriori-Wahrscheinlichkeit" nach Beobachtung der Wirkung A_i angesehen werden kann. Man benötigt dann die leicht zu bestätigende Umrechnungsformel von einer Sorte bedingter Wahrscheinlichkeiten in die andere, die Bayessche Formel:

$$\boldsymbol{P}(B_k \mid A_i) = \frac{\boldsymbol{P}(A_i \mid B_k)\, \boldsymbol{P}(B_k)}{\sum_l \boldsymbol{P}(A_i \mid B_l)\, \boldsymbol{P}(B_l)}. \tag{3.3.1}$$

Dabei ist der Nenner $\sum_l \boldsymbol{P}(A_i \mid B_l)\, \boldsymbol{P}(B_l) = \boldsymbol{P}(A_i)$ („Regel von der totalen Wahrscheinlichkeit"). Ähnliche Formeln gelten, falls die Bedingung durch mehrere (zusammengesetzte) Ereignisse beschrieben wird,

z. B. gilt

$$\boldsymbol{P}(C_l \mid A_t) = \sum_k \boldsymbol{P}(C_l \mid A_t B_k)\, \boldsymbol{P}(B_k \mid A_t).$$

Als Beispiel betrachten wir folgende Aufgabe:

B_k $(k = 0, \ldots, n)$ kennzeichne Roulettes, bei denen jeweils k der gleichwahrscheinlichen Ergebnisfelder rot, $n - k$ aber weiß sind. Es sei

$$\boldsymbol{P}(B_k) = \frac{1}{n+1}.$$

Es soll t-mal an jedem der Roulette gedreht werden. A_i bezeichne das Ereignis „i-mal rot getroffen“ (bei der Deutung von B_k als Urne mit k roten, $n - k$ weißen Kugeln handelt es sich um „Ziehungen mit Zurücklegen“, bei denen also vor jedem Mischen die vorher entnommene Kugel wieder zurückgelegt wird).

Daraus ergeben sich mit den üblichen Annahmen

$$\boldsymbol{P}(A_i \mid B_k) = \left(\frac{k}{n}\right)^i \left(\frac{n-k}{n}\right)^{t-i} \binom{t}{i},$$

insbesondere

$$\boldsymbol{P}(A_t \mid B_k) = \left(\frac{k}{n}\right)^t,$$

daß

$$\boldsymbol{P}(B_k \mid A_t) = \frac{\left(\frac{k}{n}\right)^t \frac{1}{n+1}}{\sum\limits_{l=0}^{n} \left(\frac{l}{n}\right)^t \frac{1}{n+1}} = \frac{k^t}{\sum\limits_{l=0}^{n} l^t}.$$

Bezeichnet C das Ereignis, bei einem weiteren Wurf „rot“ zu treffen, so gilt mit der entsprechenden Annahme

$$\boldsymbol{P}(C \mid A_i B_k) = \frac{k}{n},$$

$$\boldsymbol{P}(C \mid A_t) = \sum_k \boldsymbol{P}(C \mid A_t B_k)\, \boldsymbol{P}(B_k \mid A_t) = \sum_k \frac{k}{n} \frac{k^t}{\sum\limits_{l=0}^{n} l^t} = \frac{1}{n} \frac{\sum\limits_{k=0}^{n} k^{t+1}}{\sum\limits_{l=0}^{n} l^t}.$$

Nun gilt wie man z. B. durch Betrachtung der Riemannschen Summen für das Integral $\int\limits_0^1 x^s\, dx = \frac{1}{s+1}$ erkennt,

$$\sum_{k=0}^{n} k^s = \frac{1}{s+1} n^{s+1} + \text{niedere Potenzen},$$

also entsteht bei großem n

$$\boldsymbol{P}(C \mid A_t) \approx \frac{t+1}{t+2}.$$

Deutet man (nach Laplace) B_k als die möglichen Welten, in denen wir leben könnten, „rote Kugel“ als Sonnenaufgang, A_t die Tatsache, daß an allen bisherigen t Tagen der Weltgeschichte die Sonne aufgegangen ist, so haben wir in $(t+1)/(t+2)$ die Wahrscheinlichkeit, daß auch morgen die Sonne wieder aufgeht.

Die entsprechende Rechnung bei Urnenziehungen ohne Zurücklegen, die als Aufgabe gestellt wird, ergibt denselben Quotienten exakt.

Bemerkung: Abgesehen von prinzipiellen Einwänden gegen die Gleichwahrscheinlichkeit aller Welten, ist die Deutung bezüglich der Wahrscheinlichkeit des nächsten Sonnenaufganges deshalb belanglos, weil alle sonstigen Erfahrungen (die z. B. zur Physik und Astronomie geführt haben), die mit zu unserer Zuversicht beitragen, vernachlässigt werden.

4. Unabhängigkeit

Ein wichtiger Fall bei Wahrscheinlichkeitsfeldern mit zweifacher Einteilung ist der, daß die bedingten Wahrscheinlichkeiten $\boldsymbol{P}(A_i \mid B_k)$ alle unabhängig von k sind:

$$\boldsymbol{P}(A_i \mid B_k) = p_i .$$

Dann folgt aus

$$\boldsymbol{P}(A_i) = \sum_k \boldsymbol{P}(A_i \mid B_k)\, \boldsymbol{P}(B_k)$$

sofort

$$\boldsymbol{P}(A_i) = p_i$$

und

$$\boldsymbol{P}(A_i B_k) = \boldsymbol{P}(A_i \mid B_k)\, \boldsymbol{P}(B_k) = \boldsymbol{P}(A_i)\, \boldsymbol{P}(B_k) .$$

Als weitere Folge entsteht daraus

$$\boldsymbol{P}(B_k \mid A_i) = \frac{\boldsymbol{P}(A_i B_k)}{\boldsymbol{P}(A_i)} = \boldsymbol{P}(B_k) ,$$

d. h. auch die andere Sorte bedingter Wahrscheinlichkeiten ist unabhängig von der Bedingung.

Dieser so beschriebene Fall wird als *Unabhängigkeit* der beiden Einteilungen bezeichnet und kann nach dem vorangehenden durch eine der folgenden Eigenschaften definiert werden:

$$\left.\begin{array}{lll} \text{a)} & \boldsymbol{P}(A_i \mid B_k) & \text{unabhängig von } B_k . \\ \text{b)} & \boldsymbol{P}(B_k \mid A_i) & \text{unabhängig von } A_i . \\ \text{c)} & \boldsymbol{P}(A_i B_k) = \boldsymbol{P}(A_i)\, \boldsymbol{P}(B_k) & \text{für alle } i, k . \end{array}\right\} \quad (3.4.1)$$

Anschaulich (wenn man an die relativen Häufigkeiten denkt, die die Wahrscheinlichkeiten approximieren) bedeutet es, daß die Auswahl der Experimentfolge mittels des einen Merkmals keinen Einfluß auf die relativen Häufigkeiten des anderen Merkmals hat. Diese Annahme ist besonders plausibel, wenn es sich um ein aus zwei getrennten Experimenten zusammengesetztes Experiment handelt. Wenn Unabhängigkeit nicht besteht, sprechen wir von Abhängigkeit.

Es ist aus c) leicht ersichtlich, daß aus der Unabhängigkeit zweier Einteilungen

$$\Omega = A_1 + \cdots + A_k, \quad \Omega = B_1 + \cdots + B_s$$

die Unabhängigkeit von zwei Einteilungen folgt, die jeweils Vergröberungen dieser Einteilungen sind (d. h. durch Zusammenfassen von je einigen der A zu einem neuen Element der Einteilung).

Da die definierende Eigenschaft (c) auch für alle A und B, die als Vereinigung einiger der A_i bzw. B_k entstanden sind, gilt, kann man die Unabhängigkeit auch als Beziehung zwischen zwei Untermengen der Menge der Ereignisse ansehen.

Bei mehr als zwei Einteilungen eines Wahrscheinlichkeitsfeldes, deren Unabhängigkeit festgelegt werden soll, ist besondere Vorsicht am Platz! Wir definieren für drei Einteilungen die Unabhängigkeit durch

$$\boldsymbol{P}(A_i B_k C_l) = \boldsymbol{P}(A_i)\, \boldsymbol{P}(B_k)\, \boldsymbol{P}(C_l) \tag{3.4.2}$$

für alle i, k, l und entsprechend bei vier und mehr Einteilungen. Haben wir ν Einteilungen in jeweils $l_1, l_2, \ldots, l_\nu$ Teilmengen, so sind diese Beziehungen nicht alle unabhängig; da es eine von $\prod_{i=1}^{\nu} l_i - 1$ Parametern abhängende Schar von Wahrscheinlichkeitsbelegungen über der Zerlegung von Ω, die aus den als nichtleer angenommenen Durchschnitten $A_i B_k C_l$ gebildet wird, gibt, andererseits die Schar der Wahrscheinlichkeitsbelegungen, bei denen die $A, B, \ldots$-Einteilungen unabhängig sind, offenbar (bestimmt durch die je $l_i - 1$ Parameter je Zerlegung) durch $\sum_{i=1}^{\nu} l_i - \nu$ Parameter bestimmt sind, genügen geeignet ausgewählte

$$\prod_{i=1}^{\nu} l_i - \sum_{i=1}^{\nu} l_i + \nu - 1 \tag{3.4.3}$$

der Gln. (4.2). Im Fall, wo eine der Zerlegungen von Ω nur aus einem Ereignis A und seinem Komplement besteht, spricht man auch von der „Unabhängigkeit dieses Ereignisses von ...“ statt von der „Unabhängigkeit dieser Zerlegung von ...“

Folgende Besonderheiten des Unabhängigkeitsbegriffes muß man beachten:

1. Aus der paarweisen Unabhängigkeit folgt nicht die Unabhängigkeit. Beispiel dreier nicht unabhängiger Einteilungen, deren je zwei unabhängig sind:

$$\boldsymbol{P}(A_i B_k C_l) = 0 \text{ oder } \tfrac{1}{4} \text{ je ob } i + k + l \quad (i, k, l \text{ je } = 0, 1)$$

gerade oder ungerade ist.

2. Die Unabhängigkeitsbeziehung ist nicht transitiv; d. h. aus der Unabhängigkeit der A- und B-Einteilung, und der B- und C-Einteilung folgt nicht die Unabhängigkeit der A- und C-Einteilung.

Beispiel, bei denen A- und B-Einteilung, B- und C-Einteilung unabhängig, aber A- und C-Einteilung nicht unabhängig sind (i, k, l je $= 0{,}1$):

$$\boldsymbol{P}(A_i\, B_k\, C_l) = 0 \text{ bzw. } = \tfrac{1}{4} \text{ je, ob } i + l \text{ gerade bzw. ungerade ist.}$$

Die Forderung der Unabhängigkeit spielt eine wichtige Rolle bei der Aufstellung von Modellen für wirkliche Vorgänge, da man Teilexperimente, für deren Ergebnisse kein kausaler Zusammenhang zu bestehen scheint — oder sehr kompliziert ausgedrückt werden kann — in dem theoretischen Modell als unabhängig anzusehen pflegt, z. B. hintereinander durchgeführte Würfelwürfe, wenn zwischendurch gut geschüttelt wird.

Dem Beobachten unkausal verbundener Experimente entspricht folgender einfacher Existenzsatz:

Sind $\mathfrak{F}_1, \ldots, \mathfrak{F}_n$ gegebene Wahrscheinlichkeitsfelder, d. h. je Räume Ω_ν mit Systemen von Teilmengen $\mathfrak{A}_\nu$, auf deren Elementen eine Wahrscheinlichkeitsbelegung $\boldsymbol{P}_\nu$ definiert ist, so gibt es ein Wahrscheinlichkeitsfeld $(\Omega, \mathfrak{A}, \boldsymbol{P})$ das unabhängige Systeme $\mathfrak{A}_\nu^*$ von Teilmengen enthält, die isomorph (mitsamt der Wahrscheinlichkeitsbelegung) auf die $\mathfrak{A}_\nu$ abgebildet werden können.

Zum Beweis bilden wir $\Omega = \Omega_1 \times \Omega_2 \times \cdots \times \Omega_n$, d. h. die Elemente von Ω werden aus den n-Tupeln $\{\xi_1, \ldots, \xi_n\}$ $(\xi_\nu, \in \Omega_\nu)$ gebildet, und definieren für die Elemente $\boldsymbol{P}\{\xi_1 \ldots \xi_n\} = \prod_{\nu=1}^{n} \boldsymbol{P}_\nu(\xi_\nu)$; damit ist die Belegung für alle Teilmengen festgelegt, und man überzeugt sich leicht, daß die Abbildung von $A_\nu^* = \{\xi_1 \ldots \xi_n\}$ mit $\xi_\nu \in A_\nu$, die anderen ξ_μ beliebig, auf $\xi_\nu \in A_\nu$ die verlangten Eigenschaften hat.

Der einfache Fall, wo alle die $\mathfrak{F}_\nu$ zu $\Omega_\nu = \{\xi_\nu, \eta_\nu\}$ gehören mit $\boldsymbol{P}_\nu(\xi_\nu) = p$ $\boldsymbol{P}_\nu(\eta_\nu) = 1 - p$, wird als BERNOULLIscher Fall bezeichnet und als n-facher Münzenwurf gedeutet:

Ω_ν entspricht dem ν-ten Wurf, ξ_ν dem Ergebnis „Kopf“, η_ν dem Ergebnis „Adler“. Die 2^n Elementarereignisse sind also die Folgen aus n Buchstaben ξ oder η.

Aufgaben

1. Ein Kartenspiel von 52 Blatt wird gut gemischt (alle Permutationen gleichwahrscheinlich) und gleichmäßig an vier Spieler verteilt. Wie groß ist die bedingte Wahrscheinlichkeit, daß Spieler „1“ mindestens zwei Asse erhält, wenn er schon weiß,

a) daß er mindestens ein As erhalten hat,

b) daß er Herz-As erhalten hat?

2. In einer Urne befinden sich gut gemischt r rote und s schwarze Kugeln.

a) Man berechne die bedingte Wahrscheinlichkeit für das Ziehen n roter Kugeln, falls bereits die ersten $n-1$ Ziehungen (ohne Zurücklegen) $n-1$ rote Kugeln ergeben haben.

b) Unter Benutzung dieses Ergebnisses berechne man die entsprechend beschriebene bedingte Wahrscheinlichkeit, wenn insgesamt $m+1$ Urnen mit gleicher Wahrscheinlichkeit angeboten werden, von denen für die n-te ($n = 0, \ldots, m$) $r = n$, $s = m - n$ gilt (vgl. Text)!

3. Die Unabhängigkeit der Ereignisse $A_1, A_2, \ldots, A_n$ soll festgelegt werden; man zeige, daß

$$\boldsymbol{P}(A_{i_1} \ldots A_{i_\nu}) = \boldsymbol{P}(A_{i_1}) \ldots \boldsymbol{P}(A_{i_\nu}),$$

wobei für $i_1, \ldots, i_\nu$ alle Teilmengen der Zahlenmenge $1 \ldots n$ zugelassen werden, die richtige Anzahl von Bedingungen ergibt, und daß diese Beziehungen unabhängig sind!

4. Man berechne die Wahrscheinlichkeit, mit vier echten (d. h. jedes Ergebnis hat die Wahrscheinlichkeit $\frac{1}{6}$) Würfeln bei einmaligem Würfeln mindestens eine „6" zu würfeln, und vergleiche dies mit der Wahrscheinlichkeit, bei 24 (unabhängigen) Würfen mit je zwei (echten, unabhängigen) Würfeln mindestens eine „Doppelsechs" zu erhalten.

Daß die eine dieser Wahrscheinlichkeiten größer, die andere kleiner als $\frac{1}{2}$ ist, soll Chevalier de Méré für seine Spielpraxis gefunden haben!

5. In einer Urne befinden sich r rote und s schwarze Kugeln. Nach gutem Mischen und Ziehung je einer Kugel wird nicht nur die gezogene sondern eine weitere Kugel derselben Farbe in die Urne gelegt (Polyasches Urnenmodell); man beweise, daß die Wahrscheinlichkeit, bei den ersten n Ziehungen eine Reihenfolge $R \ldots S\,S \ldots R \ldots$ mit ν „R" und $n - \nu$ „S" zu erhalten, gleich

$$\boldsymbol{P}(n, \nu) = \frac{r(r+1)\ldots(r+\nu-1)\,s(s+1)\ldots(s+n-\nu-1)}{(r+s)(r+s+1)\ldots(r+s+n-1)}$$

ist; daraus erhält man auch für die Wahrscheinlichkeit, bei n Ziehungen mit beliebigen Nummern $n_1 < n_2 < \cdots < n_n$ genau ν-mal rote Kugeln zu ziehen, einen nur von n und ν abhängigen Wert!

Bemerkung: Die Ereignisse $A_i =$ „rot bei i-ter Ziehung" bilden ein sog. symmetrisches Ereignissystem, weil

$$\boldsymbol{P}(A_{i_1} \ldots A_{i_\nu} \bar{A}_{j_\nu} \ldots \bar{A}_{j_{n-1}}) = \boldsymbol{P}(n, \nu) \quad \text{(alle } i_k, j_l \text{ verschieden)}$$

nur von n und ν abhängig ist; als Spezialfall eines allgemeinen für symmetrische Ereignisse geltenden Satzes von de Finetti hat man in diesem

Fall die Darstellung

$$P(n, \nu) = \int_0^1 p^\nu (1-p)^{n-\nu} g(p)\, dp$$

mit

$$g(p) = \frac{1}{B(r, s)} p^{r-1} (1-p)^{s-1}.$$

6. Das Geschlecht des ersten und zweiten Kindes sei unabhängig voneinander gleich $\frac{1}{2}$; man vergleiche die bedingten Wahrscheinlichkeiten dafür, daß das zweite ein Junge ist, bei der Bedingung, daß mindestens ein Junge dabei ist bzw., daß das älteste ein Junge ist, miteinander.

7. Fehlerwahrscheinlichkeiten. Es werden n Ziffern übertragen und dabei unabhängig mit Wahrscheinlichkeit p jeweils falsch aufgenommen. Wie groß ist die Wahrscheinlichkeit, daß mindestens eine Ziffer falsch aufgenommen wird? Näherungsformel für sehr kleines p!

§ 4. Zufällige Größen und Erwartungswert

1. Definition und Rechnen mit zufälligen Größen

Eine auf allen Elementarereignissen eines (elementaren) Wahrscheinlichkeitsfeldes erklärte Funktion nennt man eine zufällige Größe[1]. Vorläufig kommen nur reellwertige zufällige Größen vor, ohne daß das jedesmal gesagt wird.

Im einfachsten Fall eines Jahrmarktglücksrades oder Roulettes entspricht eine zufällige Größe dem Gewinnplan.

Zufällige Größen sollen mit $X, Y, Z, U, \ldots$ bezeichnet werden. Man rechnet mit ihnen, wie mit Funktionen üblich ist, d. h. $g(X, Y)$ entspricht derjenigen zufälligen Größe, deren Funktionswert auf dem Elementarereignis ξ gleich $g(X(\xi), Y(\xi))$ ist. Zwei zufällige Größen heißen gleich, wenn sie in allen Punkten $\xi \in \Omega$ übereinstimmen.

Einer zufälligen Größe ordnen wir als Erwartungswert die als absolut konvergent vorausgesetzte Summe[2]

$$E(X) = \sum_{\xi \in \Omega} X(\xi)\, P(\xi) \tag{4.1.1}$$

zu. Ersetzt man die Wahrscheinlichkeiten durch die diese approximierenden relativen Häufigkeiten

$$P(\xi) \approx \frac{n(\xi)}{n},$$

so erkennt man

$$E(X) \approx \frac{1}{n} \sum n(\xi)\, X(\xi),$$

d. h. etwa den mittleren Gewinn bei der Glücksspieldeutung.

---

[1] Andere Bezeichnungsweise: Zufällige Variable. Die möglichen Werte des Wertebereiches werden oft „Realisierungen" genannt.

[2] Sonst ist der Erwartungswert nicht definiert.

Auf Grund der Definition erkennt man sofort folgende Eigenschaften der Erwartungswerte:

$$\begin{aligned} \boldsymbol{E}(X+Y) &= \boldsymbol{E}(X)+\boldsymbol{E}(Y) \\ \boldsymbol{E}(a\,X) &= a\,\boldsymbol{E}(X), \end{aligned} \tag{4.1.2}$$

d. h. $\boldsymbol{E}$ ist ein linearer Operator. Falls

$$X \geqq 0 \quad \text{ist, ist} \quad \boldsymbol{E}(X) \geqq 0,$$

allgemeiner aus

$$X \geqq Y \quad \text{folgt} \quad \boldsymbol{E}(X) \geqq E(Y),$$

d. h. $\boldsymbol{E}$ ist ein monotoner Operator,

$$\boldsymbol{E}(1) = 1 \quad \text{eine Normierungseigenschaft.}$$

Man erkennt leicht die Gültigkeit von

$$\boldsymbol{E}(g(X)) = \sum_a g(a)\,\boldsymbol{P}(X=a)$$

(über alle Werte von X summiert).

2. Indikatorgrößen; Sylvestersche Formel

Eine besondere Rolle spielen diejenigen zufälligen Größen I, die nur die Werte 0 und 1 annehmen. Sie erfüllen also die Gleichung $I^2 = I$. Sie lassen sich offenbar, in eineindeutiger Weise den (zusammengesetzten) Ereignissen zuordnen, indem man als zugehöriges $A = A_I$ die Menge derjenigen Elementarereignisse ξ nimmt, auf denen $I(\xi) = 1$ ist. Umgekehrt soll auch geschrieben werden I_A oder $I(A)$. Wir nennen diese Größen Indikatorgrößen[1].

Die Beziehungen (mengentheoretisch oder logisch ausgedrückt) zwischen Ereignissen spiegeln sich in Beziehungen der Indikatorgrößen wider:

$$\left.\begin{array}{lll} A \subset B & \text{genau dann, wenn} & I_A \leqq I_B, \\ A = B & \text{genau dann, wenn} & I_A = I_B, \\ A = B^C & \text{genau dann, wenn} & I_A + I_B = 1, \\ A = \Omega & \text{genau dann, wenn} & I_A = 1 \\ \sum A_\nu = \Omega & \text{genau dann, wenn} & \sum I_{A_\nu} = 1, \\ A = B \cap C & \text{genau dann, wenn} & I_A = I_B \cdot I_C, \\ A = \limsup A_\nu & \text{genau dann, wenn} & I_A = \limsup I_{A_\nu}, \\ A = \liminf A_\nu & \text{genau dann, wenn} & I_A = \liminf I_{A_\nu}. \end{array}\right\} \tag{4.2.1}$$

[1] In der reellen Analysis werden Funktionen, die in den Punkten einer Menge den Wert 1, sonst den Wert 0 annehmen, üblicherweise „charakteristische Funktionen" genannt; in der Wahrscheinlichkeitsrechnung bezeichnet man damit aber andere Funktionen, so daß Verwechslungsgefahr besteht.

Wichtig ist der Zusammenhang mit dem Erwartungswert: wie man auf Grund der Definition sieht, gilt

$$\boldsymbol{E}(I_A) = \boldsymbol{P}(A). \tag{4.2.2}$$

Eine Verallgemeinerung dieser Beziehung auf beliebige zufällige Größen ergibt sich, wenn man die Zerlegung von Ω durch die zufällige Größe X in die Teile $A_\nu = \{X = a_\nu\}$ (a_ν durchläuft alle Werte von X) betrachtet; denn dann kann man schreiben

$$\boldsymbol{E}(X) = \sum_\nu a_\nu \boldsymbol{P}(A_\nu) = \sum_\nu a_\nu \boldsymbol{P}(X = a_\nu).$$

Die Beziehungen (2.1) kann man zu einer Herleitung der SYLVESTERschen Formel verwenden: aus ihnen folgt zunächst

$$I_{\cap(\Omega - A_\nu)} = \prod I_{\Omega - A_\nu} = \prod (1 - I_{A_\nu}) = 1 - \sum I_{A_\nu} + \sum_{\nu<\mu} I_{A_\nu} I_{A_\mu} \cdots$$
$$= 1 - \sum I_{A_\nu} + \sum_{\nu<\mu} I_{A_\nu \cap A_\mu} - + \cdots.$$

Anwendung des Erwartungsoperators liefert die gewünschte Beziehung

$$\boldsymbol{P}\Big(\bigcap_\nu (\Omega - A_\nu)\Big) = 1 - \sum \boldsymbol{P}(A_\nu) + \sum_{\nu<\mu} \boldsymbol{P}(A_\nu \cap A_\mu) - + \cdots$$

und die Merkregel von der symbolischen Ausmultiplikation ist auf eine wirkliche Produktbildung zurückgeführt.

Eine manchmal zu findende Bezeichnungsweise ist

$$\boldsymbol{E}(X, A) = \boldsymbol{E}(X\, I_A).$$

3. Unabhängige zufällige Größen

Die Definition der Unabhängigkeit zufälliger Größen wird auf die früher definierte Unabhängigkeit zurückgeführt, indem man festlegt: Zufällige Größen sind unabhängig, wenn die von ihnen bestimmten Einteilungen unabhängig sind; dabei ist die etwa von X erzeugte Einteilung die kleinste Untermenge (gröbste Einteilung) $\mathfrak{A}_X$ von $\mathfrak{A}$, die ein Feld bildet und die Mengen $\{X = a_\nu\}$ enthält. Nach der Bemerkung in § 3.4 genügt es dann, bei zwei Größen etwa, zu fordern, daß

$$\boldsymbol{P}(X = a;\, Y = b) = \boldsymbol{P}(X = a)\, \boldsymbol{P}(Y = b)$$

für alle a- und b-Werte gilt.

Im Falle von Indikatorgrößen erkennt man leicht, daß die Unabhängigkeit von I_A und I_B äquivalent ist der Unabhängigkeit von A und B.

Aus der Tatsache, daß die Vergröberungen unabhängiger Felder wieder unabhängig sind, folgt sofort, daß mit X und Y auch beliebige Funktionen $g(X)$, $f(Y)$ unabhängig sind.

Eine wichtige Beziehung für den Erwartungswert des Produktes unabhängiger Größen soll noch aufgestellt werden:

$$\boldsymbol{E}(X\,Y) = \boldsymbol{E}(X)\,\boldsymbol{E}(Y).$$

Zum Beweis benutzen wir die Darstellungen

$$X = \sum a_\nu I_{A_\nu}; \qquad Y = \sum b_\mu I_{B_\mu},$$

wobei $A_\nu = \{X = a_\nu\}$, $B_\mu = \{Y = b_\mu\}$ ist. Dann folgt aus der Linearität des Erwartungsoperators und der Eigenschaft $\boldsymbol{E}(I_A) = \boldsymbol{P}(A)$, sowie der Unabhängigkeit der A_ν und B_μ sogleich

$$\begin{aligned}\boldsymbol{E}(X\,Y) &= \boldsymbol{E}\Big(\sum_{\nu\mu} a_\nu b_\mu I_{A_\nu} I_{B_\mu}\Big)\\ &= \sum_{\nu\mu} a_\nu b_\mu \boldsymbol{E}(I_{A_\nu} I_{B_\mu}) = \sum a_\nu b_\mu \boldsymbol{E}(I_{A_\nu})\,\boldsymbol{E}(I_{B_\mu})\\ &= \boldsymbol{E}\left(\sum a_\nu I_{A_\nu}\right)\boldsymbol{E}\left(\sum b_\mu I_{B_\mu}\right) = \boldsymbol{E}(X)\,\boldsymbol{E}(Y).\end{aligned}$$

4. Verteilung, Varianz und Kovarianz

Wenn man den Ausdruck für den Erwartungswert einer Funktion einer zufälligen Größe

$$\boldsymbol{E}(g(X)) = \Sigma\, g(a_\nu)\,\boldsymbol{P}(X = a_\nu)$$

betrachtet, bemerkt man, daß von der zufälligen Größe nur die Werte

$$\boldsymbol{P}(X = a_\nu)$$

benötigt werden. Man nennt die Gesamtheit dieser Werte oder ein System, das diesem äquivalent ist, die Verteilung der zufälligen Größe X. Insbesondere bezeichnet man die Funktion

$$F(h) = \boldsymbol{P}(X < h) = \sum_{a_\nu < h} \boldsymbol{P}(X = a_\nu) \tag{4.4.1}$$

als kumulative Verteilungsfunktion. Es handelt sich dabei (für die bisher eingeführten Zufallsgrößen) um monotone Treppenfunktionen mit Sprüngen der Höhe $\boldsymbol{P}(X = a_\nu)$ an den Stellen a_ν.

Entsprechend bezeichnet man das System der $\boldsymbol{P}(X = a,\ Y = b)$ als gemeinsame Verteilung der beiden Größen X und Y und benutzt als äquivalente Beschreibungsgröße die gemeinsame Verteilungsfunktion

$$F(h, k) = \boldsymbol{P}(X < h,\ Y < k). \tag{4.4.2}$$

Häufig benutzte Erwartungswerte sind die Momente einer zufälligen Größe — auch Momente der betreffenden Verteilung genannt —

$$m_\nu = \boldsymbol{E}(X^\nu) = \Sigma\, a^\nu\,\boldsymbol{P}(X = a) \tag{4.4.3}$$

bzw. die gemischten Momente bei mehreren zufälligen Größen, z. B.

$$m_{\mu\nu} = \boldsymbol{E}(X^\mu\,Y^\nu).$$

Eine wichtige Größe, die ebenfalls durch die Verteilung von X bestimmt ist, ist die Streuung oder Varianz

$$\operatorname{Var}(X) = \boldsymbol{E}\big((X - \boldsymbol{E}(X))^2\big), \tag{4.4.4}$$

auch mit $\sigma^2(X)$ oder σ_X^2 bezeichnet, die offenbar immer $\geqq 0$ ist und ein **Maß** für die Abweichung der Werte von X von dem Erwartungswert $m = m_1 = \boldsymbol{E}(X)$ darstellt. Insbesondere gilt $\operatorname{Var}(X) = 0$ genau dann, wenn $X = m$ bis auf solche Elementarereignisse, die zusammen die Wahrscheinlichkeit Null haben. Deutet man die Wahrscheinlichkeiten $\boldsymbol{P}(X = a)$ als Massen, die an den Punkten a einer Zahlengeraden angebracht sind, so entspricht m dem Schwerpunkt und die Varianz dem Trägheitsmoment.

Für die Varianz ergeben sich folgende Darstellungen

$$\begin{aligned} \operatorname{Var}(X) &= \boldsymbol{E}(X^2) - (\boldsymbol{E}(X))^2 = m_2 - m_1^2, \\ \operatorname{Var}(X) &= \operatorname*{Min}_a \boldsymbol{E}(X - a)^2. \end{aligned} \tag{4.4.5}$$

Die letzte Gleichung ergibt sich aus der Identität

$$\boldsymbol{E}(X - a)^2 = \boldsymbol{E}\big(X - \boldsymbol{E}(X)\big)^2 + (a - \boldsymbol{E}(X))^2.$$

Eine unmittelbare Folge der Darstellung (4.5) ist

$$\operatorname{Var}(X + c) = \operatorname{Var}(X), \tag{4.4.6}$$

während man andererseits auch leicht den quadratischen Charakter der Varianz einsieht:

$$\operatorname{Var}(c\,X) = c^2 \operatorname{Var}(X). \tag{4.4.7}$$

Für die Varianz einer Summe unabhängiger Größen rechnet man leicht nach [wobei man wegen (4.6) der Einfachheit halber alle Erwartungswerte als Null annehmen darf], daß gilt

$$\operatorname{Var}(X + Y) = \operatorname{Var}(X) + \operatorname{Var}(Y). \tag{4.4.8}$$

Im allgemeinen Fall von mehr als zwei Summanden braucht man sogar nur die paarweise Unabhängigkeit der Summanden zu benutzen, um zu erhalten

$$\operatorname{Var}\Big(\sum_\nu X_\nu\Big) = \sum_\nu \operatorname{Var}(X_\nu). \tag{4.4.9}$$

Bei nicht unabhängigen Summanden wird man darauf geführt, als bilineares Analogon der quadratischen Streuungsgröße

$$\operatorname{Var}(X) = \boldsymbol{E}\big((X - \boldsymbol{E}(X))^2\big)$$

die Kovarianz einzuführen

$$\operatorname{Kov}(X, Y) = \boldsymbol{E}\big((X - \boldsymbol{E}(X))\,(Y - \boldsymbol{E}(Y))\big). \tag{4.4.10}$$

Dann gilt nämlich, wie man leicht nachrechnet,

$$\operatorname{Var}(\sum X_\nu) = \sum \operatorname{Var}(X_\nu) + \sum_{\nu \neq \mu} \operatorname{Kov}(X_\nu, X_\mu). \tag{4.4.11}$$

Hieraus erkennt man, daß die Varianzformel (4.4.9) gilt, wenn statt der paarweisen Unabhängigkeit der X_ν nur gefordert wird, daß

$$\mathrm{Kov}(X_\nu, X_\mu) = 0$$

ist. Man bezeichnet

$$r = \frac{\mathrm{Kov}(X, Y)}{\sqrt{\mathrm{Var}(X)\,\mathrm{Var}(Y)}} \tag{4.4.12}$$

als Korrelationskoeffizienten und nennt zufällige Größen mit $r(X, Y) = 0$ unkorreliert.

Wenn man in der Beziehung

$$0 \leqq \mathrm{Var}(\alpha X + \beta Y) = \alpha^2 \mathrm{Var}(X) + 2\alpha\beta\,\mathrm{Kov}(X, Y) + \beta^2 \mathrm{Var}(Y)$$

einsetzt $\alpha = -\mathrm{Kov}(X, Y)$ und $\beta = \mathrm{Var}(X)$, erhält man die SCHWARZsche Ungleichung

$$[\mathrm{Kov}(X, Y)]^2 \leqq \mathrm{Var}(X)\,\mathrm{Var}(Y), \tag{4.4.13}$$

die besagt, daß der Korrelationskoeffizient $|r| \leqq 1$ ist. Die Größe $a = \sqrt{1 - r^2}$ wird manchmal als Alineationskoeffizient bezeichnet. Daß der eben eingeführte Begriff der Unkorreliertheit schwächer ist als der der Unabhängigkeit, sieht man an einem Beispiel:

Die möglichen Werte von X und Y seien je $-1, 0, 1$. $\boldsymbol{P}(X = a, Y = b)$ sei $= \frac{1}{8}$, wenn mindestens eine der Zahlen a oder b ungleich Null ist. Dann sind X, Y unkorreliert, aber nicht unabhängig, da

$$\boldsymbol{P}(X = 0, Y = 0) = 0 \neq \boldsymbol{P}(X = 0)\,\boldsymbol{P}(Y = 0) = \tfrac{1}{4}\cdot\tfrac{1}{4}$$

ist.

Aufgaben

1. Es werden n Würfel (unabhängig, je unverfälschte Würfel, mit $\boldsymbol{P} = \frac{1}{6}$ für jede Seite) geworfen; die größte der geworfenen Augenzahlen sei X. Welche Verteilung, welchen Erwartungswert und welche Streuung hat X?

2. Man beweise folgende Verallgemeinerung der SYLVESTERschen Formel: Wenn B die Menge derjenigen Elementarereignisse ist, die in genau k der A_ν enthalten sind, gilt

$$\boldsymbol{P}(B) = \sum \boldsymbol{P}(A_{i_1}, \ldots, A_{i_k}) - \binom{k+1}{k} \sum \boldsymbol{P}(A_{i_1}, \ldots, A_{i_{k+1}}) +$$

$$+ \binom{k+2}{k} \sum \boldsymbol{P}(A_{i_1}, \ldots, A_{i_{k+2}}) - + \cdots$$

dabei wird in der l-ten Summe über alle $(k + l - 1)$ Kombinationen der Zahlen $1 \ldots n$ summiert). Auch hier gilt, daß die Partialsummen abwechselnd zu groß und zu klein sind (BONFERRONIS Ungleichungen).

3. Aus den Formeln der Aufgabe 2 oder direkt zeige man, daß für die Wahrscheinlichkeit, daß mindestens k der Ereignisse $A_1, \ldots, A_n$ eintreten, gilt

$$\boldsymbol{P} = \sum \boldsymbol{P}(A_{i_1} \ldots A_{i_k}) - \binom{k}{k-1} \sum \boldsymbol{P}(A_{i_1} \ldots A_{i_{k+1}}) + \\ + \binom{k+1}{k-1} \sum \boldsymbol{P}(A_{i_1} \ldots A_{i_{k+2}}) - \binom{k+2}{k-1} \sum \ldots$$

(vgl. auch § 6, Aufgabe 11).

4. Man zeige, daß durch das Bestehen der Gleichung

$$\boldsymbol{E}(g(X)\, f(Y)) = \boldsymbol{E}(g(X))\, \boldsymbol{E}(f(Y))$$

für alle Funktionen g und f die Unabhängigkeit von X und Y beschrieben werden kann.

5. Wie drücken sich die Momente von $X \cdot Y$ bzw. $X + Y$ bei unabhängigen X, Y durch deren Momente aus?

6. Wenn man eine momentenerzeugende Funktion durch

$$m(t) = \sum_{\nu=0}^{\infty} \frac{m_\nu}{\nu!} t^\nu$$

definiert und

$$\log m(t) = \sum_{\nu=1}^{\infty} \frac{k_\nu}{\nu!} t^\nu$$

entwickelt, erhält man in den Koeffizienten k_ν die Kumulanten.

Man stelle Rekursionsformeln für die Berechnung der k_ν aus den m_ν (und umgekehrt) auf! Man stelle k_1, k_2, k_3 durch die Momente dar!

Wie berechnen sich die Kumulanten der Summe unabhängiger Größen aus deren Kumulanten?

Wie verändern sich die Kumulanten beim Übergang von X zu $aX + b$?

7. Man berechne $\operatorname{Kov}(aX + b, cY + d)$!

8. Beweise, daß der Korrelationskoeffizient zufälliger Größen X, Y dann und nur dann gleich ± 1 ist, wenn eine lineare Beziehung $aX + bY = c$ zwischen den zufälligen Größen besteht (bis auf $\boldsymbol{P} = 0$)!

9. Aus Determinantenkriterien für Positiv-Definitheit folgere man für die GRAMsche Determinante

$$\operatorname*{Det}_{\mu,\nu=1}^{n} (\operatorname{Kov}(X_\nu, X_\mu)) \geqq 0 .$$

Was folgt daraus im Falle $X_\nu = X^\nu$?

10. Es seien $X_1 \ldots X_n$ paarweise unabhängige zufällige Größen mit

$$\boldsymbol{P}(X_\nu = 0) = p_\nu, \qquad \boldsymbol{P}(X_\nu = 1) = 1 - p_\nu \equiv q_\nu .$$

Man beweise die Ungleichung

$$\operatorname{Var}(\sum X_\nu) \leqq \frac{1}{n} (\sum p_\nu)(\sum q_\nu)$$

und zeige, daß das Gleichheitszeichen nur bei $p_\nu = p$ eintritt!

11. In einer Urne befinden sich r rote und s schwarze Kugeln. Nach jeweiligem Mischen werden eine erste Kugel, dann eine zweite Kugel gezogen. X_i sei der Indikator des Ereignisses „rote Kugel beim i-ten Zug"; berechne $\operatorname{Kov}(X_1, X_2)$.

12. Für das in § 2.3 behandelte Problem berechne man den Erwartungswert der Nummer N des angegebenen Platzes (bzw. der geschossenen Taube)! Dazu bestimme man[1]

a) die Wahrscheinlichkeit, daß der angegebene Platz l sei und dort die Nummer $N = \nu$ sei, durch Abzählmethoden zu

$$\boldsymbol{P}(N = \nu, L = l) = \frac{(\nu - 1)!\, k (n - l)!}{(\nu - l)!\, (l - 1)\, n!}.$$

b) Unter Benutzung der Beziehung (im PASCALschen Dreieck abzulesen)

$$\sum_{\nu = l}^{n} \binom{\nu}{l} = \binom{n+1}{l+1}$$

ergibt sich damit

$$\boldsymbol{E}(N) = \frac{k(n+1)}{2} \sum_{l = k+1}^{n} \left(\frac{1}{l-1} - \frac{1}{l+1} \right);$$

da die Reihe sich summieren läßt

$$\boldsymbol{E}(N) = \frac{1}{2} \left\{ \frac{(2k+1)(n+1)}{k+1} - \frac{(2n+1)k}{n} \right\}.$$

c) Daraus bestimme man (näherungsweise) den optimalen Wert von k, wenn $\boldsymbol{E}(N)$ maximiert werden soll. $\left(\text{Lösung: } k_0 \sim \sqrt{\frac{n}{2}}\right)$; als optimales $\boldsymbol{E}(N)$ ergibt sich daraus

$$\operatorname*{Max}_k \boldsymbol{E}(N) \sim n - \sqrt{2n}.$$

13. Aus einer Urne, in der sich n Kugeln mit den Zahlen von $1 \ldots n$ befinden, werden nach Mischen k Kugeln herausgegriffen; man berechne Verteilung und Erwartungswert der größten herausgegriffenen Zahl (N).

Anleitung: $\boldsymbol{P}(N \leqq \nu) = \boldsymbol{P}(\text{alle } k \text{ Zahlen} \leqq \nu) = \dfrac{\binom{\nu}{k}}{\binom{n}{k}}$.

Lösung: $\boldsymbol{E}(N) = (n+1) \dfrac{k}{k+1}$.

[1] Für die Optimierung bei c) wird man die Regel besser abändern, indem man auf jeden Fall die letzte Taube schießt.

14. Man beweise für positive zufällige Größen X, Y die Ungleichung von J. C. KOOP [Nature 203 (1964) 1097]

$$\operatorname{Kov}\left(X, \frac{Y}{X}\right) \leqq \operatorname{Var}(Y).$$

Anleitung: Diese Ungleichung ist äquivalent $\left(\boldsymbol{E}(\sqrt{Y})\right)^2 \leqq \boldsymbol{E}(X)\,\boldsymbol{E}\left(\frac{Y}{X}\right)$.

15. Aus $\varrho(X, Y) = \varrho(Y, Z) = 1 - \varepsilon$ folgere man eine untere Schranke für $\varrho(X, Z)$.

Anleitung: Die SCHWARZsche Ungleichung für $Y - X$ und $Y - Z$ ergibt $\varrho(X, Z) \geqq 1 - 4\varepsilon$ (zur Bequemlichkeit wähle man alle Varianzen $= 1$). Die genaue Schranke ist $1 - 4\varepsilon + 2\varepsilon^2$.

16. Durch Anwendung der POINCARÉ-SYLVESTERschen Formel auf die Komplemente $B_i = C\,\mathfrak{A}_i$ beweise man folgendes Gegenstück

$$\boldsymbol{P}\left(\bigcap_{i=1}^{n} \mathfrak{A}_i\right) = -\sum_{1 \leqq \nu \leqq n} (-1)^{\nu} \sum_{i_1 < i_2 \ldots < i_\nu} \boldsymbol{P}(\mathfrak{A}_{i_1} \cup \mathfrak{A}_{i_2} \cup \cdots \cup \mathfrak{A}_{i_\nu}).$$

17. In der Menge der möglichen Ergebnisse gleichartiger unabhängiger Experimente (unbeschränkt wiederholt) seien gleichartige Teilmengen $B^{(\nu)} = B_0^{(\nu)}, B_1^{(\nu)}, \ldots, B_s^{(\nu)}$ [d. h. $\boldsymbol{P}(B_{i_1}^{(\nu)} \ldots B_{i_k}^{(\nu)})$ unabhängig von ν] gegeben. Mittels der einfachen Beziehung $\boldsymbol{P}$ (erstes $B^{(\nu)}$ vor ersten $B^{(\mu)}$) $= \frac{\boldsymbol{P}(B^{(\nu)})}{\boldsymbol{P}(B^{(\nu)} \cup B^{(\mu)})}$ und der POINCARÉ-SYLVESTERschen Formel gewinne man die Formel von THORP [Amer. math. Monthly 71 (1964) 778]

$\boldsymbol{P}$ (alle $B_i^{(\nu)}$ treten vor $B^{(\nu)}$ ein)

$$= \boldsymbol{P}(B)\left[\frac{1}{\boldsymbol{P}(B)} - \sum_i \frac{1}{\boldsymbol{P}(B \cup B_i)} + \sum_{i<j} \frac{1}{\boldsymbol{P}(B \cup B_i \cup B_j)} - + \cdots\right].$$

Beispiel. Mit einem Würfel die Zahlen 1 und 3 vor der ersten geraden Zahl zu werfen hat die Wahrscheinlichkeit

$$\frac{1}{2}\left[\frac{1}{1/2} - \left(\frac{1}{4/6} + \frac{1}{4/6}\right) + \frac{1}{5/6}\right] = \frac{1}{10}.$$

18. Mittels der POINCARÉ-SYLVESTERschen Formel berechne man die Wahrscheinlichkeit, daß bei n unabhängigen Ziehungen (gleiche Wahrscheinlichkeit!) mit Wiederholungen bei m Losen jedes mindestens einmal gezogen wird, gleich

$$\sum_{\nu=0}^{m} (-1)^{\nu} \binom{m}{\nu} \left(1 - \frac{\nu}{m}\right)^n \text{ ist.}$$

(Vgl. § 13.4, wo ein Grenzwertsatz auch hierfür enthalten ist, der sich auch direkt begründen läßt [vgl. FELLER, I. Band]).

19. Für zwei unabhängige Größen X, Y mit $\boldsymbol{P}(x = \nu) = \boldsymbol{P}(y = \nu) = \frac{1}{n}$ $(\nu = 1, 2, \ldots, n)$ berechne man $\boldsymbol{E}(\mathrm{Max}(x, y))$.

Anleitung: Aus $\boldsymbol{P}(\mathrm{Max}(x, y) \leqq k) \equiv \boldsymbol{P}(x \leqq k, y \leqq k) = \frac{k^2}{n^2}$ ergibt sich aus der allgemein für nicht-negative ganzzahlige Größen N gültigen Formel

$$\boldsymbol{E}(N) = \sum_{k \geqq 1} \boldsymbol{P}(N \geqq k)$$

leicht das Ergebnis $\boldsymbol{E} = \frac{(n+1)(4n-1)}{6n}$. (Vgl. Aufgabe 13.)

§ 5. Das Gesetz großer Zahlen

1. Tschebyscheffsche Ungleichung

Die Feststellung, daß die Varianz ein Maß für die Abweichung der zufälligen Größe von ihrem Erwartungswert ist, soll in eine mathematisch formulierte Aussage gebracht werden. Dazu wird die Wahrscheinlichkeit, daß X von seinem Erwartungswert m um mehr als a abweicht, durch die Streuung abgeschätzt:

$$\boldsymbol{P}(|X - m| \geq a) = \boldsymbol{E}(I\{|X - m| \geqq a\}) \leqq$$
$$\leqq \boldsymbol{E}\left(I\{|X - m| \geqq a\}\left(\frac{X - m}{a}\right)^2\right) \leqq \boldsymbol{E}\left(\left(\frac{X - m}{a}\right)^2\right) = \frac{1}{a^2}\,\mathrm{Var}(X).$$

Die so gefundene Ungleichung

$$\boldsymbol{P}(|X - m| \geqq a) \leqq \frac{1}{a^2}\,\mathrm{Var}(X), \tag{5.1.1}$$

die natürlich nur im Fall $a^2 > \mathrm{Var}(X)$ nichttrivial ist, oder die äquivalente Ungleichung

$$\boldsymbol{P}(|X - m| < a) > 1 - \frac{1}{a^2}\,\mathrm{Var}(X) \tag{5.1.2}$$

nennt man die TSCHEBYSCHEFFsche Ungleichung. Es ist offenbar, daß man durch Einschieben anderer Faktoren viele ähnliche Ungleichungen erhalten kann, z. B.

$$\boldsymbol{P}(|X - m| \geqq a) \leqq \frac{1}{a^r}\,\boldsymbol{E}(|X - m|^r) \qquad (r \geqq 0).$$

2. Schwaches Gesetz der großen Zahlen

Die Anwendung der TSCHEBYSCHEFFschen Ungleichung ermöglicht einen für die Interpretation der Theorie wichtigen Grenzwertsatz. Dazu betrachten wir eine (große) Anzahl von unabhängigen zufälligen Größen $X_1, X_2, \ldots, X_n$ mit gleichen Erwartungswerten $m = \boldsymbol{E}(X_\nu)$ und gleichen Varianzen $\sigma^2 = \mathrm{Var}(X_\nu)$.

Aus den Summen

$$S_n = \sum_{\nu=1}^{n} X_\nu$$

gewinnen wir die arithmetischen Mittel

$$T_n = \frac{1}{n} S_n = \frac{1}{n} \sum_{\nu=1}^{n} X_\nu,$$

für die wir leicht berechnen

$$\boldsymbol{E}(T_n) = m; \quad \operatorname{Var}(T_n) = \frac{\sigma^2}{n}.$$

Mithin ergibt die TSCHEBYSCHEFFsche Ungleichung

$$\boldsymbol{P}(|T_n - m| < a) > 1 - \frac{\sigma^2}{n a^2}$$

und bei jedem $a > 0$ strebt die rechte Seite bei wachsendem n gegen 1:

$$\lim_{n\to\infty} \boldsymbol{P}(|T_n - m| < a) = 1. \tag{5.2.1}$$

Man schreibt für diese Konvergenz nach Wahrscheinlichkeit auch

$$T_n \xrightarrow{\text{n.W.}} m$$

oder in Verallgemeinerung des LANDAUschen Symbols

$$T_n - m = o_P(1).$$

Man bezeichnet das so ausgedrückte Verhalten der Folge der T_n als Konvergenz nach Wahrscheinlichkeit gegen die Konstante m; das ist offenbar eine Aussage über die durch

$$F_n(h) = \boldsymbol{P}(T_n < h)$$

definierten kumulativen Verteilungsfunktionen F_n der T_n, denn für $a > 0$ folgt ersichtlich aus (2.1), daß

$$\begin{aligned} \lim_{n\to\infty} F_n(m + a) &= 1, \\ \lim_{n\to\infty} F_n(m - a) &= 0 \end{aligned} \tag{5.2.2}$$

gilt. Man nennt (2.1) bzw. (2.2) das schwache Gesetz der großen Zahlen von D. BERNOULLI.

Aus den Betrachtungen über die Varianz geht hervor, daß das schwache Gesetz großer Zahlen auch gilt, wenn die X_ν als paarweise unabhängig oder nur als unkorreliert vorausgesetzt werden.

3. Häufigkeitsinterpretation von Wahrscheinlichkeiten und erste Beschreibung des statistischen Problems

Der für die Interpretation von Wahrscheinlichkeiten nützliche Spezialfall des Gesetzes großer Zahlen ist der, wo die $X_\nu = I_{A_\nu}$ Indikatoren unabhängiger Ereignisse A_ν mit gleichen Wahrscheinlichkeiten $p = \boldsymbol{P}(A_\nu)$ sind (BERNOULLIsche Kette).

Dann ist S_n nichts anderes als die Anzahl der bei n Beobachtungen eingetretenen Ereignisse und T_n die relative Häufigkeit.

Das schwache Gesetz großer Zahlen besagt deshalb, daß bei wachsender Beobachtungszahl n die Wahrscheinlichkeit, daß die relative Häufigkeit sich von der Wahrscheinlichkeit p des Einzelereignisses um höchstens die beliebige feste positive Zahl a unterscheidet, gegen 1 strebt.

Um diese Folge der theoretischen Annahmen mit der den Ausgangspunkt bildenden Beobachtung in Übereinstimmung zu bringen, liegt es nahe, folgende Interpretationsregel aufzustellen:

Eine Aussage (= Ereignis) der Theorie, die mit einer Wahrscheinlichkeit ≈ 1 belegt ist, soll als glaubwürdig in der Erfahrung angesehen werden. Die Willkür, die in der Forderung „ungefähr" steckt, ist für uns vorläufig nicht wichtig, weil wir es mit einem Grenzwertsatz zu tun haben, bei dem eine Wahrscheinlichkeit der 1 beliebig nahekommt.

Mit Hilfe dieser Interpretationsregel kann man die Aussage, daß ein Ereignis $\mathfrak{E}$ die Wahrscheinlichkeit p hat, interpretieren, als die Tatsache, daß bei hinreichend vielen unabhängigen Wiederholungen die relative Häufigkeit des Eintretens ungefähr gleich p sein wird: Häufigkeitsinterpretation der Wahrscheinlichkeit[1].

Bemerkung: Der mit der Erfahrung von der praktischen Konstanz der relativen Häufigkeiten begonnene Weg der Theoriebildung führt hier wieder an den Ausgangspunkt; es liegt aber kein Zirkelschluß vor, weil im Anfang der Theorie (§ 1.1) die Beobachtung der relativen Häufigkeiten nur ein Anhalt für die Begriffsbildung war, während hier am Ende eine Schlußweise von der Theorie auf die beschriebene Wirklichkeit ermöglicht wird.

Man sieht, daß in die vollständige Beschreibung selbst des einfachen BERNOULLIschen Falles noch ein Parameter p eingeht, der zunächst unbekannt ist und auf irgendeine Weise der vorliegenden Wirklichkeit (etwa in Gestalt einer zu werfenden Münze) angepaßt werden muß.

Dieses Anpassungsproblem ist das zugehörige statistische Problem; die Methoden zur Behandlung statistischer Probleme behandelt die mathematische Statistik. In dem hier als Muster behandelten BERNOULLI-Fall sind bereits verschiedene statistische Fragestellungen möglich:

1. Welchen Wert hat p?
2. Ist p gleich einem vermuteten Wert p_0 (z. B. $p_0 = \frac{1}{2}$)?
3. Liegt p in einem bestimmten Intervall (z. B. $p < \frac{1}{2}$)?

[1] Man kann das Gesetz großer Zahlen dann auch als Meßvorschrift für Wahrscheinlichkeiten auffassen.

4. Welcher von zwei nur in Betracht kommenden Werten p_1, p_2 ist der richtige?

Man kann die Fragen 2 bis 4 als Präzisierungen der Frage 1 auffassen: Eine Frage wird durch Angabe der zugelassenen Antworten bestimmt.

Die erste Frage ist das Parameterschätzproblem und muß durch Aufstellung von Schätzfunktionen $\hat{p}(X_1, \ldots, X_n)$ der Beobachtungen mit geeigneten Eigenschaften gelöst werden. In diesem Fall bietet sich als eine Möglichkeit für eine Schätzfunktion

$$\hat{p}_n(X_1, \ldots, X_n) = \frac{1}{n} \sum_{\nu=1}^{n} I_{A_\nu}$$

an; diese Schätzfunktion hat zwei angenehme Eigenschaften:

a) $\boldsymbol{E}(\hat{p}_n) = p$ für alle Werte des Parameters (sog. Erwartungstreue oder Unverzerrtheit),

b) $\lim\limits_{n\to\infty} \boldsymbol{P}(|\hat{p}_n - p| < a) = 1$ für jedes $a > 0$ nach dem schwachen Gesetz großer Zahlen (sog. Konsistenz).

Frage 2 und 3 wird durch sog. Hypothesentests behandelt,

Frage 4 durch Alternativtests.

Es ist klar, daß bei komplizierteren wahrscheinlichkeitstheoretischen Modellen auch die zugehörigen statistischen Probleme komplizierter und vielgestaltiger werden.

Aufgaben

1. Es seien X_ν unabhängige Indikatorgrößen mit $\boldsymbol{P}(X_\nu = 1) = p_\nu$; man beweise das Gesetz der großen Zahlen für die X_ν, wenn

$$\lim_{n\to\infty} \frac{1}{n} \sum_{\nu=1}^{n} p_\nu = p$$

existiert.

2. Man beweise die Abschätzung

$$\boldsymbol{P}(X \geqq a) \leqq \frac{1}{e^a} \boldsymbol{E}(e^X).$$

3. a) Wann gilt in der TSCHEBYSCHEFFschen Ungleichung das Gleichheitszeichen? b) Das gleiche für Aufgabe 2!

4. Bei unabhängig $X_\nu \geqq 0$ mit gleichem Erwartungswert m und gleicher Streuung σ^2 sei N_n definiert als kleinste ganze Zahl, für die

$$\sum_{\nu=1}^{N_n} X_\nu > n$$

ist. Mittels der Identität

$$P\{N_n \leqq \zeta\} = P\left\{\sum_{\nu=1}^{\zeta} X_\nu > n\right\}$$

bzw. der analogen mit anderem Vorzeichen beweise man das schwache Gesetz großer Zahlen für diese „Wartezeiten“:

$$\lim_{n\to\infty} P\left\{\left|\frac{N_n}{n} - \frac{1}{m}\right| < \varepsilon\right\} = 1 .$$

§ 6. Verteilung der Summe unabhängiger ganzzahliger zufälliger Größen

1. Erzeugende Funktion

Dieser Abschnitt dient der genaueren Betrachtung der Summe unabhängiger Größen. Betrachten wir zunächst zwei Summanden!

Es seien X und Y unabhängige Zufallsgrößen, die nur ganze Zahlen $\geqq 0$ als Werte haben; ihre Verteilungen sind dann bestimmt durch die Zahlen

$$p_\nu = P(X = \nu); \qquad q_\mu = P(Y = \mu) \quad (\nu, \mu = 0, 1, 2, \ldots).$$

Berechnen wir die Verteilung der Summe

$$Z = X + Y .$$

Offenbar sind die Werte von Z auch ganze Zahlen, und zwar

$$\left.\begin{aligned} r_\lambda \equiv P(Z = \lambda) &= P(X + Y = \lambda) = P\left(\bigcup_{\nu=0}^{\lambda} \{X = \nu;\ Y = \lambda - \nu\}\right) \\ &= \sum_{\nu=0}^{\lambda} P\{X = \nu;\ Y = \lambda - \nu\} \\ &= \sum_{\nu=0}^{\lambda} P\{X = \nu\}\, P\{Y = \lambda - \nu\} \qquad \text{(da } X \text{ und } Y \text{ unabhängig)} \\ &= \sum_{\nu=0}^{\lambda} p_\nu\, q_{\lambda-\nu} . \end{aligned}\right\} \quad (6.1.1)$$

Die die Verteilung von Z bestimmenden Zahlen r_λ ergeben sich mithin aus den Reihen p_ν, q_μ wie die Koeffizienten eines Produktes zweier Potenzreihen.

Deshalb liegt es nahe, die erzeugende Funktion einer Zufallsgröße X, die nur ganzzahlige Werte $\geqq 0$ annimmt, durch die für $|z| \leqq 1$ konvergente Reihe

$$p_X(z) = p(z) = \sum_{\nu=0}^{\infty} p_\nu\, z^\nu = E(z^X) \qquad (6.1.2)$$

zu definieren. Dann gilt nach obiger Rechnung, die äquivalent der Gleichung $\boldsymbol{E}(z^{X+Y}) = \boldsymbol{E}(z^X)\,\boldsymbol{E}(z^Y)$ ist,

$$p_{X+Y}(z) = p_X(z)\,p_Y(z). \tag{6.1.3}$$

Entsprechend gilt für mehrere unabhängige Größen X_ν für $S = \sum_{\nu=1}^{n} X_\nu$

$$p_S(z) = \prod_{\nu=1}^{n} p_\nu(z) \quad \text{mit} \quad p_\nu(z) \equiv p_{X_\nu}(z). \tag{6.1.4}$$

Mit Hilfe der erzeugenden Funktion lassen sich die Momente, z. B. der Erwartungswert und auch die Varianz, leicht berechnen:

Wir bilden durch Differenzieren

$$p'(z) = \sum p_\nu\, \nu\, z^{\nu-1},$$

$$p''(z) = \sum p_\nu\, \nu(\nu-1)\, z^{\nu-2}$$

und erhalten (falls die Reihen noch konvergieren!)

$$\begin{aligned} p'(1) &= \Sigma\, \nu\, p_\nu = \boldsymbol{E}(X), \\ p''(1) &= \Sigma\, \nu(\nu-1)\, p_\nu = \boldsymbol{E}\big(X(X-1)\big) = \boldsymbol{E}(X^2) - \boldsymbol{E}(X). \end{aligned} \tag{6.1.5}$$

Daraus ergibt sich

$$\sigma_X^2 = \operatorname{Var}(X) = p''(1) + p'(1) - \big(p'(1)\big)^2. \tag{6.1.6}$$

2. Binomische Verteilung (Bernoulli-Kette)

Die Verteilung der Indikatorgröße eines Ereignisses A_ν mit $\boldsymbol{P}(A_\nu) = p$ ist offenbar

$$p_0 = 1 - p, \quad p_1 = p,$$

die erzeugende Funktion also

$$p_\nu(z) = 1 - p + z\,p.$$

Damit ergibt sich nach der Multiplikationsregel für erzeugende Funktionen (1.4) bei unabhängigen Ereignissen A_ν mit $\boldsymbol{P}(A_\nu) = p$ als erzeugende Funktion für die Anzahl $S = \sum_{\nu=1}^{n} I_{A_\nu}$

$$p_S(z) = (1 - p + z\,p)^n.$$

Nach dem binomischen Satz ist dies gleich

$$\sum_{\nu=0}^{n} \binom{n}{\nu} (1-p)^{n-\nu} p^\nu z^\nu,$$

woraus sich (als Koeffizienten der Potenzen z^ν) die Verteilung von S

$$\boldsymbol{P}(S = \nu) = p_\nu = \binom{n}{\nu} q^{n-\nu} p^\nu \qquad (q = 1 - p), \tag{6.2.1}$$

wegen dieses Zusammenhanges mit dem binomischen Satz als binomische Verteilung bezeichnet, ergibt. Sie läßt sich auch aufstellen durch Summation über alle (jeweils gleichwahrscheinlichen) Kombinationen von ν der A_i, die eingetreten (während die restlichen $n-\nu$ der A_i nicht eingetreten) sind.

Erwartungswert und Varianz der binomischen Verteilung ergeben sich nach den betreffenden Additionsformeln aus den entsprechenden Werten

$$\boldsymbol{E}(I_A) = p; \qquad \operatorname{Var}(I_A) = p(1-p) = p\,q$$

zu

$$\boldsymbol{E}(S) = n\,p; \qquad \operatorname{Var}(S) = n\,p\,q. \tag{6.2.2}$$

Da die Werte der Binomialverteilung bei großen n und ν umständlich in der Berechnung sind, werden durch den zentralen Grenzwertsatz (§ 7) Näherungsausdrücke angegeben.

Vorher werden aber noch andere mit der BERNOULLI-Kette in Zusammenhang stehende Verteilungen behandelt werden.

3. Poisson-Verteilung (Gesetz seltener Ereignisse)

Im Bereich der Erfahrungen, der mit der Binomialverteilung passend beschrieben wird, ist der Wert von n oft sehr groß, während p so klein ist, daß $n\,p$ von mittlerer Größenordnung ist; man denke an die Beschreibung der täglichen Autounfälle in einer Großstadt: der Unfall A_ν eines der n Autos hat eine sehr kleine Wahrscheinlichkeit; die verschiedenen A_ν sollen als unabhängig angesehen werden[1]. Aber der Erwartungswert $n\,p$ der Anzahl der an einem Tage in Unfälle verwickelten Autos ist, wie z. B. das Jahresmittel erkennen läßt, von der Größenordnung ~ 1. Wir nehmen an, $n\,p = \lambda$ sei fest und führen den Grenzübergang $n \to \infty$ in der Binomialverteilung durch. Zunächst gilt

$$\lim_{n\to\infty} p_0 = \lim_{n\to\infty}\left(1-\frac{\lambda}{n}\right)^n = e^{-\lambda}.$$

Dann beachten wir

$$\lim_{n\to\infty}\frac{p_{\nu+1}}{p_\nu} = \lim_{n\to\infty}\frac{n-\nu}{\nu+1}\,\frac{p}{q} = \lim_{n\to\infty}\frac{n-\nu}{\nu+1}\,\frac{\frac{\lambda}{n}}{1-\frac{\lambda}{n}} = \frac{\lambda}{\nu+1},$$

[1] Diese Annahme der Einfachheit wegen; eine kompliziertere Modellvorstellung berücksichtigt zwar die Beteiligung mehrerer Fahrzeuge, kommt aber zu demselben Ergebnis. Auch zur Beschreibung von seltenen Todesarten (Kinderselbstmorde, tödliche Unfälle durch Pferdehufschläge) oder Druckfehler wird die POISSON-Verteilung benutzt; aus anderen Gründen auch für die Anzahl von Telephonanrufen (in dem Amt je Zeiteinheit) oder die Anzahl von Zerfallsteilchen von Atomkernen oder der Höhenstrahlung.

und erhalten iterativ $$\lim_{n\to\infty} p_\nu = \frac{\lambda^\nu}{\nu!} e^{-\lambda}.$$

Offenbar haben diese Grenzwerte die Eigenschaft, eine Verteilung zu bestimmen, da ihre Summe zu 1 konvergiert. Man nennt sie die POISSON-Verteilung und ihre Verwendung zur Approximation der Binomialverteilung den Grenzwertsatz seltener Ereignisse:

$$\lim_{n\to\infty} \binom{n}{\nu} \left(\frac{\lambda}{n}\right)^\nu \left(1 - \frac{\lambda}{n}\right)^{n-\nu} = \frac{\lambda^\nu}{\nu!} e^{-\lambda}. \tag{6.3.1}$$

Mit Hilfe ihrer erzeugenden Funktion

$$p(z) = \sum_{\nu=0}^{\infty} \frac{\lambda^\nu}{\nu!} z^\nu e^{-\lambda} = e^{-\lambda+\lambda z} \tag{6.3.2}$$

berechnet man leicht die mit den Limites der entsprechenden Werte der Binomialverteilung übereinstimmenden Werte:

$$\boldsymbol{E}\,(\text{POISSON-Verteilung}) = \lambda,$$
$$\text{Var}\,(\text{POISSON-Verteilung}) = \lambda.$$

Wenn in einer Großstadt im täglichen Mittel ein Unfall passiert ($\lambda = 1$), so ergibt die POISSON-Verteilung, daß der Anteil $e^{-1} \approx 0{,}368$ von Tagen, d. h. mehr als ein Drittel, unfallfrei bleibt.

Wie bei der Binomialverteilung auf Grund ihrer Entstehung klar ist, daß die Summe zweier unabhängiger Größen, die je die Binomialverteilung mit Parametern n_1, p bzw. n_2, p haben, binomisch verteilt ist mit Parametern $n_1 + n_2$, p, so gilt ein entsprechender Additionssatz für die POISSON-Verteilung:

Haben die unabhängigen Summanden POISSON-Verteilungen mit Parametern λ_1 bzw. λ_2, so hat die Summe eine POISSON-Verteilung mit dem Parameter $\lambda_1 + \lambda_2$. Denn nach (3.2) erhalten wir die erzeugende Funktion der Summe in der Form

$$\exp(-\lambda_1 + z\lambda_1)\exp(-\lambda_2 + \lambda_2 z) = \exp\big(-(\lambda_1+\lambda_2) + (\lambda_1+\lambda_2)z\big) \quad \text{q.e.d.}$$

Für die kumulative Verteilungsfunktion der POISSON-Verteilung gilt eine oft nützliche Integraldarstellung

$$\boldsymbol{P}(X_\lambda < n) \equiv \sum_{\nu=0}^{n-1} e^{-\lambda} \frac{\lambda^\nu}{\nu!}$$
$$= \int_\lambda^\infty \frac{\xi^{n-1}}{(n-1)!} e^{-\xi}\, d\xi \equiv 1 - \int_0^\lambda \frac{\xi^{n-1}}{(n-1)!} e^{-\xi}\, d\xi, \tag{6.3.3}$$

die man durch Differentiation nach λ leicht bestätigt.

4. Pascalsche Verteilung (Wartezeiten bei Bernoulli-Kette)

Es seien $A_1, A_2, \ldots, A_n$ unabhängige Ereignisse mit gleicher Wahrscheinlichkeit $\boldsymbol{P}(A_\nu) = p$. Es soll die Wartezeit bis zum ersten Eintreten eines der A untersucht werden.

Dazu setzen wir die Indikatoren

$$I_{A_\nu} = X_\nu$$

und definieren als Wartezeit R die Anzahl

$$R = \nu, \quad \text{wenn} \quad X_1 = 0, \ldots \quad X_\nu = 0, \quad X_{\nu+1} = 1 \quad (\nu = 0, \ldots, n-1)$$

bzw. $R = n$, wenn alle $X_\nu = 0$ $(\nu = 1, \ldots, n)$, d. h. wenn man vergeblich gewartet hat.

Die Verteilung bestimmt man wegen der Unabhängigkeit der A_ν sofort.

$$\boldsymbol{P}(R = \nu) = q^\nu p \qquad (\nu = 0, \ldots, n-1),$$

$$\boldsymbol{P}(R = n) = q^n.$$

Die zugehörige erzeugende Funktion wird unter Benutzung der Summenformel für geometrische Reihen leicht berechnet:

$$\begin{aligned} p(z) &= \sum_{\nu=0}^{n-1} q^\nu p z^\nu + q^n z^n = p \frac{1-(q z)^n}{1-q z} + (q z)^n \\ &= \frac{p + q^{n+1}(z^n - z^{n+1})}{1 - q z}, \\ &= \frac{p}{1-q z} + \text{Glieder in } z^n \text{ und höhere Potenzen.} \end{aligned}$$

Solange wir uns aber auf Aussagen beschränken, die nur für $R < n$ gelten, und für deren Berechnung die Werte $R \geqq n$ keinen Einfluß haben, können wir also mit der erzeugenden Funktion

$$p(z) = \frac{p}{1 - q z}$$

arbeiten. Als erstes soll damit die Wartezeit bis zum r-ten Eintreffen eines der A_ν bestimmt werden. Da die Situation nach Eintreten eines der A_ν wieder dieselbe ist. wie bei Beginn (die folgenden A_i sind ja unabhängig von den vorangehenden), hat die Wartezeit zwischen dem ersten und dem zweiten eingetretenen A_ν (solange n nicht überschritten wird!) dieselbe Verteilung wie R; usw. für die späteren Wartezeiten[1], und es gilt daher nach dem Produktsatz für erzeugende Funktionen, daß die erzeugende Funktion gleich

$$p(z) = \left(\frac{p}{1 - q z}\right)^r \tag{6.4.1}$$

sein muß. Vergleiche auch die Aufgabe!

[1] Man kann sich auch vornehmen, nach jedem eingetretenen A_ν mit einem anderen Würfel zu werfen, was das Ergebnis offenbar nicht ändert.

Mit dieser erzeugenden Funktion soll jetzt die Verteilung, die die Wartezeit bis zum r-ten Ereignis beschreibt, die die PASCALsche oder negativ-binomische Verteilung, im Spezialfall $r = 1$ geometrische Verteilung, genannt wird, wenn wir eine unendliche BERNOULLI-Kette hätten, genau betrachtet werden[1]:

Aus der erzeugenden Funktion ergibt sich zunächst

$$p_\nu = \binom{-r}{\nu} p^r q^\nu (-1)^\nu \equiv \binom{r+\nu-1}{\nu} p^r q^\nu \tag{6.4.2}$$

und wegen

$$p'(z) = \frac{r\,q\,p^r}{(1-q\,z)^{r+1}},$$

$$p''(z) = \frac{r(r+1)\,q^2\,p^r}{(1-q\,z)^{r+2}}$$

ergibt sich nach den Formeln (1.5, 1.6), der Erwartungswert der PASCALschen Verteilung zu

$$m = \frac{r\,q}{p}$$

und die Varianz zu

$$\sigma^2 = \frac{r\,q}{p^2}.$$

Der erste Wert bedeutet für die Anzahl $R + 1$ von Experimenten A_i, die man anstellen muß, bis das erste Mal eines gelingt ($r = 1$), daß sie im Mittel

$$\approx \frac{1q}{p} + 1 = \frac{1}{p}$$

sein wird; ein sehr plausibles Ergebnis. Führt man zum Vergleich von Streuung und Erwartungswert die relative Varianz $V^2 = \sigma^2/m^2$ ein, die invariant beim Übergang von R zu $a\,R$ ist, so zeigt sich, daß die relative Streuung bei der PASCAL-Verteilung

$$V^2 = \frac{1}{r\,q}$$

ist, im Vergleich zu $V^2 = q/n\,p$ bei der Binomialverteilung. Die Bezeichnung „geometrische Verteilung" rührt von dem Auftreten der geometrischen Reihe.

5. Hypergeometrische Verteilung

Die binomische Verteilung kann zur Beschreibung der Anzahl gezogener roter Kugeln bei n „Ziehungen mit Zurücklegen" der gezogenen Kugel nach jedem Ziehen aus einer Urne, die mit roten und schwarzen Kugeln im Verhältnis $p:q$ gefüllt ist, verwendet werden. Jetzt soll analog die Anzahl der gezogenen roten Kugeln bei Ziehungen ohne Zurücklegen untersucht werden.

[1] Hier werden also die Zwischentreffer mitgezählt; ohne diese ergibt sich eine entsprechend verschobene Verteilung.

Es seien in der Urne $n = r + s$ Kugeln, davon r rote und s schwarze; k Kugeln werden gezogen, wobei wie üblich alle Permutationen als gleichwahrscheinlich angesehen werden, so daß die Bestimmung der Verteilung der zufälligen Anzahl N von gezogenen roten Kugeln auf eine Abzählaufgabe zurückgeführt ist. Da es bei den Kugeln nur auf die Farbe ankommt, brauchen wir statt der $n!$ Permutationen nur unter den $\binom{n}{r} = \binom{n}{s}$ Kombinationen der Rot-schwarz-Unterscheidung den Anteil derjenigen abzuzählen, bei dem unter den ersten k Plätzen genau ν rote sind: diese bestimmen sich aus der Anzahl $\binom{k}{\nu}$ der Aufteilungsmöglichkeit von ν roten unter k Plätzen, multipliziert mit der Aufteilungsmöglichkeit der $r - \nu$ roten Plätze auf die $n - k$ restlichen Kugelplätze zu

$$\binom{k}{\nu}\binom{n-k}{r-\nu},$$

so daß sich als Wahrscheinlichkeitsverteilung

$$\boldsymbol{P}(N = \nu) = \frac{\binom{k}{\nu}\binom{n-k}{r-\nu}}{\binom{n}{r}} \qquad \mathrm{Max}(k - s, 0) \leqq \nu \leqq \mathrm{Min}(k, r). \quad (6.5.1)$$

ergibt.

Die leicht zu bestätigende andere Form der Darstellung

$$\boldsymbol{P}(N = \nu) = \frac{\binom{r}{\nu}\binom{s}{k-\nu}}{\binom{n}{k}} \qquad (6.5.2)$$

läßt sich auch begrifflich leicht begründen, da man die Rollen der Färbung der Kugeln und der Unterscheidung in gezogene und zurückgebliebene bei der Abzählung vertauschen kann.

Beispielsweise ergeben sich für das klassische Lotto aus Genua (1620) bzw. Berlin (1952) folgende Werte: $r = k = 5$, $s = 85$

Zählerwerte:	5	1
	4	425
	3	35 700
	2	987 700
	1	10 123 925
	0	32 801 517
Nenner:		43 949 268

Für die weitere Rechnung stellen wir die Normierungsbedingungen besonders fest:

$$\sum_{\nu} \binom{r}{\nu}\binom{s}{k-\nu} = \binom{n}{k}. \qquad (6.5.3)$$

Die erzeugende Funktion dieser Verteilung ist eine hypergeometrische Funktion

$$p(z) = \sum_{\nu} \frac{\binom{r}{\nu}\binom{s}{k-\nu}}{\binom{n}{k}} z^{\nu},$$

was den Namen „hypergeometrische Verteilung" erklärt.

Zur Berechnung von Erwartungswert und Streuung berechnen wir unter Benutzung der Beziehung (6.5.5) für modifizierte Parameter

$$p'(1) = \frac{k\,r}{n} \sum_{\nu} \frac{\binom{r-1}{\nu-1}\binom{s}{(k-1)-(\nu-1)}}{\binom{n-1}{k-1}} = \frac{k\,r}{n}$$

und

$$p''(1) = \frac{k(k-1)\,r(r-1)}{n(n-1)} \sum_{\nu} \frac{\binom{r-2}{\nu-2}\binom{s}{(k-2)-(\nu-2)}}{\binom{n-2}{k-2}} = \frac{k(k-1)\,r(r-1)}{n(n-1)},$$

woraus sich ergibt:

$$\boldsymbol{E} = \frac{r\,k}{n}$$

und

$$\sigma^2 = \frac{k\,r\,s(n-k)}{n^2(n-1)} = \frac{k\,r\,s}{n^2}\left(1 - \frac{k-1}{n-1}\right). \tag{6.5.4}$$

Vergleicht man diese Ergebnisse mit denen des Ziehens mit Zurücklegen aus derselben Urne, also mit der binomischen Verteilung mit $p = r/n$, $q = s/n$, $n = k$, d. h. den Werten

$$\boldsymbol{E} = p\,n = \frac{r\,k}{n} \quad \text{und} \quad \sigma'^2 = n\,p\,q = \frac{k\,r\,s}{n^2}, \tag{6.5.5}$$

so erkennt man die Übereinstimmung der Erwartungswerte, aber den den Einfluß des Zurücklegens berücksichtigenden Faktor

$$\gamma = 1 - \frac{k-1}{n-1} \tag{6.5.6}$$

bei der Varianz.

Da bei dem Grenzübergang $r \to \infty$, $s \to \infty$ mit $r/n = p = \text{const}$ die Werte der hypergeometrischen Verteilung, wie man leicht sieht, in die der binomischen übergehen, dieser Faktor also die Endlichkeit des Urneninhalts berücksichtigt, wird dieser Faktor in der englischsprachigen Literatur als f.p.c.- (finite population correction-) Faktor bezeichnet.

Die hypergeometrische Verteilung wird benötigt im § 10; ein allgemeiner Approximationssatz für die hypergeometrische Verteilung wird in § 7.4 behandelt.

Bei den bekannten Lottoregeln (Verteilung der Gesamteinsätze auf die verschiedenen Klassen von Gewinnern) trägt die Lottogesellschaft keinerlei Risiko. Wären feste Gewinne ausgesetzt, wie bei den üblichen Lotterien, so bliebe für die Gesellschaft ein Risiko, entsprechend der Varianz des Gesamtgewinnes. Während aber bei der Lotterie der Erwartungswert des Gewinnes (abzüglich Unkosten und Verdienst) gleich dem Einsatz ist, kann man beim Lotto seine Gewinnchancen dadurch vergrößern, daß man auf von den Mitspielern wenig benutzte Zahlengruppen setzt.

Aufgaben

1. Gegeben seien unabhängige Größen X_ν und N. Die X_ν haben alle dieselbe Verteilung mit erzeugender Funktion $p(z)$. Die erzeugende Funktion von N sei $n(z)$. Man überlege sich, daß die erzeugende Funktion von

$$S = \sum_{\nu=1}^{N} X_\nu \qquad \left(\sum_{\nu=1}^{0} X_\nu = 0 \text{ definiert}\right)$$

die Form $n(p(z))$ hat, berechne damit den Erwartungswert $\boldsymbol{E}(S)$, und $\operatorname{Var}(S)$, und betrachte insbesondere den Spezialfall

$$X_\nu = I_{A_\nu}, \qquad \boldsymbol{P}(A_\nu) = p,$$

$N =$ POISSON-verteilt!

2. Für eine BERNOULLIsche Kette berechne man die Wahrscheinlichkeit für eine gerade Anzahl von Treffern unter den n ersten Versuchen! (Rekursionsformel!)

3. (POLYAS Urnenmodell für ansteckende Krankheiten.) Eine Urne enthält r rote und s schwarze Kugeln. Nach jedesmaligem Ziehen wird nicht nur die gezogene Kugel, sondern werden c weitere Kugeln derselben Farbe in die Urne gelegt; durch Induktion beweise man, daß die Wahrscheinlichkeit bei einer Ziehung eine rote Kugel zu ziehen, immer gleich $r/r+s$ ist (vgl. § 3, Aufgabe 5). Vergleich der entstehenden Verteilung mit der früheren bei Zulassung beliebiger Werte r, s.

4. Man beweise folgenden Stetigkeitssatz für erzeugende Funktionen:

$$p^{(\nu)}(z) = \sum_n p_n^{(\nu)} z^n \quad \text{und} \quad p(z) = \sum_n p_n z^n$$

seien erzeugende Funktionen, d. h.

$$p_n^{(\nu)} \geqq 0, \quad \sum_n p_n^{(\nu)} = 1, \quad p_n \geqq 0, \quad \sum p_n = 1.$$

Dann ist

$$\lim_{\nu\to\infty} p_n^{(\nu)} = p_n \qquad \text{(für alle } n\text{)}$$

äquivalent mit

$$\lim_{\nu\to\infty} p^{(\nu)}(z) = p(z) \equiv \sum_n p_n z^n \quad \text{(für alle } 0 \leqq z < 1\text{)}.$$

Damit beweise man die v. MISESsche Verallgemeinerung des Gesetzes der seltenen Ereignisse: Die $A_i^{(\nu)}$ $(i = 1, \ldots, n_\nu)$ seien unabhängig mit $\boldsymbol{P}(A_i^{(\nu)}) = p_i^{(\nu)}$, und es gelte

$$\lim_{\nu \to \infty} \sum_{i=1}^{n_\nu} p_i^{(\nu)} = \lambda, \qquad \lim_{\nu \to \infty} \operatorname*{Max}_{i=1-n_\nu} p_i^{(\nu)} = 0.$$

Dann strebt die Verteilung von $N_\nu = \sum_{i=1}^{n_\nu} I\{A_i^{(\nu)}\}$ gegen die POISSON-Verteilung mit Parameter λ.

5. Zu einem Paar ganzzahliger zufälliger Größen X, Y gehört eine erzeugende Funktion zweier Veränderlicher:

$$p(z, u) = \sum_{\mu\nu} \boldsymbol{P}(X = \mu, Y = \nu)\, z^\mu u^\nu.$$

Man stelle die Kovarianz von X, Y durch die erzeugende Funktion dar!

6. Unter Benutzung der Rekursionsformel für die hypergeometrische Verteilung

$$p_{\nu+1} = \frac{(r-\nu)(k-\nu)}{(\nu+1)(s-k+\nu-1)} p_\nu$$

berechne man die Wahrscheinlichkeiten für Gewinne im ersten, zweiten, ... Rang beim Lotto mit $n = 49$, $r = k = 6$.

7. Unter Anwendung der bei Aufgabe 5.4 gegebenen Beziehung beweise man wahrscheinlichkeitstheoretisch die Gleichung

$$\sum_{\nu=0}^{l} \binom{r+\nu-1}{\nu} p^r q^\nu = \sum_{\mu=r}^{r+l} \binom{r+l}{\mu} p^\mu q^{r+l-\mu}.$$

8. Man zeige, daß die PASCAL-Verteilung bei $r \to \infty$, $q\,r = \lambda =$ fest in die POISSON-Verteilung übergeht. Wie hängt dies Ergebnis mit dem Gesetz der seltenen Ereignisse zusammen?

9. Man bestimme Erwartungswert und Varianz der Anzahl von Würfelwürfen, die nötig sind, um alle 6 Zahlen je mindestens einmal gewürfelt zu haben! (Anleitung: die einzelnen Summanden, Wartezeiten bis zur jeweils nächsten neuen Zahl, sind unabhängig!)

10. a) Die Anzahl N der gezogenen roten Kugeln bei den n ersten Ziehungen des POLYAschen Urnenmodells (§ 3, Aufgabe 5) wird durch die POLYA-Verteilung

$$\boldsymbol{P}(N = \nu) = \binom{n}{\nu} \frac{(r+\nu-1)!\,(s+n-\nu-1)!\,(r+s-1)!}{(r-1)!\,(s-1)!\,(r+s+n-1)!} = p(\nu/r;\, s;\, n)$$

beschrieben.

Man überlege sich (auf Grund des in § 3, Aufgabe 5, angegebenen Sachverhaltes), daß die Anzahl der roten Kugeln in einer Stichprobe (Kombination von k aus den n Ziehungen) ebenfalls eine POLYA-Verteilung hat!

Daraus folgere man das Reproduktionsgesetz:

$$\sum_\nu \frac{\binom{\nu}{\mu}\binom{n-\nu}{k-\mu}}{\binom{n}{k}} p(\nu/r; s; n) = p(\mu/r; s; n).$$

b) Auf Grund der Darstellung von § 3, Aufgabe 5, und $\mathrm{Var}(N) = \boldsymbol{E}(\mathrm{Var}(N \mid p)) + \mathrm{Var}(\boldsymbol{E}(N \mid p))$ berechne man die Varianz der POLYA-Verteilung zu

$$\mathrm{Var} = \frac{n^2 r s + n r s (r+s)}{(r+s)^2 (r+s+1)}$$

und folgere insbesondere die Ungültigkeit des Gesetzes großer Zahlen!

11. a) Die Koeffizienten b_k der (als möglich vorausgesetzten) Potenzreihenentwicklung der erzeugenden Funktion um den Punkt $z=1$

$$\boldsymbol{E}(z^X) = p(z) = \sum_k b_k (z-1)^k$$

heißen „binomische Momente" und sind offenbar

$$b_k = \boldsymbol{E}\left(\binom{X}{k}\right).$$

Aus der Beziehung

$$\boldsymbol{P}(X=\nu) \equiv p_\nu = \frac{1}{\nu!} \left.\frac{d^\nu p(z)}{d z^\nu}\right|_{z=0}$$

leite man die Beziehung

$$p_\nu = \sum_{k \geqq \nu} b_k \binom{k}{\nu} (-1)^{k-\nu}$$

her.

b) Man berechne die binomischen Momente für die Größe

$$X = \sum_i I_{A_i}$$

(die A_i nicht als unabhängig vorausgesetzt) und gewinne aus a) die POINCARÉ-SYLVESTERschen Formeln (vgl. § 1.4, § 4.2 und § 4, Aufgabe 2)!

12. In einer BERNOULLIschen Folge (unabhängige gleichwahrscheinliche Ereignisse) werde N definiert als Anzahl der Experimente bis zum ersten Mal m aufeinanderfolgende eingetreten sind; man berechne mittels der erzeugenden Funktion Erwartungswert und Varianz!

Anleitung: Es gilt $p_1 = p_2 = \cdots = p_{m-1} = 0$, $p_m = p^m$, $p_{m+1} = q p^m$ und die Rekursionsformel $p_{n+1} = p_n - p_{n-m} p^m q$ $(n > m)$. Damit folgt für die erzeugende Funktion

$$p(z) = z\,p(z) - z^{m+1} p^m q\, p(z) + q\, p^m z^{m+1} + p^m z^m - p^m z^{m+1},$$

also

$$p(z) = \frac{z^m p^m (1 - p z)}{1 - z + z^{m+1} p^m q},$$

woraus sich

$$E(N) = \frac{1 - p^m}{p^m q}, \qquad \mathrm{Var}(N) = \frac{1 - (2m+1)p^m q - p^{2m+1}}{p^{2m} q^2}$$

ergibt.

13. In einer Urne befinden sich — gut gemischt — r rote und s schwarze Kugeln. Man bestimme Verteilung und Erwartungswert der Anzahl N von Ziehungen bis (einschließlich) der ersten roten Kugel! $(n = r + s)$

Lösung: $P(N > \nu) = P(\nu$ Ziehungen „schwarz") $= \frac{\binom{s}{\nu}}{\binom{n}{\nu}} = \frac{\binom{n-\nu}{r}}{\binom{n}{r}}$ ergibt

$$P(N = \nu) = \frac{r!\,s!}{n!}\binom{n-\nu}{r-1} \qquad (\nu = 1, \ldots, s+1);$$

daraus folgt nach einiger Rechnung, am bequemsten mittels $E(N) = \sum_{\nu \geqq 0} P(N > \nu)$

$$E(N) = \frac{\binom{n+1}{r+1}}{\binom{n}{r}} = \frac{n+1}{r+1}.$$

Man vergleiche mit Ziehungen mit Zurücklegen und betrachte auch $n \to \infty$ mit $r/n \to p$.

14. N habe eine binomische Verteilung mit den Parametern n, p. Die bedingte Verteilung von M bei $N = \nu$ sei eine binomische mit Parametern ν, q. Welches ist die totale Verteilung von M?

Anleitung: Bei Benutzung der Erzeugung der Binomialverteilung als Anzahl von unabhängigen Einzelexperimenten kann man das Ergebnis (Binomialverteilung mit Parametern n, $p\,q$) ohne Rechnung erhalten.

15. In einer süddeutschen Stadt ist an jedem Tag, unabhängig voneinander, mit Wahrscheinlichkeit p Föhn. Die geistesstörende Wirkung bestehe an einem Föhntag und an den $k - 1$ folgenden Tagen. Welches ist der Erwartungswert der Anzahl von nichtgeistesgestörten Tagen im Jahr?

Lösung: Die Wahrscheinlichkeit p_1 dafür, daß ein bestimmter Tag Föhnwirkung hat, ergibt sich zu

$$p_1 = p \sum_{\mu=0}^{k-1} (1-p)^\mu = 1 - (1-p)^k.$$

Danach wird (die Unabhängigkeit wird hierbei ja nicht benötigt!)

$$E(N) = n \cdot (1 - p_1) = n(1-p)^k.$$

Durch mühevollere Betrachtungen kann man auch einen Ausdruck für die Varianz erhalten und durch Gleichsetzen beider Werte mit den Beobachtungswerten die beiden Parameter k, p bestimmen.

16. Zuverlässigkeit von Anlagen. Ein technisches Gerät bestehe aus n lebenswichtigen Teilen, die unabhängig voneinander mit Wahrscheinlichkeit p funktionsunfähig werden.

Wie groß ist die Wahrscheinlichkeit für einwandfreies Funktionieren des Gerätes? Man gebe eine Näherungsformel für großes n und kleines p mit.

Jedes Einzelteil sei doppelt vorhanden. Man vergleiche folgende Verwendungsmöglichkeiten in bezug auf die Funktionswahrscheinlichkeiten: (a) Es wird das ganze Gerät doppelt hergestellt und das „Reservegerät" benutzt, wenn das erste Gerät funktionsunfähig geworden ist. (b) Jedes Einzelteil bekommt sein Ersatzteil, welches sofort bei Ausfall des Einzelteils eingesetzt wird.

Wenn p die Ausfallwahrscheinlichkeit je Zeiteinheit bedeutet, wird die Lebensdauer des Gerätes (geometrische Verteilung!) in einfacher Weise durch die Funktionsfähigkeitswahrscheinlichkeit bestimmt!

17. Poly-PASCAL-Verteilung. Es werden unbeschränkt viele unabhängige Einzelexperimente gemacht, deren Ergebnis jeweils $\mathfrak{A}_1^{(\nu)}, \ldots, \mathfrak{A}_s^{(\nu)}$ oder $\mathfrak{A}_0^{(\nu)}$ sein kann. Es gelte $\boldsymbol{P}(\mathfrak{A}_i^{(\nu)}) = p_i$ mit $\sum_{i=0}^{s} p_i = 1$. (Musterbeispiel: Würfelwerfen.) Man bestätige die Verteilung der Anzahlen $N_1, \ldots, N_s$ der vor dem r-ten $\mathfrak{A}_0$ eingetretenen

$$\mathfrak{A}_1, \ldots, \mathfrak{A}_s$$

und deren Erwartungswerte und Varianzen bzw. Kovarianzen:

$$\boldsymbol{P}(N_1 = \nu_1, \ldots, N_s = \nu_s) = \frac{(r+\nu-1)!}{(r-1)!\,\nu_1!\ldots\nu_s!}\,p_0^r p_1^{\nu_1}\ldots p_s^{\nu_s} \quad \left(\sum_{i=1}^{s} \nu_i = \nu\right);$$

$$\boldsymbol{E}(N_i) = \frac{r p_i}{p_0}, \quad \mathrm{Var}(N_i) = \frac{r p_i}{p_0^2}, \quad \mathrm{Kov}(N_i, N_j) = \frac{r(r+1)\,p_i p_j}{p_0^2} \quad (i \neq j).$$

§ 7. Zentraler Grenzwertsatz

1. Zentraler Grenzwertsatz im de Moivreschen Fall[1]

Das Ziel dieses Abschnittes ist, einen brauchbaren Näherungsausdruck für die Werte der Binomialverteilung bei großem n herzuleiten. Die Form des Ergebnisses gilt auch für allgemeinere Fragestellungen und wird im weiteren Verlauf oft gebraucht.

Dazu betrachten wir die Binomialverteilung

$$p_n(\nu) = \binom{n}{\nu} p^\nu q^{n-\nu} \qquad (p + q = 1) \quad (\nu = 0, \ldots, n)$$

[1] Wem viel an recht kurzen Beweisen liegt, kann diesen Abschnitt auslassen; das Ergebnis steckt als Spezialfall in § 7.3, dessen Gedankengang den § 7.1 nicht voraussetzt.

bei dem Grenzübergang $n \to \infty$ bei festem p, während ν in gewissen, von n abhängigen Bereichen variieren darf. Da die Werte selbst gegen Null streben, muß $p_n(\nu)$ mit geeigneten Normierungsfaktoren versehen werden; deshalb wird zunächst das Verhältnis

$$\frac{p_n(\nu+1)}{p_n(\nu)} = \frac{n-\nu}{\nu+1}\,\frac{p}{q} \tag{7.1.1}$$

betrachtet. Man ersieht hieraus, daß das Maximum der $p_n(\nu)$-Werte (bezüglich ν) ungefähr bei $\nu \approx n\,p$ liegt; deshalb soll

$$\nu = n\,p + \sqrt{n}\,z_\nu \tag{7.1.2}$$

gesetzt werden; wobei die z_ν bei dem Grenzübergang beschränkt bleiben sollen:

$$|z_\nu| < \Omega.$$

Damit wird

$$\frac{p_n(\nu+1)}{p_n(\nu)} = \frac{1 - \dfrac{z_\nu}{q\sqrt{n}}}{1 + \dfrac{z_\nu}{p\sqrt{n}} + \dfrac{1}{p\,n}} = 1 - \frac{z_\nu}{p\,q\sqrt{n}} + O\left(\frac{1}{n}\right),$$

wobei das LANDAUsche Symbol O bei

$$a_n = O(b_n)$$

bedeuten soll, daß $\limsup\limits_{n\to\infty} |a_n/b_n|$ existiert.

Durch Übergang zum Logarithmus

$$g_n(\nu) = \log p_n(\nu)$$

folgt dann

$$g_n(\nu+1) - g_n(\nu) = -\frac{z_\nu}{p\,q\sqrt{n}} + O\left(\frac{1}{n}\right).$$

Durch Summation dieser Gleichungen für

$$\nu = \nu_0 = [n\,p]$$

($[n\,p]$ bedeutet: größte enthaltene ganze Zahl)

$$\nu = \nu_0 + 1$$

bis

$$\nu = \mu$$

folgt, da die Anzahl der Gleichungen, die addiert werden, weil $|z_\mu| < \Omega$ sein soll, von der Größenordnung $O(\sqrt{n})$ ist,

$$g_n(\mu+1) - g_n(\nu_0) = -\frac{1}{p\,q\sqrt{n}} \sum_{\nu=\nu_0}^{\mu} z_\nu + O\left(\frac{1}{\sqrt{n}}\right). \tag{7.1.3}$$

Wegen

$$z_\nu = \frac{\nu - n p}{\sqrt{n}} = \frac{\nu - \nu_0}{\sqrt{n}} + O\left(\frac{1}{\sqrt{n}}\right)$$

läßt sich unter Benutzung der Summenformel für die ersten k natürlichen Zahlen

$$\sum_{\nu=\nu_0}^{\mu} z_\nu = \sum_{\lambda=0}^{\mu-\nu_0} \frac{\lambda}{\sqrt{n}} + O(1) = \frac{(\mu - \nu_0)^2}{2\sqrt{n}} + O(1)$$

berechnen, und man erhält mit dem noch unbekannten Normierungsfaktor C_n aus (7.1.3) die Beziehung

$$p_n(\mu) = \exp\left(g_n(\mu)\right) = C_n \exp\left(-\frac{(\mu - n p)^2}{2 p q n}\right)\left(1 + O\left(\frac{1}{\sqrt{n}}\right)\right). \tag{7.1.4}$$

Dabei ist in der Herleitung $|\mu - n p| < \Omega \sqrt{n}$ angenommen worden.

Zur Festlegung des Normierungsfaktors C_n ziehen wir die TSCHEBYSCHEFFsche Ungleichung heran. Bezeichnet S_n (als Summe von n Indikatorgrößen unabhängiger gleichwahrscheinlicher Ereignisse deutbar) eine Zufallsgröße mit der binomischen Verteilung, so gilt mit einem beliebigen Ω, das nach später anzugebenden Gesichtspunkten hinreichend groß gewählt werden soll,

$$1 \geqq \boldsymbol{P}\left(|S_n - n p| < \Omega \sqrt{n p q}\right) \geqq 1 - \frac{1}{\Omega^2}.$$

Das bedeutet

$$1 \geqq \sum_{|\nu - n p| < \Omega\sqrt{n p q}} p_n(\nu) \geqq 1 - \frac{1}{\Omega^2},$$

nach der bisher bewiesenen Beziehung also (die Zusammenfassung der Faktoren $1 + O(1/\sqrt{n})$ ist wegen der Positivität der Summanden erlaubt!)

$$1 \geqq C_n \sqrt{n} \left\{ \sum_{|\nu - n p| < \Omega\sqrt{n p q}} \exp\left(-\frac{(\nu - n p)^2}{2 p q n}\right) \frac{1}{\sqrt{n}} \right\} \times$$

$$\times \left(1 + O\left(\frac{1}{\sqrt{n}}\right)\right) \geqq 1 - \frac{1}{\Omega^2}. \tag{7.1.5}$$

Die hier auftretende Summe kann aber, wie man bei der Substitution

$$\nu - n p = \xi_\nu \sqrt{n} \quad \text{mit} \quad \xi_{\nu+1} - \xi_\nu = \frac{1}{\sqrt{n}}$$

erkennt, als Näherungssumme für das Integral

$$\int_{-\Omega\sqrt{p q}}^{\Omega\sqrt{p q}} \exp\left(-\frac{\xi^2}{2 p q}\right) d\xi$$

aufgefaßt werden, das seinerseits — bei hinreichend großem Ω — wie im nächsten Abschnitt nachgewiesen wird, gegen das Integral

$$\int_{-\infty}^{\infty} \exp\left(-\frac{\xi^2}{2pq}\right) d\xi = \sqrt{2\pi p q}$$

konvergiert. Nach diesen Betrachtungen zieht man aus der Ungleichung (7.1.5) den Schluß, daß

$$\lim_{n\to\infty} C_n \sqrt{n}\sqrt{2\pi p q} = 1$$

ist, d. h. asymptotisch

$$C_n \sim \frac{1}{\sqrt{2\pi p q n}}$$

gilt, so daß man das Ergebnis dieses Abschnittes, die Approximation der Werte der Binomialverteilung, so festhalten kann:

Zentraler Grenzwertsatz im binomischen Fall (DE MOIVRE): Es gilt

$$p_n(\nu) \equiv \binom{n}{\nu} p^\nu q^{n-\nu} \sim \frac{1}{\sqrt{2\pi q p n}} \exp\left(-\frac{(\nu - n p)^2}{2 p q n}\right) \qquad (7.1.6)$$

bei $n \to \infty$ und gleichmäßig für ν mit $|\nu - n p| < \sqrt{n} \cdot \text{const}$. Da die größten Werte der Binomialverteilung für $\nu \approx n p$ angenommen werden, erkennt man, daß für diese

$$\operatorname*{Max}_{\nu} p_n(\nu) \leqq \frac{C}{\sqrt{2\pi p q n}} \qquad (7.1.7)$$

gilt. Bemerkenswert ist der Ausdruck für das maximale Glied bei $p = q = \frac{1}{2}$; es ergibt sich mit $n = 2m$ zunächst

$$\binom{2m}{m} \frac{1}{2^{2m}} \sim \frac{1}{\sqrt{\pi m}}$$

oder nach kurzer Umformung die WALLISsche Produktdarstellung

$$\sqrt{\pi} = \lim_{m\to\infty} \frac{2}{1} \cdot \frac{4}{3} \cdot \frac{6}{5} \cdots \frac{2m-2}{2m-3} \, \frac{2m}{2m-1} \, \frac{1}{\sqrt{m}}. \qquad (7.1.8)$$

Für die weiteren Verwendungen ist noch eine Folgerung der bewiesenen asymptotischen Darstellung (1.6) wichtig:

Wegen der Gleichmäßigkeit der Konvergenz folgt zunächst

$$\lim_{n\to\infty} \boldsymbol{P}(\sqrt{n p q}\, z_1 < S_n - n p < \sqrt{n p q}\, z_2)$$

$$= \lim \frac{1}{\sqrt{2\pi p q}} \sum_{z_1 < \frac{\nu - n p}{\sqrt{n p q}} < z_2} \exp\left(-\frac{(\nu - n p)^2}{2 n p q}\right) \frac{1}{\sqrt{n}},$$

wegen der Darstellung des Integrals durch die Näherungssummen also

$$\lim \boldsymbol{P}\left(z_1 < \frac{S_n - n p}{\sqrt{n p q}} < z_2\right) = \frac{1}{\sqrt{2\pi}} \int_{z_1}^{z_2} e^{-\xi^2/2}\, d\xi. \qquad (7.1.9)$$

Da wegen der TSCHEBYSCHEFFschen Ungleichung bei geeignet großem Ω sowohl

$$\boldsymbol{P}\left(\frac{S_n - n p}{\sqrt{n p q}} < -\Omega\right)$$

als auch

$$\frac{1}{\sqrt{2\pi}} \int_{-\infty}^{-\Omega} e^{-\xi^2/2}\, d\xi$$

beliebig klein gemacht werden kann, muß also auch gelten:

$$\lim_{n\to\infty} \boldsymbol{P}\left(\frac{S_n - n p}{\sqrt{n p q}} < z\right) = \frac{1}{\sqrt{2\pi}} \int_{-\infty}^{z} e^{-\xi^2/2}\, d\xi. \qquad (7.1.10)$$

Die Größe $\frac{S_n - n p}{\sqrt{n p q}}$ hat offenbar Erwartungswert 0 und Varianz 1; für die kumulative Verteilungsfunktion dieser so „standardisierten" Zufallsgröße, Summe von n unabhängigen gleichverteilten Indikatorgrößen, wird also die asymptotische Darstellung durch die „Normalverteilung" oder „GAUSS-LAPLACE-Verteilung"

$$\Phi(z) = \frac{1}{\sqrt{2\pi}} \int_{-\infty}^{z} e^{-\xi^2/2}\, d\xi$$

bewiesen. Das ist eine [schwächere als (1.6)!] Form des zentralen Grenzwertsatzes, die aber allgemeinere Gültigkeit hat.

2. Untersuchung der Normalverteilung (Abschätzungen, asymptotische Reihe und Kettenbruchdarstellung)

Es soll zunächst die bereits benutzte Konvergenz des Integrals

$$\int_{-\infty}^{\infty} e^{-\xi^2/2}\, d\xi$$

und sein Wert $\sqrt{2\pi}$ nachgewiesen werden. Dazu betrachten wir

$$\Psi(z) = \frac{1}{\sqrt{2\pi}} \int_0^z e^{\;\xi^2/2}\, d\xi,$$

indem wir bilden

$$[\Psi(z)]^2 = \frac{1}{2\pi} \int_0^z \int_0^z e^{-\frac{\xi^2+\eta^2}{2}}\, d\xi\, d\eta.$$

Der Integrationsbereich in der ξ, η-Ebene, ein Quadrat, kann eingeschlossen werden in einen Kreisquadranten $\mathfrak{K}(z\sqrt{2})$ mit dem Radius $z\sqrt{2}$ (Mittelpunkt im Ursprung) und schließt einen Kreisquadranten $\mathfrak{K}(z)$ mit Radius z ein; wegen der Positivität des Integranden gilt daher

$$\frac{1}{2\pi}\iint\limits_{\mathfrak{K}(z)} e^{-\frac{\xi^2+\eta^2}{2}}\,d\xi\,d\eta \leqq [\Psi(z)]^2 \leqq \frac{1}{2\pi}\iint\limits_{\mathfrak{K}(z\sqrt{2})} e^{-\frac{\xi^2+\eta^2}{2}}\,d\xi\,d\eta.$$

Durch Einführung von Polarkoordinaten $\xi = \varrho\cos\varphi$, $\eta = \varrho\sin\varphi$ lassen sich die außenstehenden Integrale leicht berechnen:

$$\frac{1}{2\pi}\iint\limits_{\mathfrak{K}(z)} e^{-\frac{\xi^2+\eta^2}{2}}\,d\xi\,d\eta = \frac{1}{2\pi}\int\limits_0^{\pi/2}\int\limits_0^{z} e^{-\frac{\varrho^2}{2}}\,\varrho\,d\varrho\,d\varphi$$

$$= \frac{1}{2\pi}\,\frac{\pi}{2}\,[-e^{-\varrho^2/2}]_0^z = \frac{1}{4}(1-e^{-z^2/2}),$$

so daß wir für $\Psi(z)$ bei $z > 0$ die Abschätzung

$$\frac{1}{2}\sqrt{1-e^{-z^2/2}} \leqq \Psi(z) \leqq \frac{1}{2}\sqrt{1-e^{-z^2}} \tag{7.2.1a}$$

erhalten, woraus zunächst die Existenz von $\lim\limits_{z\to\infty}\Psi(z) = \frac{1}{2}$ folgt, und damit $\lim\limits_{z\to\infty}\Phi(z) = 1$ wie im vorigen Abschnitt benutzt; die (2.1a) entsprechende Abschätzung, die für große Werte von z sehr enge Schranken liefert, ist

$$\frac{1}{2}+\frac{1}{2}\sqrt{1-e^{-z^2/2}} \leqq \Phi(z) \leqq \frac{1}{2}+\frac{1}{2}\sqrt{1-e^{-z^2}}. \tag{7.2.1b}$$

Eine genauere Abschätzung ergibt sich durch Vergleich mit einem dem Quadrat flächengleichen Kreisquadranten:

$$\Phi(z) \leqq \frac{1}{2}+\frac{1}{2}\sqrt{1-\exp\left(-\frac{2}{\pi}z^2\right)}. \tag{7.2.2}$$

Für kleine Werte von z ist die Berechnung der Werte der Normalverteilung durch die Potenzreiche möglich, die sich unmittelbar aus der Exponentialreihe ergibt:

$$\Phi(z) = \frac{1}{2}+\Psi(z) = \frac{1}{2}+\frac{1}{\sqrt{2\pi}}\sum_{\nu=0}^{\infty}\frac{(-1)^\nu z^{2\nu+1}}{2^\nu(2\nu+1)\,\nu!}.$$

Bei größeren z-Werten ist die Konvergenz dieser (für alle z konvergenten!) Reihe zu schlecht, und es empfiehlt sich, etwa folgende „asymptotische Reihenentwicklung" zu benutzen.

Wir schreiben

$$\Phi(z) = 1-\frac{1}{\sqrt{2\pi}}\int\limits_z^{\infty} e^{-\xi^2/2}\,d\xi. \qquad (z>0).$$

Durch partielle Integration ergibt sich

$$\int_z^\infty e^{-\xi^2/2}\,\xi\,\frac{1}{\xi}\,d\xi = \left[-e^{-\xi^2/2}\frac{1}{\xi}\right]_z^\infty - \int_z^\infty e^{-\xi^2/2}\frac{1}{\xi^2}\,d\xi$$

$$= e^{-z^2/2}\,\frac{1}{z} - \int_z^\infty e^{-\xi^2/2}\,\xi\,\frac{1}{\xi^3}\,d\xi.$$

Indem man das Verfahren fortsetzt, erhält man

$$\Phi(z) = 1 - \frac{1}{\sqrt{2\pi}}\left[e^{-z^2/2}\left\{\frac{1}{z} - \frac{1}{z^3} + \frac{1\cdot 3}{z^5} - \frac{1\cdot 3\cdot 5}{z^7}\cdots + \right.\right.$$
$$\left.\left. + (-1)^\nu\frac{1\cdot 3\ldots(2\nu-1)}{z^{2\nu+1}}\right\} - (-1)^\nu\,1\cdot 3\ldots(2\nu+1)\int_z^\infty e^{-\xi^2/2}\frac{1}{\xi^{2\nu+2}}\,d\xi\right]. \tag{7.2.3}$$

An der Gestalt des letzten Gliedes (Restglied) erkennt man, daß diese Reihe nach absteigenden Potenzen von z abwechselnd zu große und zu kleine Werte ergeben, so daß eine leichte Fehlerabschätzung durch das jeweils letzte Glied möglich ist.

Die Reihe, die offenbar für keinen Wert von z konvergiert, ist eine sog. „asymptotische Reihe", weil, wenn man den Faktor $e^{-z^2/2}$ ausklammert, für das Restglied

$$R_\nu(z) = \pm e^{z^2/2}\,1\cdot 3\ldots(2\nu+1)\int_z^\infty e^{-\xi^2/2}\,\xi^{-(2\nu+2)}\,d\xi$$

die Konvergenz

$$\lim_{z\to\infty} z^{2\nu+2} R_\nu(z) = 0 \tag{7.2.4}$$

gilt, wie man leicht bestätigt; eine weitere partielle Integration ergibt, abgesehen von einem Faktor, den Ausdruck

$$0 < e^{z^2/2}\,z^{2\nu+2}\int_z^\infty e^{-\xi^2/2}\frac{1}{\xi^{2\nu+2}}\,d\xi$$

$$= \frac{1}{z} + e^{z^2/2}\,z^{2\nu+2}\int_z^\infty e^{-\xi^2/2}\frac{2\nu+3}{\xi^{2\nu+4}}\,d\xi \leqq \frac{1}{z} + \int_z^\infty \frac{2\nu+3}{\xi^2}\,d\xi = \frac{2\nu+4}{z} \to 0.$$

Eine andere Darstellung ist durch Kettenbrüche möglich. Unter einem Kettenbruch

$$K = \cfrac{a_1}{b_1 + \cfrac{a_2}{b_2 + \cfrac{a_3}{\ddots}}},$$

auch $\frac{a_1|}{|b_1} + \frac{a_2|}{|b_2} + \frac{a_3|}{|b_3} \cdots$ geschrieben, versteht man den Limes der Teilbrüche oder Näherungsbrüche

$$K_n = \frac{a_1|}{|b_1} + \frac{a_2|}{|\cdot\cdot} \cdots + \frac{a_n|}{|b_n} \equiv \frac{A_n}{B_n}, \tag{7.2.5}$$

wobei die Teilzähler A_n und die Teilnenner B_n durch formales Erweitern der Brüche gewonnen werden. Für sie gelten, wie man aus der leicht durch Induktion beweisbaren Beziehung

$$\frac{a_1|}{|b_1} + \frac{a_2|}{|b_2} + \cdots + \frac{a_{n-1}|}{|b_{n-1}} + \frac{a_n|}{|b_n + \xi} = \frac{A_{n-1}\,\xi + A_n}{B_{n-1}\,\xi + B_n}$$

erkennt, folgende Anfangswerte und Rekursionsformeln:

$$\left.\begin{aligned} A_1 &= a_1, \quad A_2 = a_1\, b_2 \\ B_1 &= b_1, \quad B_2 = b_1\, b_2 + a_2 \\ A_n &= A_{n-1}\, b_n + A_{n-2}\, a_n \\ B_n &= B_{n-1}\, b_n + B_{n-2}\, a_n \end{aligned}\right\} \tag{7.2.6}$$

(Mittels $A_0 = 0$, $B_0 = 1$ kann man die Rekursionsformel auch schon einen Schritt früher ansetzen.) Schreibt man diese Rekursionsformeln in Matrizenform als

$$\begin{pmatrix} A_n & A_{n-1} \\ B_n & B_{n-1} \end{pmatrix} = \begin{pmatrix} A_{n-1} & A_{n-2} \\ B_{n-1} & B_{n-2} \end{pmatrix} \begin{pmatrix} b_n & 1 \\ a_n & 0 \end{pmatrix},$$

so erkennt man durch Übergang zu den Determinanten

$$D_n \equiv \begin{vmatrix} A_n & A_{n-1} \\ B_n & B_{n-1} \end{vmatrix} = D_{n-1}(-a_n),$$

also wegen der Anfangswerte

$$D_n = (-1)^{n-1} \prod_{\nu=1}^{n} a_\nu.$$

Damit ergibt sich eine für die Konvergenzbetrachtung der K_n nützliche Darstellung der Näherungsbrüche

$$K_n = \sum_{\nu=1}^{n} (K_\nu - K_{\nu-1}) \qquad (K_0 = 0)$$

$$= \sum_{\nu=1}^{n} \left(\frac{A_\nu}{B_\nu} - \frac{A_{\nu-1}}{B_{\nu-1}}\right) \equiv \sum_{\nu=1}^{n} \frac{D_\nu}{B_\nu\, B_{\nu-1}}.$$

Beschränken wir uns von jetzt an auf Kettenbrüche mit $a_\nu > 0$, $b_\nu > 0$, dann sind auch alle $A_\nu > 0$, $B_\nu > 0$, und es ergibt sich eine alternierende Reihe

$$K_n = \sum_{\nu=1}^{n} (-1)^{\nu-1} \frac{\prod_{\mu=1}^{\nu} a_\mu}{B_\nu\, B_{\nu-1}}. \tag{7.2.7}$$

Bei der weiteren Spezialisierung auf $a_\nu \equiv 1$ genügt es also, um die Konvergenz der K_n einzusehen, $B_\nu B_{\nu-1}$ als monoton gegen unendlich strebend nachzuweisen. Dazu ist $\sum_\nu b_\nu = \infty$ hinreichend, denn es folgt zunächst aus den Rekursionsformeln

$$B_\nu > B_{\nu-2},$$

und damit die Monotonie der Folge $B_\nu B_{\nu-1}$. Außerdem folgt aus $B_1 = b_1$ wegen (2.6) sofort $B_{2\nu+1} \geqq b_1$ bzw. aus $B_0 = 1$ allgemein $B_{2\nu} \geqq 1$. Dann lassen die Rekursionsformeln induktiv

$$B_{2\nu} \geqq b_1(b_2 + b_4 + \cdots + b_{2\nu}),$$

$$B_{2\nu+1} \geqq b_1 + b_3 + \cdots + b_{2\nu+1}$$

erkennen, und da mindestens eine der beiden Reihen auf den rechten Seiten divergieren muß, folgt $B_\nu B_{\nu-1} \to \infty$.

Bemerkung: Die benutzte Bedingung $(\sum b_\nu = \infty)$ ist auch notwendig für die Konvergenz des Kettenbruches, da aus $\sum_\nu b_\nu < \infty$ folgt $\prod_\nu (1 + b_\nu) < \infty$, und wegen $B_\nu \leqq \prod_{\mu=1}^{\nu} (1 + b_\mu)$ streben dann die Glieder der alternierenden Reihe (7.2.7) nicht gegen Null.

Die Kettenbruchdarstellung, deren Gültigkeit noch nachgewiesen werden soll, ist

$$1 - \Phi(x) = \frac{1}{\sqrt{2\pi}} e^{-x^2/2} K(x) \quad \text{für} \quad x > 0 \tag{7.2.8}$$

mit dem Kettenbruch

$$K(x) = \frac{1|}{|x} + \frac{1|}{|x} + \frac{2|}{|x} + \frac{3|}{|x} + \cdots, \tag{7.2.9}$$

d. h.

$$a_1 = 1, \quad a_\nu = \nu - 1 \quad (\nu \geqq 2); \quad b_\nu = x.$$

Um die Konvergenz einzusehen, transformieren wir den Kettenbruch durch geeignetes elementares Erweitern seiner Bruchstriche (was auf die Werte der Näherungsbrüche offenbar keinen Einfluß hat) auf einen solchen mit $a_\nu = 1$; das liefert

$$\begin{aligned} b_{2\nu} &= x\frac{2 \cdot 4 \ldots (2\nu - 2)}{3 \cdot 5 \ldots (2\nu - 1)}, \\ b_{2\nu+1} &= x\frac{1 \cdot 3 \ldots (2\nu - 1)}{2 \cdot 4 \ldots 2\nu}. \end{aligned} \tag{7.2.10}$$

Wegen des Wallisschen Produktes (7.1.8) gilt dabei

$$b_{2\nu} \sim \frac{x}{2}\sqrt{\pi}\frac{1}{\sqrt{\nu}},$$

$$b_{2\nu+1} \sim x\frac{1}{\sqrt{\pi\nu}},$$

und die Reihe $\sum b_\nu$ divergiert also. Mit der so bewiesenen Konvergenz ist natürlich noch nicht die Richtigkeit der Darstellung (7.2.9) bewiesen.

Dazu überlegt man sich (von den hinteren Bruchstrichen anfangen!) zunächst die Richtigkeit der Ungleichungen für jedes $\xi > 0$ (immer $a_\nu > 0,\ b_\nu > 0$)

$$K_{2n} \leqq \frac{a_1|}{|b_1} + \cdots + \frac{a_{2n}|}{|b_{2n} + \xi} \tag{7.2.11}$$

bzw. die umgekehrte Ungleichung für $2n+1$ und erkennt aus der bewiesenen Konvergenz der K_n, daß es genügt, die Existenz von positiven $\xi = R_n(x)$ nachzuweisen, die mit dem behaupteten Wert von $K(x)$ die Gleichung

$$K(x) = \frac{a_1|}{|b_1} + \cdots + \frac{a_n|}{|b_n + R_n(x)} \tag{7.2.12}$$

erfüllen.

Das wahre

$$K(x) = e^{x^2/2} \int_x^\infty e^{-\xi^2/2}\, d\xi \tag{7.2.13}$$

genügt der Differentialgleichung

$$K'(x) = -1 + x\,K(x)$$

und ist, da die Lösung der homogenen Gleichung $e^{x^2/2}$ ist, die einzige Lösung dieser Gleichung mit

$$\lim_{x\to\infty} K(x) = 0\,.$$

Durch die Transformationen

$$K(x) = \frac{1}{x + R_1(x)}\,; \qquad R_\nu(x) = \frac{\nu}{x + R_{\nu+1}(x)} \tag{7.2.13 a}$$

erhält man die analogen Differentialgleichungen für die R_ν:

$$R_\nu' = R_\nu^2 + x\,R_\nu - \nu\,. \tag{7.2.13 b}$$

Durch Betrachtung des Richtungsfeldes der Gleichung für $\nu = n$ bei $y = \sqrt{n}$ (rechte Seite $= x\sqrt{n} > 0$) und auf der x-Achse (rechte Seite $= -n$) erkennt man die Existenz einer für alle $x > 0$ definierten Lösung R_n dieser Differentialgleichung, die für $x \to \infty$ beschränkt bleibt. Durch Rückwärtsrechnen nach (2.13 a) erhält man offenbar das $K(x)$ $\left(\text{da bei } R_\nu(x) \geqq 0 \text{ das } \frac{1}{x + R_1(x)} \to 0 \text{ strebt}\right)$ und hat damit die gesuchten ξ gefunden. Die Entwicklung (2.9) ist damit bewiesen; die Berechnung des Kettenbruches (die man nach Art des Hornerschen Schemas durchführen kann), geht (für größere Werte x um so besser) sehr schnell; wegen der positiven a_ν, b_ν schließen die aufeinanderfolgenden Teilnenner den wahren Wert ein[1]. Die hier diskutierte Normal-

[1] Zwischen der Kettenbruchentwicklung und der asymptotischen Reihe besteht ein intimer Zusammenhang; für dies und weiteres über Kettenbrüche vgl. H. S. Wall: Analytic Theory of Continued Fractions, Princeton, Van Nostrand 1948; und O. Perron: Die Lehre von den Kettenbrüchen. I, II, Stuttgart: Teubner 1954, 1957.

verteilung hat viele besondere Eigenschaften, von denen einige an späteren Stellen berührt werden. LAPLACE sieht die Normalverteilung als geheimnisvoll an, zumal die Mathematiker ihr Auftreten oft als Naturgesetz ansehen, während Physiker oft glauben, daß ihr Erscheinen von den Mathematikern bewiesen sei.

3. Zentraler Grenzwertsatz für die Poisson-Verteilung, Stirlingsche Formel und Ergänzung zum de Moivreschen Fall

Das Ziel dieses Abschnittes ist zunächst, für die Verteilung POISSON-verteilter Größen denselben asymptotischen Ausdruck (nach geeigneten Transformationen und in einem geeignet eingeschränkten Argumentbereich) wie in Abschn. 1 für die binomische Verteilung nachzuweisen. Dies ergibt eine wichtige Beziehung (verallgemeinerte STIRLINGsche Formel), die eine Erweiterung des zentralen Grenzwertsatzes im DE MOIVREschen Fall darstellt.

Es genügt, die Werte

$$p_\lambda(\nu) = e^{-\lambda}\frac{\lambda^\nu}{\nu!} \qquad (\nu = 0, 1, \ldots)$$

für $\lambda \to \infty$ zu betrachten. Die Überlegung ist ganz ähnlich der in § 7.1. Damit der Quotient aufeinanderfolgender Werte

$$\frac{p_\lambda(\nu+1)}{p_\lambda(\nu)} = \frac{\lambda}{\nu+1}$$

in der Nähe von 1 bleibt, setzen wir

$$\nu = \lambda + \sqrt{\lambda}\, z_\nu$$

und fordern $|z_\nu| < \Omega$.

Dann wird

$$\frac{p_\lambda(\nu+1)}{p_\lambda(\nu)} = \frac{\lambda}{\lambda + 1 + \sqrt{\lambda}\, z_\nu} = \frac{1}{1 + \frac{z_\nu}{\sqrt{\lambda}} + \frac{1}{\lambda}},$$

und daraus entsteht für die Logarithmen

$$g_\lambda(\nu) = \log p_\lambda(\nu)$$

die Rekursionsformel

$$g_\lambda(\nu+1) - g_\lambda(\nu) = -\log\left(1 + \frac{z_\nu}{\sqrt{\lambda}} + \frac{1}{\lambda}\right) = -\frac{z_\nu}{\sqrt{\lambda}} + O\left(\frac{1}{\lambda}\right).$$

Durch Summation dieser Gleichungen für

$$\nu = \nu_0 = [\lambda],$$

$$\nu = \nu_0 + 1$$

bis

$$\nu = \nu_0 + \mu - 1$$

folgt, wenn $\mu = O(\sqrt{\lambda})$ ist, wegen

$$z_\nu = \frac{[\lambda] - \lambda}{\sqrt{\lambda}} + \frac{\nu - \nu_0}{\sqrt{\lambda}} = \frac{\nu - \nu_0}{\sqrt{\lambda}} + O\left(\frac{1}{\sqrt{\lambda}}\right),$$

daß

$$g_\lambda(\nu_0 + \mu) - g_\lambda(\nu_0) = -\frac{1}{\lambda} \sum_{\nu=\nu_0}^{\nu_0+\mu-1} (\nu - \nu_0) + O\left(\frac{1}{\sqrt{\lambda}}\right)$$

$$= \frac{-1}{2\lambda}\mu^2 + O\left(\frac{1}{\sqrt{\lambda}}\right) = -\frac{1}{2\lambda}(\nu - \lambda)^2 + O\left(\frac{1}{\sqrt{\lambda}}\right).$$

Mit einem noch festzulegenden Normierungsfaktor C_λ gilt also

$$p_\lambda(\nu) = \exp(g_\lambda(\nu)) = C_\lambda \exp\left(-\frac{(\nu - \lambda)^2}{2\lambda}\right)\left(1 + O\left(\frac{1}{\sqrt{\lambda}}\right)\right). \tag{7.3.1}$$

Zur Festlegung des Normierungsfaktors C_λ wird wieder die TSCHEBYSCHEFFsche Ungleichung herangezogen; bezeichnet X_λ eine zufällige Größe mit POISSON-Verteilung (Parameter $= \lambda$), so gilt, da Erwartungswert und Streuung gleich λ sind, mit einer noch festzulegenden Konstanten Ω:

$$1 \geqq \boldsymbol{P}(|X_\lambda - \lambda| < \Omega\sqrt{\lambda}) \geqq 1 - \frac{1}{\Omega^2},$$

d. h. nach Darstellung der Wahrscheinlichkeit und Benutzung der bisher gefundenen Aussage (7.3.1)

$$1 \geqq C_\lambda \sqrt{\lambda}\left[\sum_{|\nu-\lambda|<\Omega\sqrt{\lambda}} \exp\left(-\frac{(\nu - \lambda)^2}{2\lambda}\right)\frac{1}{\sqrt{\lambda}}\right]\left(1 + O\left(\frac{1}{\sqrt{\lambda}}\right)\right) \geqq 1 - \frac{1}{\Omega^2}.$$

Die hier auftretende Summe kann man, indem man $\xi_\nu = \dfrac{\nu - \lambda}{\sqrt{\lambda}}$ setzt, als Näherungssumme für das Integral

$$\int_{-\Omega}^{\Omega} \exp\left(-\frac{\xi^2}{2}\right) d\xi$$

auffassen, dessen Wert nach den Abschätzungen in § 7.2 bei hinreichend großem Ω, beliebig nahe an $\sqrt{2\pi}$ liegt.

Daher folgt aus der Beziehung (7.3.1) die erwünschte asymptotische Darstellung für die POISSON-Verteilung:

$$e^{-\lambda}\frac{\lambda^\nu}{\nu!} \sim \frac{1}{\sqrt{2\pi\lambda}} \exp\left(-\frac{(\nu - \lambda)^2}{2\lambda}\right) \tag{7.3.2}$$

bei $\lambda \to \infty$ gleichmäßig in jedem Bereich

$$|\nu - \lambda| < \Omega\sqrt{\lambda}.$$

Insbesondere ergibt sich für $\lambda = \nu$ die STIRLINGsche Formel:

Bei $\nu \to \infty$ gilt asymptotisch

$$\nu! \sim e^{-\nu} \nu^{\nu} \sqrt{2\pi \nu}. \tag{7.3.3}$$

Nach dem Vorbild von Ziffer 1 (Ende) ergibt sich auch die Aussage

$$\lim_{\lambda\to\infty} \sum_{\nu=0}^{\lambda+h\sqrt{\lambda}} e^{-\lambda} \frac{\lambda^{\nu}}{\nu!} = \Phi(h) \tag{7.3.4}$$

(kumulative Form des zentralen Grenzwertsatzes für die POISSON-Verteilung).

Das Hauptergebnis dieses Abschnittes, die Relation (3.2), ist also eine Verallgemeinerung der STIRLINGschen Formel; mit diesem Hilfsmittel soll die Approximation der binomischen Verteilung erneut untersucht werden. Dazu betrachten wir zwei unabhängige zufällige Größen X und Y mit POISSON-Verteilung (Parameter λ bzw. μ). Ihre Summe $X+Y$ hat dann eine POISSON-Verteilung mit Parameter $\lambda+\mu$. Es soll die „bedingte Verteilung" von X unter der Bedingung $X+Y=n$, d. h. die bedingten Wahrscheinlichkeiten für $X=\nu$, berechnet werden; es ergibt sich offenbar

$$\frac{e^{-\lambda}\dfrac{\lambda^{\nu}}{\nu!}\, e^{-\mu}\dfrac{\mu^{n-\nu}}{(n-\nu)!}}{e^{-(\lambda+\mu)}\dfrac{(\lambda+\mu)^n}{n!}} = \binom{n}{\nu}\left(\frac{\lambda}{\lambda+\mu}\right)^{\nu}\left(\frac{\mu}{\lambda+\mu}\right)^{n-\nu}, \tag{7.3.5}$$

d. h. gerade die Binomialverteilung mit $p = \dfrac{\lambda}{\lambda+\mu}$, $q = \dfrac{\mu}{\lambda+\mu}$.

Um die asymptotischen Ausdrücke der POISSON-Verteilung für den Grenzübergang $n\to\infty$ verwenden zu können, setzen wir $\lambda = n\,p_n$, $\mu = n\,q_n$ und lassen jetzt also auch die Abhängigkeit der p und q von n zu. Wenn wir ν auf einen von n abhängigen Bereich

$$|\nu - n\,p_n| < \Omega \operatorname{Min}\left(\sqrt{n\,p_n}, \sqrt{n\,q_n}\right)$$

einschränken, ist unter der Annahme $n\,p_n\to\infty$, $n\,q_n\to\infty$ die Anwendung der asymptotischen Aussagen (3.2) auf (3.5) möglich und ergibt auch unter den jetzigen, gegenüber § 7.1 schwächeren Bedingungen das Ergebnis

$$\binom{n}{\nu} p_n^{\nu} q_n^{n-\nu} \sim \frac{\dfrac{1}{\sqrt{2\pi n\,p_n}}\exp\left(-\dfrac{(\nu-n\,p_n)^2}{2n\,p_n}\right)\dfrac{1}{\sqrt{2\pi n\,q_n}}\exp\left(-\dfrac{(n-\nu-n\,q_n)^2}{2n\,q_n}\right)}{\dfrac{1}{\sqrt{2\pi n}}}$$

$$= \frac{1}{\sqrt{2\pi n\,p_n q_n}}\exp\left(-\frac{(\nu-n\,p_n)^2}{2n\,p_n q_n}\right). \tag{7.3.6}$$

Die jetzt gemachten Voraussetzungen für die Gültigkeit der Approximation der Binomialverteilung durch den Exponentialausdruck sind insofern notwendig, als sich bei $n\,p_n < M$ nach früheren Überlegungen die POISSON-Verteilung als Grenzgesetz ergibt. Es gibt also nur zwei Grenzverteilungen für die Binomialverteilung.

4. Normale Approximation der hypergeometrischen Verteilung

Die hypergeometrische Verteilung entstand bei der Ziehung von n Kugeln aus einer (gut gemischten) Urne, die $m = r$ rote plus s schwarze Kugeln enthält, wenn man die Anzahl der gezogenen roten Kugeln N betrachtet. Hält man die Anteile der Kugelsorten bei $m \to \infty$ konstant (genauer, streben $r/m \to p$, $s/m \to q$; $p, q \neq 0$), so nähert sich bei festem n die Verteilung der Binomialverteilung, die ihrerseits bei $n \to \infty$ durch die Normalverteilung approximiert wird. Es soll gezeigt werden, daß die Approximation durch die Normalverteilung auch gilt, wenn man diese beiden Grenzübergänge gleichzeitig (statt hintereinander) durchführt. Dazu[1] drücken wir die hypergeometrische Verteilung durch die Werte mehrerer Binomialverteilungen aus (was man wieder als eine bedingte Verteilung deuten kann):

$$\boldsymbol{P}(N) = \frac{\binom{r}{N}\binom{s}{n-N}}{\binom{m}{n}} = \frac{\binom{r}{N}\eta^N(1-\eta)^{r-N}\binom{s}{n-N}\eta^{n-N}(1-\eta)^{s-n+N}}{\binom{m}{n}\eta^n(1-\eta)^{m-n}}. \tag{7.4.1}$$

Dabei soll das bis jetzt beliebige η $(0 < \eta < 1)$ festgelegt werden durch

$$\eta = \frac{n}{m}.$$

Um die drei Binomialverteilungen durch die Normalverteilungen nach § 7.3 approximieren zu können, setzen wir folgendes voraus:

$$\frac{r}{m}n \to \infty, \quad \frac{s}{m}n \to \infty \quad \text{sowie} \quad n \to \infty.$$

Schränkt man dann N auf Bereiche ein, die bestimmt werden durch

$$\left|N - \frac{r\,n}{m}\right| < \Omega \operatorname{Min}\left(\sqrt{\frac{r\,n}{m}}, \sqrt{\frac{s\,n}{m}}\right),$$

[1] Man kann auch die Methode der Differenzengleichungen, wie in § 7.1 und 7.3, benutzen.

so darf man die asymptotischen Ausdrücke für die Binomialverteilungen in (4.1) einsetzen und erhält asymptotisch bei $\frac{n}{m} \to q \neq (0, 1)$

$$\frac{\frac{1}{\sqrt{2\pi \frac{r\,n(m-n)}{m^2}}} \times \exp\left(-\frac{\left(N - \frac{r\,n}{m}\right)^2}{2\frac{r\,n(m-n)}{m^2}}\right) \frac{1}{\sqrt{2\pi\, s \frac{n(m-n)}{m^2}}} \exp\left(-\frac{\left(n - N - \frac{s\,n}{m}\right)^2}{2s\frac{n(m-n)}{m^2}}\right)}{\frac{1}{\sqrt{2\pi \frac{n(m-n)}{m}}}}$$

$$= \frac{1}{\sqrt{2\pi\, r \frac{s\,n(m-n)}{m^3}}} \exp\left(-\frac{\left(N - \frac{r\,n}{m}\right)^2}{2r\frac{s\,n(m-n)}{m^3}}\right)$$

$$= \frac{1}{\sqrt{2\pi}\,\sigma} \exp\left(-\frac{(N-\mu)^2}{2\sigma^2}\right),$$

wenn die Werte $\mu = \frac{r\,n}{m}$ für den Erwartungswert und $\sigma^2 = \frac{r\,s\,n(m-n)}{m^3}$ für die Varianz der hypergeometrischen Verteilung eingesetzt werden.

Die Approximation spielt eine bedeutende Rolle für die Anwendungen, da die hypergeometrische Verteilung die theoretische Grundlage für die einfachsten Stichprobenverfahren ist, die dabei auftretenden großen Zahlen aber eine andere Berechnung als durch Limes-Ausdrücke unmöglich machen.

Aufgaben

1. Man berechne die Werte der Binomialverteilung für $p = \frac{1}{2}$, $n = 6$, und vergleiche sie mit den entsprechenden Werten der Normalverteilung!

2. Für eine POISSON-verteilte Größe X ($\lambda = 10$) vergleiche man die Schranke für $\boldsymbol{P}(|X - 10| \geqq 20)$, die man durch die TSCHEBYSCHEFFsche Ungleichung erhält, mit dem exakten Wert und der Approximation durch die Normalverteilung!

3. Man berechne (näherungsweise) die Wahrscheinlichkeit, daß bei 12000 Würfen mit einem echten Würfel die Anzahl der Sechsen zwischen 1900 und 2150 liegt!

4. Man zeige (mit der Differenzengleichungsmethode oder mittels der Approximationssätze für die Binomialverteilung), daß die hypergeometrische Verteilung durch die POISSON-Verteilung approximiert

wird, wenn

$$r \to \infty, \qquad \frac{r\,n}{m} \to \lambda \text{ (fest)}, \qquad n \to \infty, \qquad \frac{s}{m} \to 1$$

streben!

5. Es seien X_ν $(\nu = 1, \ldots)$ zufällige Größen $\geqq 0$ mit Erwartungswert m und Varianz σ^2, die „dem zentralen Grenzwertsatz genügen", d. h. für deren Partialsummen $S_n = \sum_{\nu=1}^{n} X_\nu$ gilt

$$\lim_{n\to\infty} \boldsymbol{P}\left(\frac{S_n - n\,m}{\sqrt{n}\,\sigma} < h\right) = \Phi(h).$$

Man zeige (unter Benutzung der Identität von § 5, Aufgabe 4), daß für die wie dort definierten Wartezeiten N_n auch der zentrale Grenzwertsatz gilt:

$$\lim_{n\to\infty} \boldsymbol{P}\left(m^{3/2}\,\frac{N_n - \dfrac{n}{m}}{\sigma\sqrt{n}} < h\right) = \Phi(h).$$

6. Durch Anwendung der kumulativen Form des zentralen Grenzwertsatzes für die POISSON-Verteilung folgere man für die Wahrscheinlichkeiten des Verbundenseins von n Punkten (§ 2, Aufgabe 12) die Formeln von L. KATZ:

$$\boldsymbol{P}_1 \sim e\sqrt{\frac{\pi}{2n}}, \qquad \boldsymbol{P}_2 \sim \sqrt{\frac{\pi}{2n}}.$$

7. Wenn k Dinge unabhängig voneinander auf n Plätzen verteilt werden, ergibt sich als Wahrscheinlichkeit dafür, daß auf keinem Platz mehr als ein Ding liegt,

$$\boldsymbol{P} = \frac{(n)_k}{n^k} = 1\left(1 - \frac{1}{n}\right)\left(1 - \frac{2}{n}\right)\ldots\left(1 - \frac{k-1}{n}\right).$$

Man beweise, daß für $k = O(\sqrt{n})$ gilt

$$\boldsymbol{P} \sim \exp\left(-\frac{k^2}{2n}\right)$$

[unterhaltsame Deutung: bei Annahme gleicher Wahrscheinlichkeit der Tage des Jahres als Geburtstage, ist für $k \leqq 60$ die Wahrscheinlichkeit für mindestens einen Tag, an dem mindestens zwei von k Leuten Geburtstag haben, ungefähr $= 1 - \exp\left(-\frac{k^2}{2 \cdot 365}\right)$].

8. Für die PASCALsche Verteilung folgere man aus dem DE MOIVREschen Satz als Verschärfung von Aufgabe 5 die Beziehung

$$\binom{\nu + r - 1}{\nu} q^\nu p^r \sim \frac{1}{\sqrt{2\pi\sigma^2}} \exp\left(-\frac{\left(\nu - \dfrac{q\,r}{p}\right)^2}{2\sigma^2}\right)$$

mit

$$\sigma^2 = \frac{r\,q}{p^2} \quad \text{bei} \quad \nu = \frac{r\,q}{p} + O(\sqrt{r}) \qquad (r \to \infty)\; p, q \text{ fest}.$$

9. Für das MILLsche Verhältnis (7.2.13) $K(\xi)$ beweise man die KOMATUschen Abschätzungen (für $\xi > 0$)

$$z(\xi) = \frac{2}{\xi + \sqrt{\xi^2 + 4}} \leqq K(\xi) \leqq y(\xi) = \frac{2}{\xi + \sqrt{\xi^2 + 2}}$$

durch Nachweis der Differentialungleichungen

$$y'(\xi) - \xi\, y(\xi) \leqq -1 \quad \text{bzw.} \quad z'(\xi) - \xi\, z(\xi) \geqq -1 .$$

Bemerkung: Diese Abschätzungen sind besser als die ersten Abschätzungen aus dem Kettenbruch

$$\frac{\xi^2 + 2}{\xi^3 + 3\xi} \leqq z \quad \text{und} \quad y \leqq \frac{\xi}{\xi^2 + 1} .$$

10. Die Lebensdauer von nacheinander an derselben Stelle verwendeten Ersatzteilen (z. B. Glühlampen, Motoren) werde durch die nicht-negativen ganzzahligen X_ν dargestellt, die dem zentralen Grenzwertsatz in der DE MOIVREschen Form genügen sollen. Man bestimme den Limes ($t \to \infty$) der Wahrscheinlichkeit für die Ersetzung zur Zeit t

$$\sum_n \boldsymbol{P}\Big(\sum_{\nu=1}^{n} X_\nu = t\Big).$$

Anleitung: Man benötigt im wesentlichen nur die Summanden mit $n \approx \frac{t}{m}$ ($m = \boldsymbol{E}(X_\nu)$) und benutzt dann die Normierungsbeziehung

$$\sum_\mu \frac{1}{\sqrt{2\pi \frac{t\,\sigma^2}{m^3}}} \exp\Big(-\frac{m^3 \mu^2}{2t\,\sigma^2}\Big) \approx 1$$

und erhält das plausible Ergebnis $\frac{1}{m}$.

Bemerkung: Dieser Satz der „Erneuerungstheorie" gilt unter viel schwächeren Voraussetzungen, siehe z. B. das Buch von FELLER.

§ 8. Statistische Probleme im Bernoullischen Fall

1. Konfidenzbereiche

Wenn man das BERNOULLIsche Modell (n unabhängige Ereignisse mit gleicher Wahrscheinlichkeit p) zur Beschreibung eines Sachverhaltes der Wirklichkeit verwendet, bleibt immer noch die Frage, welchen Wert man dem noch unbekannten Parameter p gibt.

Man muß also diesen Wert durch Benutzung der Beobachtungswerte möglichst gut bestimmen: das sog. Schätzproblem. Ein naheliegender Ausdruck für diese Aufgabe ist

$$T = \frac{N}{n},$$

wenn wie in §§ 6 und 7 N die Anzahl der „Treffer" ist.

Die Tatsache, daß man von den Beobachtungen nur die Anzahl der Treffer benützt, ist nicht verwunderlich, wenn man bedenkt, daß man die Reihenfolge der Experimente beliebig ändern darf (vgl. später: erschöpfende Schätzfunktion in § 17.3). Es gibt aber viele andere Schätzfunktionen, die aus verschiedenartigen Gründen herangezogen werden können. Diese hat folgende Eigenschaften:

1. Es gilt

$$\boldsymbol{E}(T) = p,$$

eine mehr theoretisch als praktisch wichtige Eigenschaft; man nennt derartige Schätzfunktionen „unverzerrt" oder „erwartungstreu" (englisch: „unbiased").

2. Nach dem Gesetz der großen Zahlen gilt bei $n \to \infty$

$$T \xrightarrow{\text{n. W.}} p$$

eine Eigenschaft, die als „Konsistenz" bezeichnet wird, und besagt, daß Abweichungen (oberhalb jeder festen Genauigkeitsschranke) der Schätzfunktion von dem wahren Wert, bei wachsendem n immer unwahrscheinlicher werden. Diese Eigenschaft fordert man natürlich von einer guten Schätzfunktion.

Darüber hinaus wird später (§ 18) sogar bewiesen werden, daß es keine unverzerrte Schätzfunktion mit kleinerer Varianz als der von diesem T, nämlich

$$\operatorname{Var}(T) = \frac{1}{n} p\, q \leqq \frac{1}{4n}$$

gibt. Diese Schätzfunktion gibt in jedem Einzelfall einen Wert für den unbekannten Parameter p; aber wie genau ist diese Angabe?

Wenn man einen Bereich (ein Intervall) angeben will, in dem mit großer Sicherheit der wahre Wert p liegt, kann man folgendermaßen vorgehen: In einem p-T-Koordinatensystem konstruieren wir zu jedem p-Wert ein Intervall $\mathfrak{J}_p$, das auf der Senkrechten durch p aufgetragen wird und als Mittelpunkt die Ordinate p (Schnittpunkt mit der Diagonalen) hat und so bemessen ist, daß

$$\boldsymbol{P}_p(T \in \mathfrak{J}_p) = 1 - 2\beta$$

ist. Dabei ist β ein gegebener, kleiner Wert, z. B. $\beta = 0{,}025$, dessen Bedeutung später deutlich wird. Der Index p bei P bedeutet, daß dies der Parameterwert für die Berechnung der Wahrscheinlichkeit ist.

Die Endpunkte dieser Intervalle begrenzen einen Bereich $\mathfrak{B}$, für den wir, unabhängig von dem Wert von p, sagen können, daß die Wahrscheinlichkeit, daß der Punkt mit den Koordinaten p und T hineinfällt,

$$\boldsymbol{P}(\{p, T\} \in \mathfrak{B}) = 1 - 2\beta$$

ist. Beschreibt man den Bereich durch

$$f_1(T) < p < f_2(T),$$

so kann man dafür schreiben:

$$\boldsymbol{P}\{f_1(T) < p < f_2(T)\} = 1 - 2\beta, \qquad (8.1.1)$$

und wir haben in dem sich aus dem zufälligen Beobachtungswert N ergebenden Endpunkten

$$f_1(T), \quad f_2(T)$$

ein „Konfidenzintervall" oder „Mutungsintervall" mit den Konfidenz-, Mutungs- oder Vertrauensgrenzen $f_1(T)$, $f_2(T)$ für den Parameter p.

Nach der Häufigkeitsinterpretation der Wahrscheinlichkeit gilt, daß bei sehr häufiger Anwendung der Behauptung

„p liegt zwischen $f_1(T)$ und $f_2(T)$"

im Mittel der $(1-2\beta)$-te Teil richtig ist. 2β ist dann die Wahrscheinlichkeit für falsche Behauptungen (Fehlerwahrscheinlichkeit); $1-2\beta$ heißt Konfidenzwahrscheinlichkeit oder statische Sicherheit.

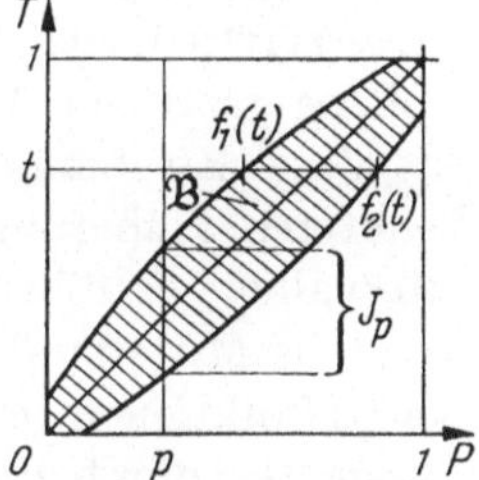

Abb. 1. Konstruktion des Konfidenzbereiches

Wenn die in Betracht kommenden Werte von n (und p) so sind, daß die Approximation durch den zentralen Grenzwertsatz anwendbar ist, kann man sich die Funktionen $f_1(y)$ und $f_2(y)$, die man sonst aus Nomogrammen (meistens die Abbildung für verschiedene Werte von n und β) ablesen muß, berechnen:

Es gilt ja

$$\boldsymbol{P}\left(-h < \frac{N-np}{\sqrt{npq}} < h\right) \sim \Phi(h) - \Phi(-h) = 1 - 2\beta,$$

wenn $\beta = \Phi(-h)$ gesetzt wird.

Das bedeutet

$$\boldsymbol{P}\left(p - h\sqrt{\frac{pq}{n}} < T < p + h\sqrt{\frac{pq}{n}}\right) \approx 1 - 2\beta$$

oder: die Gleichung der Randkurve des Bereiches 𝔅 lautet näherungsweise

$$(T-p)^2 = \frac{h^2 pq}{n}.$$

Durch Auflösen dieser quadratischen Gleichung, die eine Ellipse darstellt, nach p erhält man die gesuchten Funktionen:

$$f_{1,2}(T) = \frac{T + \frac{h^2}{2n} \pm \sqrt{T(1-T)\frac{h^2}{n} + \frac{h^4}{4n^2}}}{1 + \frac{h^2}{n}} \qquad (8.1.2)$$

also

$$f_{1,2}(T) = T \pm \frac{h}{\sqrt{n}} \sqrt{T(1-T)} + O\left(\frac{1}{n}\right). \qquad (8.1.3)$$

Ersetzt man hier $T(1-T)$ durch seinen Maximalwert $\frac{1}{4}$, so erhält man einen zu großen (also schlechteren) Konfidenzbereich:

$$\boldsymbol{P}\left(T - \frac{h}{2\sqrt{n}} < p < T + \frac{h}{2\sqrt{n}}\right) \geqq 1 - 2\beta.$$

In der Figur entspricht das dem Übergang zu dem Parallelstreifen zu der Diagonale im Abstand deren größter Breite.

Die Näherung (1.3) entspricht der Ersetzung der Randkurve in der Umgebung eines Punktes durch einen Parallelstreifen; wegen der Unverzerrtheit der verwendeten Schätzfunktionen und der sehr glatten Abhängigkeit der Varianz der Schätzfunktion von dem Parameter p ist diese Ersetzung durch 45°-Parallelstreifen statthaft und ein oft benutztes Näherungsverfahren bei der Herstellung von Konfidenzintervallen; es führt dann zu Konfidenzbereichen, die um den wahren Wert als Mittelpunkt liegen und deren Länge sich aus der Varianz der Schätzfunktionen ergibt, indem man darin den (ja unbekannten!) Parameter durch die Schätzfunktion ersetzt.

Das Problem der Schnittpunktbestimmung einer Geraden mit einer Ellipse, auf das die Bestimmung des Konfidenzbereiches bei Anwendbarkeit der Approximation durch den zentralen Grenzwertsatz hinauslief, läßt sich auf den Schnitt einer Geraden mit einem Kreis zurückführen, wofür VAN DER WAERDEN eine elegante Lösung angibt[1].

Ein von MOSTELLER und TUKEY [J. Amer. Stat. Assoc. 44 (1949) 174] angegebenes Nomogramm[2] zur Bestimmung des Konfidenzbereiches ist für vielerlei Aufgaben, insbesondere bei verschiedenen Werten von n sehr geeignet. Hierbei wird das Ereignis N Treffer bei n Experimenten abgebildet auf einen Punkt mit den rechtwinkligen Koordinaten

$$\xi = \sqrt{N}, \qquad \eta = \sqrt{n-N} = \sqrt{M}$$

(N = Zahl der Treffer, M = Zahl der Fehler).

Bei geeigneten Skalen ist das Einzeichnen sehr leicht; Punkte mit gleichem n liegen auf einem Kreisbogen um den Ursprungspunkt mit dem Radius $\sqrt{n}$ und dem Bereich der Werte N mit

$$-h < \frac{N - np}{\sqrt{npq}} < h$$

entspricht ein Kreisbogenstück.

---

[1] Siehe sein Buch (zitiert im Literaturverzeichnis).

[2] Verallgemeinerung auf mehrere Parameter (Polynomialverteilung) bei K. STANGE [Qualitätskontrolle 10 (1965) 45—52].

Wir berechnen die Koordinaten der Endpunkte:

$$\xi = \sqrt{n\,p \pm h\sqrt{n\,p\,q}} = \sqrt{n\,p}\left(1 \pm \frac{h}{2}\sqrt{\frac{q}{n\,p}}\cdots\right)$$

und

$$\eta = \sqrt{n\,q \pm h\sqrt{n\,p\,q}} = \sqrt{n\,q}\left(1 \pm \frac{h}{2}\sqrt{\frac{p}{n\,q}}\cdots\right)$$

und erhalten daraus für den Abstand von dem Punkt, der das Bild der Erwartungswerte

$$\xi_0 = \sqrt{\boldsymbol{E}(N)} = \sqrt{n\,p}$$

$$\eta_0 = \sqrt{\boldsymbol{E}(M)} = \sqrt{n\,q}$$

ist, den Wert d aus dem Satz des Pythagoras:

$$d^2 = \left\{\sqrt{n\,p}\left(1 \pm \frac{h}{2}\sqrt{\frac{q}{n\,p}}\cdots\right) - \sqrt{n\,p}\right\}^2 +$$

$$+ \left\{\sqrt{n\,q}\left(1 \pm \frac{h}{2}\sqrt{\frac{p}{n\,q}}\cdots\right) - \sqrt{n\,q}\right\}^2 = \frac{h^2}{4} + O\left(\frac{1}{\sqrt{n}}\right).$$

Die Endpunkte liegen also (näherungsweise) auf Parallelen zu dem Strahl, der den Ursprung mit ξ_0, η_0 verbindet, also unter dem Winkel $\alpha = \operatorname{arctan}\sqrt{\frac{q}{p}}$ geneigt ist, im Abstand $\frac{h}{2}$.

Nach derselben Regel erhält man auch den Konfidenzbereich für p aus dem beobachteten Wert $T = N/n$.

In der technischen Qualitätskontrolle sind die Werte $h = 2$ mit $\beta = 2{,}27\,\%$, $1 - 2\beta = 95{,}45\,\%$ als Warngrenze, und $h = 3$ mit $\beta = 0{,}135\,\%$, $1 - 2\beta = 99{,}73\,\%$ als Kontrollgrenze übliche Werte.

Zu beachten ist, daß oft einseitige Konfidenzbereiche der Form $p < f_0(T)$ erwünscht sind; abgesehen von dem Auftreten von $1 - \beta$ statt $1 - 2\beta$ ändert sich an den Überlegungen nichts.

2. Hypothesentest und Alternativfrage

In vielen Fällen, auf die die BERNOULLI-Kette angewendet werden kann, hat man von anderer Seite her die Vermutung, daß ein gewisser Wert $p = p_0$ in Betracht kommt. Zum Beispiel bei einem Münzenwurf $p_0 = \frac{1}{2}$. Um diese Hypothese gegenüber anderen — nicht genau formulierten — Möglichkeiten zu prüfen, verwendet man in Präzisierung der üblichen Auffassung, einen Sachverhalt anzuzweifeln, der sehr unwahrscheinlich ist, einen Hypothesentest (Signifikanztest) nach folgender Art:

Wenn $\boldsymbol{P}(N) < k_0$, dann verwerfen wir die Hypothese, und man spricht von signifikanter Abweichung.

Wenn $\boldsymbol{P}(N) \geqq k_0$, dann erheben wir keinen Einwand.

Dabei ist $\boldsymbol{P} \equiv \boldsymbol{P}_0$ die Wahrscheinlichkeit, die unter Benutzung von p_0 berechnet wird und k_0 soll gleich noch berechnet werden. Die Gesamtheit der Werte $N = \nu$, die zur Ablehnung der Hypothese führen, bezeichnet man als kritischen Bereich; die anderen bilden den Annahmebereich.

Es gibt nun mehrere Arten von Fehlern, die man machen kann:

Man kann die Hypothese $p = p_0$ ablehnen, obgleich p_0 der wahre Wert ist (Fehler erster Art), und man kann keinen Einwand erheben, obgleich der wahre Wert $p \neq p_0$ ist.

Der Wert von k_0 soll durch die Wahrscheinlichkeit α_0, einen Fehler erster Art zu begehen, festgelegt werden. Dabei kommen für α_0, die „Größe des kritischen Bereiches", üblicherweise $\alpha = 0{,}05$, $\alpha = 0{,}01$, $\alpha = 0{,}005$ in Betracht.

Eine Aussage über Wahrscheinlichkeiten der anderen Fehlerart hängt von der Art der Alternative $p \neq p_0$ ab.

Der kritische Bereich kann für großes n leicht durch den zentralen Grenzwertsatz näherungsweise bestimmt werden. Es ist

$$\boldsymbol{P}_0(N = \nu) \sim \frac{1}{\sqrt{2\pi\, n\, p_0 q_0}} \exp\left(-\frac{(\nu - n\, p_0)^2}{2n\, p_0 q_0}\right) < k_0$$

äquivalent

$$|\nu - n\, p_0| > K_0. \tag{8.2.1}$$

Damit wird

$$\alpha_0 = \boldsymbol{P}_0\,(N \in \text{krit. Bereich}) = \boldsymbol{P}_0(|N - n\, p_0| > K_0)$$

$$= \boldsymbol{P}_0\left(\left|\frac{N - n\, p_0}{\sqrt{n\, p_0\, q_0}}\right| > \frac{K_0}{\sqrt{n\, p_0\, q_0}}\right) \sim 1 - \Phi\left(\frac{K_0}{\sqrt{n\, p_0\, q_0}}\right) + \Phi\left(\frac{-K_0}{\sqrt{n\, p_0\, q_0}}\right),$$

d. h.

$$\alpha_0 = 2\Phi\left(-\frac{K_0}{\sqrt{n\, p_0 q_0}}\right), \tag{8.2.2}$$

woraus sich K_0 unter Benutzung der Tabelle für die Normalverteilung leicht aus α_0 berechnen läßt.

Man erkennt wieder eine gute asymptotische Eigenschaft dieses Testes: ist der wahre Wert $p \neq p_0$, so gilt bei festem α_0:

$$\lim_{n\to\infty} \boldsymbol{P}_p\,(N \in \text{krit. Bereich}) = 1.$$

Denn aus (2.2) folgt

$$K_0 = \sqrt{n\, p_0\, q_0}\, h \qquad 2\Phi(-h) = \alpha_0 = \text{fest})$$

und daraus

$$\boldsymbol{P}_p(N \in \text{krit. Bereich}) = \boldsymbol{P}_p(|N - n p_0| > K_0)$$

$$= \boldsymbol{P}_p\left(\frac{N - n p_0}{\sqrt{n p_0 q_0}} > h\right) + \boldsymbol{P}_p\left(\frac{N - n p_0}{\sqrt{n p_0 q_0}} < - h\right)$$

$$= \boldsymbol{P}_p\left(\frac{N - n p}{\sqrt{n p q}} > h\sqrt{\frac{p_0 q_0}{p q}} + \sqrt{n}\,\frac{p_0 - p}{\sqrt{p q}}\right) +$$

$$+ \boldsymbol{P}_p\left(\frac{N - n p}{\sqrt{n p q}} < h\sqrt{\frac{p_0 q_0}{p q}} - \sqrt{n}\,\frac{p_0 - p}{\sqrt{p q}}\right).$$

Derjenige Summand, bei dem der Faktor von $\sqrt{n}$ negativ ist, strebt hierbei offenbar wegen des zentralen Grenzwertsatzes (das Gesetz großer Zahlen genügt sogar!) nach Eins q. e. d. Diese Eigenschaft bezeichnet man als Konsistenz dieses Hypothesentestes.

Die Wahrscheinlichkeit für das Nichtverwerfen einer Hypothese bei einem Hypothesentest als Funktion des Parameters p bezeichnet man als Operationscharakteristik (O- C-Kurve) oder Testcharakteristik; das Komplement zu Eins, als Gütefunktion.

Aufgaben

1. Man gebe ein Konfidenzintervall für λ an, wenn Beobachtungen an $N + M$ gemacht werden, wobei N und M unabhängige Poisson-Verteilungen mit Parametern λ (unbekannt $\geqq 0$) und μ (bekannt) haben; die Aufgabe entsteht bei der Bestimmung von Strahlungsintensitäten, wenn bekannte Strahlungen nicht ausgeschaltet werden können.

Anleitung: Figur nach dem Vorbild von Ziffer 1 entwerfen und zentralen Grenzwertsatz verwenden.

2. Man entwerfe das Binomialpapier (Mosteller-Tukey) und skizziere Lösungsverfahren für folgende Aufgaben:

a) Wie groß muß n sein, damit mit vorgeschriebener Irrtumswahrscheinlichkeit zwischen den Alternativen $p = p_1$ und $p = p_2$ (p_1, p_2 bekannt) unterschieden werden kann?

b) In welchem Bereich liegt das wahre p mit vorgeschriebener Wahrscheinlichkeit (symmetrisch zu dem Beobachtungspunkt)?

c) Wie groß muß n sein, damit mit vorgeschriebener Irrtumswahrscheinlichkeit ein p-Wert $\geqq p_1$ (p_1 gegeben) entdeckt wird?

3. Man zeichne die Konfidenzfigur (Ziffer 1) und verfolge die dafür durchgeführten Rechnungen für einseitige Konfidenzintervalle

$$p \geqq f_1(T).$$

4. Man bestimme (näherungsweise) die Testcharakteristik für den Hypothesentest $p = p_0$ und zeige insbesondere, daß deren Ableitung nach p bei $p = p_0$ verschwindet, dort sogar ein Maximum hat (d. h. der Test „unverfälscht" ist)!

5. Vergleich zweier Häufigkeiten: Man entwerfe einen Test zum Prüfen, ob $p_1 = p_2$, wenn p_i die Parameter zweier Binomialverteilungen mit Parametern (n_i, p_i) sind (n_i bekannt).

Anleitung: Der zentrale Grenzwertsatz ergibt

$$\boldsymbol{P}\left(-g < \frac{T_1 - T_2 - (p_1 - p_2)}{\sqrt{\frac{1}{n_1} p_1(1-p_1) + \frac{1}{n_2} p_2(1-p_2)}} < g\right) \approx 1 - 2\beta,$$

woraus man näherungsweise als Konfidenzbereich für $p_1 - p_2$ erhält:

$$\boldsymbol{P}\Bigg(T_1 - T_2 - g\sqrt{\frac{1}{n_1} T_1(1-T_1) + \frac{1}{n_2} T_2(1-T_2)} < p_1 - p_2 <$$

$$< T_1 - T_2 + g\sqrt{\frac{1}{n_1} T_1(1-T_1) + \frac{1}{n_2} T_2(1-T_2)}\Bigg) \approx 1 - 2\beta.$$

Zahlenbeispiel:

Ist es glaubwürdig ($\boldsymbol{P} = 95\%$), daß $p_1 = p_2$ ist, wenn $n_1 = 400$; $N_1 = 188$; $n_2 = 500$, $N_2 = 210$ ist?

§ 9. Mehrdimensionale Verteilungen

1. Polynomialverteilung

Während die bisher behandelten mathematischen Modelle hauptsächlich der Beschreibung des n-fachen Münzenwurfes und dem Ziehen aus einer Urne mit Kugeln *zweier* Sorten dienten, sollen jetzt Erweiterungen betrachtet werden, die zur Beschreibung von n unabhängigen gleichartigen Experimenten dienen, deren jedes s verschiedene Ergebnisse zuläßt (z. B. n-facher Würfelwurf $s = 6$). Bezeichnen wir mit $A_i^{(\nu)}$ das Ereignis „beim ν-ten Wurf tritt das i-te Ereignis ein", so haben wir es also mit n unabhängigen Einteilungen des Ereignisraumes zu tun:

$$\Omega = A_1^{(\nu)} + A_2^{(\nu)} + \cdots + A_s^{(\nu)} \qquad (\nu = 1, \ldots, n),$$

und es gilt (als Ausdruck der Gleichartigkeit der verschiedenen Experimente)

$$\boldsymbol{P}(A_i^{(\nu)}) = p_i \qquad \text{(unabhängig von } \nu\text{)},$$

wobei natürlich $p_i > 0$ und $\sum_{i=1}^{s} p_i = 1$ gilt.

Auf diesem Wahrscheinlichkeitsfeld sollen folgende ganzzahlige, zufällige Größen, die „Trefferzahlen"

$$N_i = \sum_{\nu=1}^{n} I_{A_i^{(\nu)}}$$

studiert werden. Zunächst ergibt sich sofort

$$\boldsymbol{E}(N_i) = n\,p_i .$$

Um die Varianzen und Kovarianzen zu erhalten, kann man verschiedene Wege beschreiten. Wenn man die Unterscheidung aller A_i teilweise fallen läßt, erkennt man, daß jede der Größen N_i eine binomische Verteilung besitzt, also

$$\operatorname{Var}(N_i) = n\,p_i(1 - p_i), \tag{9.1.1}$$

da aus demselben Grund auch $N_i + N_j$ binomisch verteilt ist (mit $p = p_i + p_j$), gilt

$$\operatorname{Var}(N_i + N_j) = n(p_i + p_j)(1 - p_i - p_j),$$

so daß man nach der Additionsformel für Varianzen aus beiden Gleichungen erhält

$$\operatorname{Kov}(N_i, N_j) = -n\,p_i\,p_j . \tag{9.1.2}$$

Für den schon früher eingeführten Korrelationskoeffizienten ergibt sich daraus

$$\operatorname{Korr}(N_i, N_j) = r = -\sqrt{\frac{p_i\,p_j}{(1 - p_i)(1 - p_j)}} . \tag{9.1.3}$$

Ein allgemeineres Verfahren besteht in der Ausdehnung der Methode der erzeugenden Funktionen:

Man definiert für ein System ganzzahliger zufälliger Größen $X_1, \ldots, X_s$ als erzeugende Funktion

$$\begin{aligned} p_X(z) = p(z_1, \ldots, z_s) &= \boldsymbol{E}\left(z_1^{X_1}, \ldots, z_s^{X_s}\right) \\ &= \sum_{\nu_1 \ldots \nu_s} \boldsymbol{P}(X_1 = \nu_1, \ldots, X_s = \nu_s)\, z_1^{\nu_1}, \ldots, z_s^{\nu_s} \end{aligned} \tag{9.1.4}$$

und stellt wieder die fundamentale Eigenschaft fest:

Sind $\{X_1, \ldots, X_s\}$ und $\{Y_1, \ldots, Y_s\}$ unabhängig, so gilt

$$p_{X+Y}(z) = p_X(z)\, p_Y(z) .$$

Wendet man dies auf die n unabhängigen Systeme von zufälligen Größen

$$X_1^{(\nu)} = I_{A_1^{(\nu)}}, \ldots, X_s^{(\nu)} = I_{A_s^{(\nu)}} \qquad (\nu = 1, \ldots n)$$

an, so erhält man für

$$N_i = \sum_{\nu=1}^{n} X_i^{(\nu)} \qquad (i = 1, \ldots, s)$$

die erzeugende Funktion

$$p_N(z) = p_{N_1 \ldots N_s}(z_1, \ldots, z_s) = \left(\sum_{i=1}^{s} p_i\, z_i\right)^n , \tag{9.1.5}$$

aus der man mittels des polynomischen Lehrsatzes (auch durch Induktion nach s) die Polynomialverteilung

$$\boldsymbol{P}(N_1 = \nu_1, \ldots, N_s = \nu_s) = \frac{n!}{\nu_1! \ldots \nu_s!} p_1^{\nu_1} \ldots p_s^{\nu_s} \left(\text{falls} \sum_{i=1}^{s} \nu_i = n\right) \quad (9.1.6)$$

erhält, die man auch durch kombinatorische Überlegungen gewinnen kann.

Nun bestätigt man in Analogie zu den entsprechenden Formeln bei einer zufälligen Größe folgende Eigenschaften der erzeugenden Funktion:

$$\boldsymbol{E}(N_i) = \frac{\partial p}{\partial z_i}(1, 1, \ldots, 1)$$

$$\boldsymbol{E}(N_i N_j) = \frac{\partial^2 p}{\partial z_i \partial z_j}(1, \ldots, 1) \qquad (i \neq j)$$

$$\boldsymbol{E}(N_i(N_i - 1)) = \frac{\partial^2 p}{\partial z_i^2}(1, \ldots, 1),$$

aus welchen man die angegebenen Werte der Varianzen und Kovarianzen wiederum erhält.

Wie die Binomialverteilung (die sie für $s = 2$ enthält), läßt sich die Polynomialverteilung als eine bedingte Verteilung aus POISSON-verteilten Größen gewinnen, was für spätere Approximationen wiederum sehr nützlich ist. Seien $N_1, \ldots, N_s$ unabhängige POISSON-verteilte Größen mit Parametern $\lambda_1, \ldots, \lambda_s$. Dann ergibt sich als ihre bedingte Verteilung bei der Bedingung

$$N_1 + \cdots + N_s = n$$

offenbar, da $\sum_{i=1}^{s} N_i$ eine POISSON-Verteilung mit Parameter $\sum_{i=1}^{s} \lambda_i$ besitzt, wenn $\sum_{i=1}^{s} \nu_i = n$ ist,

$$\boldsymbol{P}(N_1 = \nu_1, \ldots, N_s = \nu_s \mid \textstyle\sum N_i = n) = \frac{\prod_{i=1}^{s} e^{-\lambda_i} \frac{\lambda_i^{\nu_i}}{\nu_i!}}{e^{-\Sigma \lambda_i} \frac{(\Sigma \lambda_i)^n}{n!}} = \frac{n!}{\prod_{i=1}^{s} \nu_i!} \prod_{i=1}^{s} \left(\frac{\lambda_i}{\sum_{j=1}^{s} \lambda_j}\right)^{\nu_i},$$

d. h. die Polynomialverteilung mit den Parametern

$$p_i = \frac{\lambda_i}{\sum_{j=1}^{s} \lambda_j}.$$

2. Zentraler Grenzwertsatz für die Polynomialverteilung

Es soll, analog den Untersuchungen in § 7 für den binomischen Fall, die Polynomialverteilung für große Werte von n näherungsweise dargestellt werden. Die p_i sollen bei diesem Grenzübergang fest bleiben[1].

[1] Die allgemeinere Annahme $n p_i \to \infty$ $(i = 1, \ldots s)$ würde wieder genügen.

Für die Werte der $N_i = \nu_i$ soll gelten

$$|N_i - n p_i| < \Omega \sqrt{n}.$$

In der Darstellung als bedingte POISSON-Verteilung setzen wir

$$\lambda_i = n p_i$$

und können dann den zentralen Grenzwertsatz für die POISSON-Verteilung aus § 7.3 verwenden; das ergibt

$$\boldsymbol{P}(N_1 = \nu_1, \ldots, N_s = \nu_s) \sim \frac{\prod_{i=1}^{s} \frac{1}{\sqrt{2\pi n p_i}} \exp\left(-\frac{(\nu_i - n p_i)^2}{2 n p_i}\right)}{\frac{1}{\sqrt{2\pi n}}}$$

$$= \frac{1}{\sqrt{(2\pi)^{s-1} n^{s-1} \prod_{i=1}^{s} p_i}} \exp\left(-\frac{1}{2} \sum_{i=1}^{s} \frac{(\nu_i - n p_i)^2}{n p_i}\right), \tag{9.2.1}$$

wobei

$$\sum_{i=1}^{s} \nu_i = n$$

gelten muß. Der hier auftretende Exponentenbestandteil von der Form

$$\chi^2 = \sum_{i=1}^{s} \frac{(N_i - n p_i)^2}{n p_i} = \sum_{i=1}^{s} \frac{N_i^2}{n p_i} - n \tag{9.2.2}$$

spielt eine bedeutende Rolle bei statistischen Problemen im Zusammenhang mit der Polynomialverteilung. Siehe Ziffer 3.

Für die Summen der Werte der Polynomialverteilung, die etwa die Wahrscheinlichkeit darstellen, daß gleichzeitig

$$n p_1 + y_1 \sqrt{n} \leqq N_1 < n p_1 + z_1 \sqrt{n}$$

$$\cdots\cdots\cdots\cdots\cdots\cdots$$

$$n p_{s-1} + y_{s-1} \sqrt{n} \leqq N_{s-1} < n p_{s-1} p + z_{s-1} \sqrt{n}$$

$\left(\sum_{i=1}^{s} N_i = n\right)$ gilt, läßt sich daraus ein bestimmtes Integral als Näherung für großes n herleiten:

Dazu setzen wir

$$\nu_1 = n p_1 + \xi_1 \sqrt{n}, \ldots, \quad \nu_{s-1} = n p_{s-1} + \xi_{s-1} \sqrt{n},$$

wobei dann die Punkte mit den Koordinaten $(\xi_1, \ldots, \xi_{s-1})$ kubische Gitterpunkte im $(s-1)$-dimensionalen Raum mit Kantenlänge $1/\sqrt{n}$ beschreiben, und bei der Summation diejenigen erfaßt werden, für die

$$y_1 \leqq \xi_1 < z_1, \ldots, \quad y_{s-1} \leqq \xi_{s-1} < z_{s-1}$$

gilt. Die Summe ist dann aber gerade die RIEMANNsche Näherungssumme für das Integral

$$\int_{y_1}^{z_1} \cdots \int_{y_{s-1}}^{z_{s-1}} \frac{1}{\sqrt{(2\pi)^{s-1} \prod_{i=1}^{s} p_i}} \exp\left(-\frac{1}{2} \sum_{i=1}^{s} \frac{\xi_i^2}{p_i}\right) d\,\xi_1 \ldots d\,\xi_{s-1}, \tag{9.2.3}$$

welches also der gesuchte Näherungsausdruck ist; dabei ist im Integranden

$$\xi_s = -\sum_{j=1}^{s-1} \xi_j$$

beibehalten worden. Durch Einsetzen ergibt sich der Exponentbestandteil

$$\sum_{i=1}^{s} \frac{\xi_i^2}{p_i} = \sum_{i,j=1}^{s-1} \xi_i\, \xi_j \left(\frac{\delta_{ij}}{p_i} + \frac{1}{p_s}\right). \tag{9.2.4}$$

Die Determinante dieser quadratischen Form in $s - 1$ Variablen berechnet sich übrigens (etwa durch Entwickeln nach den Elementen der Hauptdiagonale) wegen

$$\sum_{i=1}^{s} p_i = 1$$

zu

$$\prod_{i=1}^{s} \frac{1}{p_i}.$$

Verwendet man die TSCHEBYSCHEFFsche Ungleichung, um einzusehen, daß bei hinreichend kleinen (negativen) y_i die Wahrscheinlichkeit für

$$N_i < n\, p_i + y_i \sqrt{n},$$

ebenso wie die analogen Integralbestandteile, beliebig klein werden, so kann man folgende Limesbezeichnung für die kumulative Verteilungsfunktion der Polynomialverteilung aus (2.3) gewinnen:

$$\lim_{n\to\infty} \boldsymbol{P}\left(N_1 < n\, p_1 + z_1 \sqrt{n}, \ldots, N_{s-1} < n\, p_{s-1} + z_{s-1} \sqrt{n}\right)$$

$$= \int_{-\infty}^{z_s} \cdots \int_{-\infty}^{z_{s-1}} \frac{1}{\sqrt{(2\pi)^{s-1} \prod_{i=1}^{s} p_i}} \exp\left(-\frac{1}{2} \sum_{i,j=1}^{s-1} \xi_i\, \xi_j \left(\frac{\delta_{ij}}{p_i} + \frac{1}{p_s}\right)\right) d\,\xi_1 \ldots d\,\xi_{s-1}.$$

3. Behandlung statistischer Probleme für die Polynomialverteilung durch den χ^2-Test

Es soll ein Hypothesentest (Signifikanztest) zur Prüfung der Hypothese, daß die unbekannten Werte p_i einer Polynomialverteilung die hypothetischen (vermuteten) Werte q_i haben, aufgestellt werden. In

Analogie zu den betreffenden Überlegungen bei der Binomialverteilung in § 8.2 verwenden wir als kritischen Bereich diejenigen Wertsysteme $N_1 = \nu_1, \ldots, N_s = \nu_s$, deren Wahrscheinlichkeit kleiner als eine noch festzulegende Zahl k ist. Das ist äquivalent der Beschreibung des kritischen Bereiches durch

$$\text{Testgröße } T_q = \chi^2 = \sum_{i=1}^{s} \frac{(N_i - n\,q_i)^2}{n\,q_i} \geqq C. \qquad (9.3.1)$$

Das $C = C_\alpha$ soll wieder durch die Forderung einer vorgeschriebenen Wahrscheinlichkeit α für den Fehler „erster Art", die Hypothese zu verwerfen, obgleich sie richtig ist, festgelegt werden.

Dazu berechnen wir bei $q_i = p_i$:

$$\alpha = \boldsymbol{P}\left(\sum_{i=1}^{s} \frac{(N_i - n\,p_i)^2}{n\,p_i} \geqq C_\alpha\right) = 1 - \boldsymbol{P}(\Sigma < C_\alpha)$$

$$= 1 - \sum_{\sum \frac{(N_i - n p_i)^2}{n p_i} < C_\alpha} \boldsymbol{P}(N_1 = \nu_1 \ldots N_s = \nu_s)$$

nach dem zentralen Grenzwertsatz für die Polynomialverteilung für großes n

$$\approx 1 - \underset{\sum_{i=1}^{s} \frac{\xi_i^2}{p_i} < C_\alpha}{\int \cdots \int} \frac{1}{\sqrt{(2\pi)^{s-1} \prod_{i=1}^{s} p_i}} \exp\left(-\frac{1}{2} \sum_{i,j=1}^{s-1} \xi_i\, \xi_j \left(\frac{\delta_{ij}}{p_i} + \frac{1}{p_s}\right)\right) d\xi_1 \ldots d\xi_{s-1}.$$

Durch eine geeignete lineare Transformation

$$\xi_i = \sum_{l=1}^{s-1} C_{il}\, \eta_l$$

ist es möglich, die positiv-definite quadratische Form im Exponenten auf eine Summe von Quadraten

$$\sum_{l=1}^{s-1} \eta_l^2$$

zu bringen: Weil die Determinante der quadratischen Form in ξ den Wert $\prod_{i=1}^{s} \frac{1}{p_i}$ hat, ist

$$\operatorname*{Det}_{i,l=1}^{s-1} (C_{il}) = \sqrt{\prod_{i=1}^{s} p_i}$$

(die Matrix der Form multipliziert sich links und rechts mit der Transformationsmatrix!), so daß dann das Integral

$$J = \underset{\sum_{l=1}^{s-1} \eta_l^2 < C_\alpha}{\int \cdots \int} \frac{1}{\sqrt{(2\pi)^{s-1}}} \exp\left(-\frac{1}{2} \sum_{l=1}^{s-1} \eta_l^2\right) d\eta_1 \ldots d\eta_{s-1} \qquad (9.3.1\,\text{a})$$

übrigbleibt. Man bemerkt hier, daß wegen

$$\frac{1}{\sqrt{2\pi}}\int_{-\infty}^{\infty}\exp\left(-\frac{\eta^2}{2}\right)d\eta = 1$$

der Wert des gleichen Integrals über den ganzen $(s-1)$-dimensionalen Raum gleich Eins ist. Zur Berechnung von (3.1a) führt man Polarkoordinaten ein

$$\begin{aligned}\eta_1 &= \varrho \times \text{Funktion von Winkeln}\\ &\vdots\\ \eta_{s-1} &= \varrho \times \text{Funktion von Winkeln}\end{aligned}$$

und erhält mit einer explizit nichtbenötigten Funktionaldeterminante

$$I = \int\limits_{\text{Winkel}}\ \int\limits_{\varrho^2 < C_\alpha} e^{-\varrho^2/2}\varrho^{s-2}\,d\varrho \quad g(\text{Winkel})\cdot d(\text{Winkel}),$$

indem man die Integration über die Winkel ausführt,

$$I = k_0 \int\limits_{\varrho^2 < C_\alpha} e^{-\varrho^2/2}\varrho^{s-2}\,d\varrho$$

oder mit $\varrho^2 = u$

$$I = k_1 \int_0^{C_\alpha} e^{-u/2}u^{(s-3)/2}\,du.$$

Aus der oben gemachten Bemerkung, daß für $C_\alpha \to \infty$, folgt $I \to 1$, ergibt sich

$$k_1 = \frac{1}{\int^{\infty} e^{-u/2}u^{(s-3)/2}\,du} = \frac{1}{\Gamma\left(\frac{s-1}{2}\right)2^{\frac{s-1}{2}}},$$

d. h.

$$\begin{aligned}1-\alpha = \boldsymbol{P}(T_p \geqq C_\alpha) &\approx 1 - \frac{1}{2^{\frac{s-1}{2}}\Gamma\left(\frac{s-1}{2}\right)}\int_0^{C_\alpha} e^{-u/2}u^{(s-3)/2}\,du\\ &= \int_{C_\alpha}^{\infty}\frac{e^{u/2}u^{(s-3)/2}\,du}{\Gamma\left(\frac{s-1}{2}\right)2^{\frac{s-1}{2}}}\end{aligned} \tag{9.3.2}$$

In dieser asymptotischen Näherung tritt n gar nicht mehr auf! Für die verschiedenen Werte von $s-1$ = Dimensionszahl des Raumes, in dem integriert werden müßte, Freiheitsgrad genannt, sind die zu vorgeschriebenen Werten von α (z. B. $\alpha = 5\%$, 1%, $0{,}1\%$) gehörigen Werte C_α als sog. kritische Werte χ^2_α tabelliert.

Das Testverfahren bezeichnet man als PEARSONschen χ^2-Test, die Funktion unter dem Integral in (3.2) entsprechend der allgemeinen Terminologie von § 11 als Dichte der χ^2-Verteilung.

Ein einfaches Beispiel soll die Anwendung dieses χ^2-Testes erläutern: Bei 600 Würfelwürfen ergeben sich folgende Häufigkeiten für die sechs möglichen Ergebnisse (die ersten zwei Spalten der folgenden Tabelle)

	N_i	np_i	$N_i - np_i$	$(N_i - np_i)^2$	$\frac{(N_i - np_i)^2}{np_i}$
1	99	100	− 1	1	0,01
2	96	100	− 4	16	0,16
3	111	100	11	121	1,21
4	95	100	− 5	25	0,25
5	82	100	−18	324	3,24
6	117	100	17	289	2,89

Man ergänzt die Tabelle mittels der hypothetischen Werte $p_i = \frac{1}{6}$ durch Spalten für die Werte $n\,p_i$, die Differenzen $N_i - n\,p_i$, deren Quadrate, und die durch die Erwartungswerte $n\,p_i$ dividierten Quadrate.

Die Summe der letzten Spalte ergibt den Wert 7,76 der Testgröße; der kritische Wert für $\alpha = 0{,}05$, nämlich 11,1 wird nicht überschritten: Der Statistiker erhebt keine Einwände.

Um zu erkennen, daß der χ^2-Test wirklich brauchbar zum Nachweis der hypothetischen Werte q_i der Polynomialverteilung ist, müssen wir das Verhalten der Testgröße auch in dem Falle studieren, wo die wahren Parameterwerte andere als die hypothetischen sind.

Eine Plausibilitätsbetrachtung benützt den aus

$$\begin{aligned} \boldsymbol{E}(N_i) &= n\,p_i \\ \boldsymbol{E}(N_i^2) &= n\,p_i(1 - p_i) + n^2 p_i^2 \end{aligned}$$

folgenden Erwartungswert:

$$\begin{aligned} \boldsymbol{E}(T_q) &= \boldsymbol{E}\left(\sum_{i=1}^{s} \frac{N_i^2}{n\,q_i} - n\right) = \sum_{i=1}^{s} \frac{p_i(1 - p_i)}{q_i} + n\left(\sum_{i=1}^{s} \frac{p_i^2}{q_i} - 1\right) \\ &= \sum_{i=1}^{s} \frac{p_i(1 - p_i)}{q_i} + n \sum_{i=1}^{s} \frac{(p_i - q_i)^2}{q_i}. \end{aligned} \tag{9.3.3}$$

Wenn nicht alle $q_i = p_i$ sind, strebt dieser Erwartungswert mit n über alle Grenzen, so daß es plausibel erscheinen mag, daß die Testgröße mit immer größer werdender Wahrscheinlichkeit in den kritischen Bereich fällt. Zu einem Beweis dieser Konsistenzeigenschaft kommen wir durch folgende Betrachtung:

Es sei

$$Z_i = \frac{(N_i - n\,q_i)^2}{n\,q_i} \geqq 0.$$

Dann ist

$$\boldsymbol{P}(T_q < C_\alpha) = \boldsymbol{P}(\sum Z_i < C_\alpha) \leqq \boldsymbol{P}(Z_j < C_\alpha) = \boldsymbol{P}\left(\left|\frac{N_j - n\,q_j}{n}\right| < \sqrt{\frac{C_\alpha q_j}{n}}\right),$$

wobei man ein beliebiges j verwenden kann, z. B. eines mit $p_j \neq q_j$. Dann erkennt man, daß dieser Ausdruck gegen Null strebt, weil nach dem Gesetz der großen Zahlen $N_i/n \to p_i \neq q_i$ nach Wahrscheinlichkeit geht.

Eine genauere Betrachtung ermöglicht eine Aussage über diese Konvergenzgeschwindigkeit. Es ist

$$\boldsymbol{P}(T_q < C_\alpha) \equiv \boldsymbol{P}\left(\sum_{i=1}^{s} \frac{(N_i - n\,q_i)^2}{n\,q_i} < C_\alpha\right)$$

$$= \sum \frac{n!}{\nu_1! \ldots \nu_s!}\, q_1^{\nu_1} \ldots q_s^{\nu_s} \left(\frac{p_1}{q_1}\right)^{\nu_1} \ldots \left(\frac{p_s}{q_s}\right)^{\nu_s}, \tag{9.3.4}$$

wobei sich die Summation über diejenigen Systeme ganzer Zahlen $\nu_i \geqq 0$ mit $\sum_{i=1}^{s} \nu_i = n$, $\sum_{i=1}^{s} \frac{(\nu_i - n\,q_i)^2}{n\,q_i} < C_\alpha$ erstreckt. In diesem Bereich gilt also

$$\log \prod_{i=1}^{s} \left(\frac{p_i}{q_i}\right)^{\nu_i} = -\sum_{i=1}^{s} [n\,q_i + O(\sqrt{n})] \log \frac{q_i}{p_i}$$

und wir erhalten aus (9.3.4) und (9.3.2) den Ausdruck

$$\boldsymbol{P}(T_q < C_\alpha) \approx (1 - \alpha) \exp\left(-n \sum_{i=1}^{s} q_i \log \frac{q_i}{p_i}\right), \tag{9.3.5}$$

was die Konsistenz erneut beweist, da

$$I(q;p) \equiv \sum_{i=1}^{s} q_i \log \frac{q_i}{p_i} \underset{(=)}{>} 0$$

ist, da sich wegen

$$\log \tau \geqq 1 - \frac{1}{\tau}$$

ergibt

$$I(q;p) \geqq \sum q_i \left(1 - \frac{p_i}{q_i}\right) = 0.$$

[Vergleiche § 14.2, wo sogar bewiesen wird, daß dieselbe asymptotische Form für $\boldsymbol{P}(T_q < C_\alpha)$ sogar bei demjenigen Test gilt, der bezüglich dieser Alternative der beste ist. Für die Alternativen $q_i = p_i + \frac{\delta_i}{\sqrt{n}}$, vgl. den § 19.1.]

4. Kontingenztafeln

Ein Problem, das oft im Zusammenhang mit dem Modell der Polynomialverteilung auftaucht, fragt nicht, ob die Parameter gewisse vermutete Werte haben, sondern ob gewisse vermutete Beziehungen zwischen ihnen bestehen. Seien die möglichen Ergebnisse des Einzelexperimentes — nach zwei Gesichtspunkten etwa — durch Doppelindizes $i = 1, \ldots, r$, $k = 1, \ldots, s$ gekennzeichnet (d. h. rs anstelle des bisherigen s).

Dann soll die Hypothese $p_{ik} = p_i q_k$ (mit unbekannten p_i, q_k) geprüft werden! Die Hypothese entspricht der Unabhängigkeit der beiden „Merkmalsausprägungen" i und k; die Beobachtungsresultate N_{ik} ordnet man zweckmäßig in Form einer Matrix, einer „Kontingenztafel" an, an deren Rändern man dann auch übersichtlich die Spalten- und Zeilensummen

$$N_{i.} = \sum_{k=1}^{s} N_{ik}, \qquad N_{.k} = \sum_{i=1}^{r} N_{ik}$$

eintragen kann.

Bevor der für diese Fragestellung übliche Test dargestellt werden soll, kann man sich überlegen, daß die Systeme von zufälligen Größen $N_{1.}, \ldots, N_{r.}$ bzw. $N_{.1}, \ldots, N_{.s}$ unabhängig sind, wenn die Hypothese $p_{ik} = p_i q_k$ zutrifft.

Es ist ja bei jedem einzelnen Experiment ν das $A_{i.}^{(\nu)} = \{$eines der $A_{ik}^{(\nu)}$ tritt ein, k beliebig$\}$ unabhängig von $A_{.k}^{(\nu)} = \{$eines der $A_{ik}^{(\nu)}$ tritt ein, $i =$ beliebig$\}$.

Für die Summe je unabhängiger Größen

$$N_{i.} = \sum_{\nu} I_{A_{i.}^{(\nu)}}, \qquad N_{.k} = \sum_{\nu} I_{A_{.k}^{(\nu)}}$$

gilt dann dasselbe; daß die Verteilungen jeweils polynomisch sind, ist nach früherem klar.

Da die Hypothese die Parameter des Modells nicht festlegt, ersetzen wir das Modell durch die Vorstellung, daß wir die marginalen Summen $N_{i.}$, $N_{.k}$ genau kennen (aus der Beobachtung), und wir studieren die bedingte Verteilung der N_{ik} unter der Bedingung, daß die eben benutzten Werte $N_{i.}$, $N_{.k}$ die beobachteten Werte haben.

Es gilt dann, wenn nur Systeme N_{ik} mit $\sum_k N_{ik} = N_{i.}$, $\sum_i N_{ik} = N_{.k}$ zugelassen werden:

$$\boldsymbol{P}(N_{ik} \ldots / N_{i.}, \ldots, N_{.k}) = \frac{\boldsymbol{P}(N_{ik};\, i, k = \ldots)}{\boldsymbol{P}(N_{1.}, \ldots N_{.1}, \ldots)} = \frac{\boldsymbol{P}(N_{ik};\, i, k = \ldots)}{\boldsymbol{P}(N_{1.}, \ldots N_{r.})\boldsymbol{P}(N_{.s}, \ldots)}$$

$$= \frac{\dfrac{n!}{\prod\limits_{i,k} N_{ik}!} \prod\limits_{ik} (p_i q_k)^{N_{ik}}}{\dfrac{n!}{\prod\limits_{i} N_{i.}!} \prod\limits_{i} p_i^{N_{i}} \dfrac{n!}{\prod\limits_{k} N_{.k}!} \prod\limits_{k} q_k^{N_{.k}}} = \frac{\prod\limits_{i} N_{i.}! \prod\limits_{k} N_{.k}!}{n! \prod\limits_{i,k} N_{ik}!}, \tag{9.4.1}$$

also unabhängig von den Werten p_i, q_k.

Insbesondere können wir also die p_i bzw. q_k durch die (nach § 8.3 geeigneten Schätzwerte) Werte $N_{i.}/n$ bzw. $N_{.k}/n$ ersetzen und dürfen, da

$$N_{ik} = n\,\frac{N_{i.}}{n}\,\frac{N_{.k}}{n} + O_p(\sqrt{n}) = \frac{N_{i.}\,N_{.k}}{n} + O_p(\sqrt{n}) \tag{9.4.2}$$

gilt[1], die Approximation des zentralen Grenzwertsatzes (§ 9.2) verwenden und erhalten so

$$\boldsymbol{P}(N_{ik}, i, k, \ldots / N_{1}, \ldots, N_{.1}, \ldots) \approx$$

$$\approx \frac{\dfrac{1}{\sqrt{(2\pi n)^{rs-1} \prod\limits_{i,k} \dfrac{N_{i.}\,N_{.k}}{n^2}}} \exp\left(-\frac{1}{2}\sum_{i,k} \frac{\left(N_{ik} - \dfrac{N_{i.}\,N_{.k}}{n}\right)^2}{\dfrac{N_{i.}\,N_{.k}}{n}}\right)}{\dfrac{1}{\sqrt{(2\pi n)^{r-1} \prod\limits_{i} \dfrac{N_{i.}}{n}}}\;\dfrac{1}{\sqrt{(2\pi n)^{s-1} \prod\limits_{k} \dfrac{N_{.k}}{n}}}}$$

$$= \frac{1}{\sqrt{(2\pi n)^{rs+1-r-s}}\sqrt{\prod\limits_{i=1}^{r}\left(\dfrac{N_{i.}}{n}\right)^{s-1}}\sqrt{\prod\limits_{k=1}^{s}\left(\dfrac{N_{.k}}{n}\right)^{r-1}}} \exp\left(-\frac{1}{2}\sum_{i,k} \frac{\left(N_{ik} - \dfrac{N_{i.}\,N_{.k}}{n}\right)^2}{\dfrac{N_{i.}\,N_{.k}}{n}}\right). \tag{9.4.3}$$

Da die dafür angenommene Voraussetzung (4.2) mit beliebig nahe bei Eins liegender Wahrscheinlichkeit zutrifft, bietet sich somit als Testgröße der wesentliche Bestandteil des Exponenten an:

$$T = \sum_{i,k} \frac{\left(N_{ik} - \dfrac{N_{i.}\,N_{.k}}{n}\right)^2}{\dfrac{N_{i.}\,N_{.k}}{n}}. \tag{9.4.4}$$

Man erhält diese Testgröße formal aus der Testgröße des χ^2-Testes, wenn man als zu prüfende Parameterwerte die naheliegenden Schätzwerte $p_{ik} = \frac{N_{i.}\,N_{.k}}{n^2}$ einsetzt; die Verteilung der Testgröße (im Falle der Hypothese!) ist aber eine andere!

Die Berechnung der Fehlerwahrscheinlichkeit

$$\alpha = \boldsymbol{P}(T > C_\alpha) = 1 - \boldsymbol{P}(T \leqq C_\alpha)$$

verläuft ganz ähnlich der Rechnung in § 9.3. Die Summationen, die dann auf eine Integration hinausführen, erstrecken sich aber nach der Substitution

$$\frac{N_{ik} - \dfrac{N_{i.}\,N_{.k}}{n}}{\sqrt{n}} = \xi_{ik}$$

[1] Man schreibt für asymptotische Beziehungen, die mit beliebig dicht an Eins liegender Wahrscheinlichkeit gelten $a_n = O_p(b_n)$ bzw. $a_n = O_p(b_n)$.

über den Gitterbereich, der durch $\sum_{i=1}^{r} \xi_{ik} = 0$, $\sum_{k=1}^{s} \xi_{ik} = 0$ eingeschränkt ist; das sind $r + s - 1$ unabhängige Beziehungen, so daß ein $r s - (r + s - 1)$-dimensionales Integra· von derselben Art wie damals übrigbleibt, so daß die Verteil ng der jetzigen Testgröße asymptotisch durch eine χ^2-Verteilung mit $r s - (r + s - 1)$ Freiheitsgraden beschrieben wird.

Der einfachste Fall von Kontingenztafeln ist die 2×2-Felder-Tafel: Wenn man die beobachteten Häufigkeiten anders bezeichnet,

$$N_{11} = A, \quad N_{12} = B,$$

$$N_{21} = C, \quad N_{22} = D$$

ergibt sich für jeden der vier Summanden der Testgröße T im Zähler derselbe Wert und danach leicht

$$T = \frac{n(A D - B C)^2}{(A + B)(A + C)(C + D)(B + D)}. \tag{9.4.5}$$

Die Anzahl der Freiheitsgrade der asymptotischen χ^2-Verteilung ist $= 1$.

Übrigens ist in diesem Fall (2×2-Felder-Kontingenztafel) die bedingte Verteilung, die unseren Betrachtungen zugrunde liegt, die hypergeometrische Verteilung.

In der Praxis benutzt man von YATES vorgeschlagene Korrekturen an den Testgrößen, um schnellere Konvergenz (bei $n \to \infty$) gegen die asymptotische Verteilung zu erhalten:

$$T^* = \frac{n\left[|A D - B C| - \frac{n}{2}\right]^2}{(A + B)(A + C)(B + D)(C + D)}.$$

5. Mehrdimensionale hypergeometrische Verteilung

Das Urnenmodell aus § 6.5, Ziehen ohne Zurücklegen, läßt sich leicht auf den Fall ausdehnen, bei dem mehrere Arten von Kugeln in der Urne enthalten sind. Wenn diese die Anzahlen

$$r_1, r_2, \ldots, r_s \quad \text{mit} \quad \sum_{\nu=1}^{s} r_\nu = m$$

enthalten, so folgt aus den Formeln der Kombinatorik, daß die Wahrscheinlichkeit für das gleichzeitige Ziehen von N_1 der ersten Sorte, N_2 der zweiten usw.

$$\left(\sum_{\nu=1}^{s} N_\nu = k\right)$$

gegeben wird durch die mehrdimensionale hypergeometrische Verteilung

$$\boldsymbol{P}(N_1 \ldots N_s) = \frac{\binom{r_1}{N_1} \cdots \binom{r_s}{N_s}}{\binom{m}{k}} \quad \left(\sum_{i=1}^{s} N_i = k\right). \qquad (9.5.1)$$

Durch Betrachtungen ähnlich denen bei der hypergeometrischen Verteilung lassen sich hier z. B. berechnen:

$$\boldsymbol{E}(N_i) = \frac{k\, r_i}{m}$$

$$\boldsymbol{E}\big(N_i(N_i - 1)\big) = \frac{k(k-1)\, r_i(r_i - 1)}{m(m-1)}$$

$$\boldsymbol{E}(N_i\, N_j) = \frac{k(k-1)\, r_i\, r_j}{m(m-1)} \qquad (i \neq j)$$

und damit

$$\operatorname{Kov}(N_i, N_j) = -\frac{k\, r_i\, r_j (m-k)}{m^2(m-1)} = -\frac{k\, r_i\, r_j}{m^2}\left(1 - \frac{k-1}{m-1}\right),$$

d. h. demselben Korrekturfaktor im Vergleich zur Polynomialverteilung wie bei der Varianz (§ 6.5).

Ähnlich der hypergeometrischen Verteilung können wir die jetzige Verteilung auch als bedingte Verteilung von s unabhängigen binomischen Größen N_i (mit gleichem p) bei der Bedingung $\sum_{i=1}^{s} N_i = k$ erhalten, denn es gilt

$$\boldsymbol{P}(N_1, \ldots, N_s) = \frac{\prod_{i=1}^{s} \binom{r_i}{N_i} p^{N_i} q^{r_i - N_i}}{\binom{m}{k} p^k q^{m-k}} \qquad (p + q = 1).$$

Mit der Wahl $p = k/m$ ergibt die Verwendung des zentralen Grenzwertsatzes den bei $r_i/m \to p_i$, $k/m \to \alpha\,(\neq 0, 1)$ gültigen asymptotischen Ausdruck:

$$\boldsymbol{P}(N_1, \ldots, N_s) \approx \frac{1}{\sqrt{(2\pi)^{s-1} k^{s-1} \prod_{i=1}^{s} p_i (1-\alpha)^{s-1}}} \exp\left(-\frac{1}{2(1-\alpha)} \sum \frac{(N_i - p_i k)^2}{p_i\, k}\right)$$

$$(k \to \infty). \qquad (9.5.2)$$

Man erkennt in dem mehrfach auftretenden Faktor $(1 - \alpha)$ den Einfluß des „Nichtzurücklegens“ gegenüber dem polynomischen Fall.

Aufgaben

1. Aus der Anzahl von ν_1 Elementen der Art 1, ν_2 der Art 2, ... ν_s der Art s; $\sum_{i=1}^{s} \nu_i = n$ (vgl. Aufgabe 2.10), nämlich $\frac{n!}{\nu_1! \ldots \nu_s!}$ leite man die Polynomialverteilung her!

2. Man gewinne unter Benutzung der Herleitung des Textes, der von Aufgabe 1 oder formal, die bedingte Polynomialverteilung bei der Bedingung $N_1 = n_1$ (fest) (vgl. Aufgabe 9.1).

3. Berechne die Determinante der Varianz-Kovarianz-Matrix $(\sigma_{ik}$ mit $\sigma_{ii} = \mathrm{Var}(N_i))$ der Polynomialverteilung!

4. Beweise, daß die erzeugende Funktion des Systems zufälliger Größen $X_1, \ldots, X_s$ in ein Produkt zerfällt, wenn die X_i unabhängig sind!

5. Aus dem zentralen Grenzwertsatz für die Polynomialverteilung gewinne man den zentralen Grenzwertsatz für unabhängige ganzzahlige Größen mit gleicher Verteilung, die aber nur endlich viele Werte a_i annehmen, deren größter gemeinsamer Teiler gleich Eins ist:

$$\boldsymbol{P}\left(\sum_{\nu=1}^{n} X_\nu = l\right) \sim \frac{1}{\sqrt{2\pi}\,\sigma} \exp\left(-\frac{(l-n\,m)^2}{2\sigma^2}\right)$$

mit $m = \boldsymbol{E}(X_\nu)$; $\sigma^2 = \mathrm{Var}(X_\nu)$.

Anleitung: Man setze $\boldsymbol{P}(X_\nu = i) = p_i$; dann ist $\sum_{\nu=1}^{n} X_i = \sum_{i=1}^{s} i\,N_i$.

6. Für die Polynomialverteilung sei $p_1 = \frac{\mu_1}{n}, \ldots, p_{s-1} = \frac{\mu_{s-1}}{n}$; $p_s = 1 - \frac{\sum_{i=1}^{s-1} \mu_i}{n}$ (μ_i = fest). Man führe den Grenzübergang $n \to \infty$ durch!

Anleitung: Es empfiehlt sich, zunächst die Verteilung von $N = \sum_{i=1}^{s-1} N_i$ und N_s zu betrachten!

7. Berechne Erwartungswert (und mit Geduld auch die Varianz) von $\sum_{i=1}^{s} \frac{(N_i - n\,p_i)^2}{n\,p_i}$, wenn die N_i eine Polynomialverteilung mit Parametern p_i haben.

8. Man benütze die Tatsache, daß die erzeugende Funktion für die bedingte Verteilung der $N_1 \ldots N_{s-1}$ bei der Bedingung $N_s = k$ sich aus der gemeinsamen erzeugenden Funktion $p(z_1, \ldots, z_s)$ in der Form

$$\frac{\frac{\partial^k}{\partial z_s^k} p(z_1, \ldots, z_s)\,|\,z_s = 0}{\frac{\partial^k}{\partial z_s^k} p(z_1, \ldots, z_s)\,|\,z_1 = \cdots = z_{s-1} \cdots = 1;\ z_s = 0}$$

ergibt, um die bedingte Verteilung einiger von gemeinsam polynomialverteilten Größen zu bestimmen.

9. Die bedingten Wahrscheinlichkeiten für $A_1^{(\nu)}$, $A_2^{(\nu)}$ bei der Bedingung $I_{A_3^{(\mu)}} = 0$ $(\mu = 1, \ldots, n)$, wenn ursprünglich ein BERNOULLIsches Schema mit $\Omega = A_1^{(\nu)} + A_2^{(\nu)} + A_3^{(\nu)}$ vorlag, ergeben wieder Unabhängigkeit mit

$$\boldsymbol{P}(A_1^{(\nu)} \mid \ldots) = \frac{p_1}{p_1 + p_2} \qquad \boldsymbol{P}(A_2^{(\nu)} \mid \ldots) = \frac{p_2}{p_1 + p_2}.$$

Man verwende dies, um die Verteilung der Anzahl von eingetretenen $A_2^{(\nu)}$ $(\nu = 1, 2, \ldots)$ vor dem ersten eingetretenen $A_1^{(\nu)}$ aufzustellen. Dies kommt etwa vor bei der Qualitätskontrolle (A_1 = kontrolliert-schlecht; A_2 = unkontrolliert-schlecht; A_3 = gute Stücke der fortlaufenden Produktion).

10. Beweise (für das BERNOULLIsche Modell)

$$\boldsymbol{P}(A_i^{(\nu)} \mid N_1 = \nu_1, \ldots, N_s = \nu_s) = \frac{\nu_i}{n} \qquad \left(\sum_{i=1}^{s} \nu_i = n\right).$$

11. Bei einem Züchtungsversuch ergeben sich Arten der Nachkommen in den Anzahlen 33; 10; 13. Prüfe die Verträglichkeit mit einem Erbmodell, das die Verhältnisse 9:3:4 fordert!

12. In einer Gaststätte ergibt eine Befragung über Rauch- und Trinkgewohnheiten folgende Anzahlen:

	Raucher	Nichtraucher
Trinker	587	224
Nichttrinker	128	87

Ist es glaubwürdig, daß für Besucher dieser Gaststätte eine Abhängigkeit zwischen Trink- und Rauchgewohnheit besteht?

13. Man entwerfe einen Test für eine dreidimensionale Kontingenztafel (d. h. BERNOULLI-Modell mit p_{ijk}, für die die Hypothese $p_{ijk} = p_i q_j r_k$ geprüft werden soll)! (Lösung: die Anzahl der Freiheitsgrade ist jetzt $r s t - r - s - t + 2$.)

14. Man beweise, daß auch für Summe [und Differenz] polynomialverteilter Größen der zentrale Grenzwertsatz gilt (benötigt in § 13.3)!

15. (Vergleiche auch § 19.) Durch Übertragung der Überlegungen aus Ziffer 1 gewinne man einen zweidimensionalen Konfidenzbereich für die Parameter p_1 und p_2 einer dreidimensionalen Polynomialverteilung. Anleitung: mit dem kritischen Wert der χ^2-Verteilung mit zwei Freiheitsgraden ergibt sich

$$\boldsymbol{P}\left\{\frac{(p_1 - T_1)^2}{p_1} + \frac{(p_2 - T_2)^2}{p_2} + \frac{(p_1 + p_2 - T_1 - T_2)^2}{1 - (p_1 + p_2)} < \frac{1}{n}\chi^2_{\text{krit}}\right\} = 0{,}95,$$

was sich in naheliegender Weise umschreiben läßt. Man vergleiche diesen elliptischen Konfidenzbereich mit dem rechteckigen, den man durch getrennte Schätzung von p_1 und p_2 nach Ziffer 1 erhält (beachten, daß je mit 0,975 gerechnet werden muß!).

16. Aus dem zentralen Grenzwertsatz für die poly-hypergeometrische Verteilung folgere man, daß die Summe der in einer zufälligen Kombination (alle Kombinationen gleichwahrscheinlich) von Zahlen $X_1, \ldots, X_n$ auftretenden Zahlen bei $n \to \infty$ asymptotisch normalverteilt ist, wenn die X_i-Werte nur endlich (von n unabhängige Anzahl) viele verschiedene Zahlen sind.

17. Die $2 \times s$-Kontingenztafel. Man bestätige für $r = 2$ folgende Darstellung der Testgröße (4.4):

$$T = \frac{1}{N_{1.} N_{2.}} \sum_j \frac{(N_{1j} N_{2.} - N_{2j} N_{1.})^2}{N_{.j}}.$$

Mit den relativen Häufigkeiten in den Spalten

$$p_j = \frac{N_{1i}}{N_{.j}} \quad \text{bzw.} \quad p = \frac{N_{1.}}{n}$$

läßt sich das auch umformen zu

$$T = \frac{1}{p(1-p)} \sum_j N_{.j} (p_j - p)^2 = \frac{1}{p(1-p)} \left\{ \sum_j N_{.j} p_j^2 - n p^2 \right\}.$$

§ 10. Stichprobentheorie

1. Schätzung eines Anteils

Die Stichprobentheorie befaßt sich mit den Verfahren zur Gewinnung von Aussagen über Gesamtanzahlen oder Gesamtwerte bei einer gegebenen großen Menge von Individuen (Personen, Tiere, Sachen), von denen nur ein Teil, eine Stichprobe[1], untersucht (befragt) werden soll. Im einfachsten Fall (sog. „homograder Fall") besteht die Gesamtheit (Population, Menge von Individuen) aus einer bekannten Anzahl m von Individuen (z. B. die Einwohner einer Stadt), die nach einem interessierenden Unterscheidungsmerkmal als Merkmalsträger oder -nichtträger (z. B. ob Raucher oder nicht) in zwei Klassen zerlegt sind, deren Umfänge r, s ($r + s = m$) unbekannt sind, und auf Grund einer Untersuchung einer Teilmenge vom Umfang n (Stichprobe[2]) bestimmt werden

[1] Das Wort „Stichprobe" entstammt der Berg- und Hüttensprache, bei denen es tatsächlich einen Stich (in den Hochofen) zur Probe bedeutete. Auch bei der Bestimmung von Blutkörperzahlen verwendet man echte „Stichproben" durch Entnahme einer Probe durch eine eingestochene Hohlnadel.

[2] frz. échantillon, engl. sample. Das Bemühen nach Konsistenz der Bezeichnungsweise zwingt zu einigen Verstößen gegen die einschlägigen Zunftbräuche.

soll. Dabei wird angenommen, daß bei der Auswahl der Stichprobe ein Verfahren angewendet wird, welches alle Teilmengen von n Individuen mit gleicher Wahrscheinlichkeit auswählt: einfache Zufallsstichprobe, z. B. durch Ziehen von n Karten der gut gemischten Einwohnerkartei. Das stochastische Element kommt also hier (im Gegensatz zu anderen stochastischen Modellen, etwa dem Würfelwurf) erst durch einen künstlichen Prozeß, der „anerkannten Zufall" einschließt, hinein. Die Verteilung der Anzahl N von Individuen mit der betrachteten Eigenschaft (z. B. Raucher) ist eine hypergeometrische, und wir wissen daher aus § 6.5 folgendes:

$$\boldsymbol{E}(N) = \frac{n r}{m},$$

$$\operatorname{Var}(N) = \frac{n r s}{m^2}\left(1 - \frac{n-1}{m-1}\right).$$

Man erhält deshalb einen plausiblen Schätzwert für die gesuchte Anzahl r durch

$$T = \frac{N m}{n}, \tag{10.1.1}$$

d. h. einfaches „Hochrechnen". Die Varianz hiervon ist

$$\operatorname{Var}(T) = \frac{r s}{n}\left(1 - \frac{n-1}{m-1}\right) \approx \sigma_0^2 = \frac{r s}{n}. \tag{10.1.2}$$

Nach derselben Überlegung wie in § 8 bei der Binomialverteilung kann man näherungsweise (bei großem m, n) einen Konfidenzbereich angeben:

Mit Wahrscheinlichkeit $\Phi(h) - \Phi(-h)$ gilt die Ungleichung

$$\begin{aligned} |r - T| &< h \frac{m}{n} \sqrt{\frac{n}{m^2} \frac{N m}{n}\left(m - \frac{N m}{n}\right)\left(1 - \frac{n-1}{m-1}\right)} \\ &= h \frac{m}{n} \sqrt{N\left(1 - \frac{N}{n}\right)\left(1 - \frac{n-1}{m-1}\right)} \leqq \\ &\leqq h \frac{m}{n} \sqrt{N\left(1 - \frac{N}{n}\right)} = h \frac{m}{\sqrt{n}} \sqrt{\frac{N}{n}\left(1 - \frac{N}{n}\right)}. \end{aligned}$$

Also

$$\boldsymbol{P}\left(|r - T| \leqq h \frac{m}{\sqrt{n}} \frac{1}{2}\right) \approx \Phi(h) - \Phi(-h). \tag{10.1.3}$$

Diese Fragestellung der Schätzung des Anteiles führt bereits zu interessanten und nützlichen Erweiterungen, wenn die Gesamtheit aus zwei oder mehr verschiedenen, getrennt zugänglichen Teilen bekannten Umfanges („Schichten", z. B. Stadtteile) besteht:

$$m = m_1 + \cdots + m_l.$$

Die entsprechenden Zerlegungen der untersuchten Anteile seien

$$r = r_1 + \cdots + r_l$$

bzw.

$$s = s_1 + \cdots + s_l$$

$$(r_i + s_i = m_i).$$

Gesucht wird nur r und nicht die einzelnen Anteile r_i in den Schichten; in der allgemeinen Ausdrucksweise handelt es sich dann wieder um ein Parameterschätzproblem, bei dessen Modell aber noch weitere, uninteressante (engl.: nuissance) Parameter auftreten.

In den einzelnen Schichten werden jeweils einfache Zufallsstichproben der Umfänge n_i gemacht, und man erkennt die Möglichkeit, durch geeignete Aufteilung der Gesamtstichprobenzahl $n = n_1 + \cdots + n_l$ das Verfahren zu beeinflussen; bei gleichem Aufwand (vorläufig gemessen an n) soll es anschließend so gestaltet werden, daß die Genauigkeit am größten ist.

Die Anteile der Merkmalsträger in den Stichproben seien N_i, für die natürlich gilt

$$\boldsymbol{E}(N_i) = \frac{n_i r_i}{m_i},$$

$$\operatorname{Var}(N_i) = \frac{n_i r_i s_i}{m_i^2}\left(1 - \frac{n_i - 1}{m_i - 1}\right).$$

Für die naheliegende Schätzfunktion, den auf die Gesamtmenge hochgerechneten Anteil

$$T = \sum_{i=1}^{l} \frac{m_i}{n_i} N_i \tag{10.1.4}$$

gilt deshalb

$$\boldsymbol{E}(T) = \sum r_i = r,$$

d. h. diese Schätzfunktion ist unverzerrt; und

$$\operatorname{Var}(T) = \sum_{i=1}^{l} \frac{m_i^2}{n_i^2} \operatorname{Var}(N_i) = \sum_{i=1}^{l} \frac{r_i s_i}{n_i}\left(1 - \frac{n_i - 1}{m_i - 1}\right). \tag{10.1.5}$$

Wir ersetzen für die folgenden Betrachtungen den die Endlichkeit der Grundmengen berücksichtigenden Faktor durch Eins, und es soll die verbleibende Summe

$$f(n_1 \ldots n_l) = \sum_{i=1}^{l} \frac{r_i s_i}{n_i}$$

bei gegebenem Gesamtstichprobenumfang $n = \sum_{i=1}^{l} n_i$ minimiert werden. Für diese Rechnung betrachten wir die $n_i = x_i$ als kontinuierliche Variable und erhalten nach der LAGRANGEschen Multiplikatorregel für Minima bei Nebenbedingungen sofort

$$x_i = n \frac{\sqrt{r_i s_i}}{\sum_{j=1}^{l} \sqrt{r_j s_j}}. \tag{10.1.6}$$

Dies Ergebnis, sowie die Tatsache, daß es sich wirklich um ein Minimum handelt, ergibt sich auch direkt aus der SCHWARZschen Ungleichung:

$$\left(\sum_{i=1}^{l} \frac{r_i s_i}{x_i}\right) n = \left(\sum_{i=1}^{l} \frac{r_i s_i}{x_i}\right)\left(\sum_{i=1}^{l} x_i\right) \geq \left(\sum_{i=1}^{l} \sqrt{\frac{r_i s_i}{x_i}} \sqrt{x_i}\right)^2 = \left(\sum_{i=1}^{l} \sqrt{r_i s_i}\right)^2.$$

Der Minimalwert der Varianz ist

$$\operatorname{Min} f(x_1 \ldots x_l) = \frac{1}{n}\left(\sum_{i=1}^{l} \sqrt{r_i\, s_i}\right)^2 = \sigma_\delta^2. \qquad (10.1.7)$$

Dieser Wert ist ein guter Näherungswert für den Wert der Varianz von T, wenn statt der Werte (1.6) die benachbarten ganzen Zahlen als n_i verwendet werden, da eine Funktion in der Nähe des Minimums sehr kleine Ableitungen hat, der Wert also sehr wenig von Abweichungen der Argumente von denen des Minimums beeinflußt wird.

Die beiden Varianzen (1.2) und (1.7) lassen sich durch die SCHWARZsche Ungleichung vergleichen:

$$\sigma_0^2 = \frac{1}{n}\left(\sum r_i\right)\left(\sum s_i\right) \geqq \frac{1}{n}\left(\sum \sqrt{r_i}\,\sqrt{s_i}\right)^2 = \sigma_\delta^2.$$

Dabei gilt das Gleichheitszeichen nur bei Proportionalität

$$r_i = \lambda\, s_i,$$

d. h., wenn die Aufteilung des untersuchten Merkmals in allen Schichten gleich ist.

Der Ausdruck (1.6) für die günstigsten Umfänge der Stichproben in den Schichten läßt sich leicht auf den Fall ausdehnen, daß nicht der Gesamtstichprobenumfang vorgeschrieben ist, sondern ein gewogenes Mittel

$$\sum_{i=1}^{l} g_i\, n_i = \text{gegeben} = G,$$

wie das bei verschiedenen Kosten pro Untersuchung (Befragung) eines Elementes als Folge vorgeschriebener Gesamtkosten gefordert wird; es ergibt sich wegen

$$\left(\sum_{i=1}^{l} \frac{r_i\, s_i}{x_i}\right) G = \left(\sum \frac{r_i\, s_i}{x_i}\right)\left(\sum g_i\, x_i\right) \geqq \left(\sum \sqrt{\frac{r_i\, s_i}{x_i}}\,\sqrt{g_i\, x_i}\right)^2 = \left(\sum \sqrt{g_i\, r_i\, s_i}\right)^2,$$

daß die günstigen Stichprobenumfänge möglichst bei

$$n_i \approx x_i = n\,\frac{\sqrt{\dfrac{r_i\, s_i}{g_i}}}{\sum\limits_{j=1}^{l} \sqrt{r_j\, s_j\, g_j}} \qquad (10.1.8)$$

liegen. Sowohl diese Formel als auch der frühere Spezialfall (1.6) verwenden die noch unbekannten Werte r_i, die man für diesen Zweck entweder durch eine kleinere Vorstichprobe oder aus frühereren Beobachtungen (etwa bei jährlich wiederkehrenden Erhebungen) näherungsweise kennen muß.

Man verwendet oft auch Stichprobenerhebungen, bei denen iterativ zunächst aus der Gesamtheit einige der Klassen, aus den ausgewählten Klassen wieder einige der Teilklassen von ihnen usw. ausgewählt werden

(z. B. Waggonladungen, Kisten, Packungen); diese Stichprobenpläne nennt man mehrstufig.

Die möglichen Fragestellungen der günstigen Verwendung deren Möglichkeiten sind naturgemäß vielgestaltiger.

Zu den Problemen des praktischen Stichprobenstatistikers gehören aber auch solche Fragen wie die präzise Abgrenzung des zu befragenden Personenkreises, die Festlegung der zu erfassenden Merkmale und die Vorbereitung der Aufbereitung und der späteren Darstellung der Resultate.

2. Schätzung der Summe reellwertiger Größen

Während bei der in 1. behandelten Aufgabe jedes Element der Menge, aus der die Stichprobe gezogen wurde, nur einen oder keinen Beitrag zu der gesuchten Größe leisten konnte, soll die Fragestellung jetzt auf den Fall verallgemeinert werden (heterogener oder quantitativer Fall), daß jedes Element $i = 1, \ldots, m$ mit einer Zahl x_i behaftet ist, deren Gesamtsumme $a = \sum_{i=1}^{m} x_i$ bestimmt werden soll (z. B. die Anzahl der gerauchten Zigaretten oder das Einkommen bei Personen, Gewicht einer Ware).

Beim Umfang k der Probe liegt es nahe, als Schätzgröße wieder die „hochgerechnete" Stichprobensumme

$$T = \frac{m}{k} \sum_{i \in \alpha} x_i \tag{10.2.1}$$

zu verwenden; dabei bedeutet α eine der mit gleicher Wahrscheinlichkeit $\frac{1}{\binom{m}{k}}$ gezogenen k-Kombinationen der m Elemente. Um die Unverzerrtheit dieser Schätzgröße nachzuweisen, berechnen wir

$$\boldsymbol{E}(T) = \frac{1}{\binom{m}{k}} \sum_{\alpha} \frac{m}{k} \sum_{i \in \alpha} x_i = \frac{1}{\binom{m-1}{k-1}} \sum_{i=1}^{m} \sum_{\alpha \ni i} x_i, \tag{10.2.2}$$

da die Anzahl der Kombinationen α, die i enthalten, gleich $\binom{m-1}{k-1}$ ist

$$= \frac{1}{\binom{m-1}{k-1}} \sum_{i=1}^{m} \binom{m-1}{k-1} x_i = a,$$

q. e. d.

Zur Berechnung der Varianz nehmen wir zur Vereinfachung $a = 0$; dann bleibt zu bestimmen

$$\left.\begin{aligned} \operatorname{Var}(T) = \boldsymbol{E}(T^2) &= \frac{1}{\binom{m}{k}} \sum_{\alpha} \left(\frac{m}{k} \sum_{i\in\alpha} x_i\right)^2, \\ &= \frac{1}{\binom{m}{k}} \left(\frac{m}{k}\right)^2 \sum_{\alpha} \left(\sum_{i\in\alpha} x_i\right)\left(\sum_{j\in\alpha} x_j\right), \\ &= \frac{1}{\binom{m-1}{k-1}} \frac{m}{k} \sum_{ij} x_i x_j \sum_{\alpha\ni ij} 1. \end{aligned}\right\} \qquad (10.2.3)$$

Da die Anzahl der Kombinationen, die i und k enthalten, gleich $\binom{m-2}{k-2}$, wenn $i \neq j$, sonst $\binom{m-1}{k-1}$ ist, wird

$$\operatorname{Var}(T) = \frac{1}{\binom{m-1}{k-1}} \frac{m}{k} \left\{\sum_{i\neq j} x_i x_j \binom{m-2}{k-2} + \sum_i x_i^2 \binom{m-1}{k-1}\right\}.$$

Als Folge der Annahme $a = 0$ können wir $\sum_{i\neq j} x_i x_j = -\sum_i x_i^2$ einsetzen:

$$\operatorname{Var}(T) = \frac{1}{\binom{m-1}{k-1}} \frac{m}{k} \left\{\binom{m-1}{k-1} - \binom{m-2}{k-2}\right\} \sum x_i^2 = \frac{m(m-k)}{k(m-1)} \sum x_i^2,$$

in einer Schreibweise, die unabhängig von der vereinfachenden Annahme $a = 0$ ist, also

$$\operatorname{Var}(T) = \frac{m(m-k)}{k(m-1)} \sum_{i=1}^{m} \left(x_i - \frac{a}{m}\right)^2 = \frac{m(m-k)}{k} \sigma^2, \qquad (10.2.4)$$

wenn man

$$\sigma^2 = \frac{1}{m-1} \sum_{i=1}^{m} \left(x_i - \frac{a}{m}\right)^2$$

als Varianz der gegebenen x_i bezeichnet.

Aus Aufgabe 9.9 folgt, daß bei der Einschränkung, daß die x_i nur endlich viele Werte annehmen können, bei $m \to \infty$, $k \to \infty$ die Verteilung der hier verwendeten Schätzgröße T asymptotisch normal ist[1], so daß man wieder ein Konfidenzintervall angeben kann:

$$\boldsymbol{P}\left(|a - T| < h\,\sigma \sqrt{\frac{m(m-k)}{k}}\right) \approx \Phi(h) - \Phi(-h).$$

---

[1] Den allgemeinen Fall haben A. Renyi und Erdös gelöst: On the central limit theorem for samples from a finite population. Publ. Math. Inst. Hung. Acad. Sci. 4 (1959) 49—61.

Dabei fehlt hierbei eine Aussage über σ, das man sich in der Praxis in ausreichender Näherung aus der Stichprobe bestimmt:

$$\sigma^2 \approx \frac{1}{k-1} \sum_{i \in \alpha} \left(x_i - \frac{T}{k} \right)^2 .$$

Eine wichtige Erweiterung dieser statistischen Aufgabe entsteht, wenn die x_i die Anzahlen von jeweils gleichzeitig erfaßten Individuen einer anderen Menge sind (z. B. die Mitglieder eines Haushaltes, wenn die Haushalte — wie bei Volkszählungen üblich — auf Karteiblättern erfaßt sind), die jeweils eine bestimmte Größe y_i (z. B. Einkommen) oder Eigenschaft haben, deren Gesamtsumme gesucht wird. Man spricht dann von Klumpenstichprobe und die gleichzeitig erfaßten Individuen bilden einen „Klumpen". Insbesondere kann hierbei $\sum_{i=1}^{m} x_i$ bekannt sein, so daß die gesuchte Größe

$$\frac{\sum_{i=1}^{m} y_i}{\sum_{i=1}^{m} x_i}$$

geschrieben werden kann, die in manchen Fällen durch die Schätzfunktion

$$\frac{\sum_{i \in \alpha} y_i}{\sum_{i \in \alpha} x_i}$$

approximiert werden kann (Quotientenschätzung).

3. Hinweis auf höhere Gesichtspunkte

Denkt man an die Schätzung eines Merkmalanteiles (§ 10.1), so ist klar, daß man durch Vergrößerung des Stichprobenumfangs n die Genauigkeit, sowohl was die Fehlerwahrscheinlichkeit als auch was die Schranke für die behauptete Abweichung von dem wahren Wert angeht, beliebig steigern kann. Der Aufwand — man denke an die zu bezahlenden Zählhelfer, den Zeitverbrauch (auch der etwa zu Befragenden) und auch den Rechenaufwand bei der Auswertung — steigt, und den ökonomischen Prinzipien entsprechend wird man sich auf einen Stichprobenumfang festlegen, der den Gesamtaufwand, vermindert um einen mittleren zu erwartenden Schaden (bei Fehlschätzung) recht klein werden läßt. Derartige Untersuchungen gehören zum Bereich der Unternehmensforschung. Wir wählen als mögliche Darstellung für die Gesamtkosten der Merkmalsschätzung durch Stichprobenerhebung nach der Näherungsformel

$$\boldsymbol{P}\left(\left| \frac{T}{m} - \frac{r}{m} \right| < h \frac{\frac{1}{2}}{\sqrt{m\,n}} \right) \approx \Phi(h) - \Phi(-h) = 2\Phi(h) - 1 = S$$

(statistische Sicherheit)

den Ausdruck

$$K = A \cdot \text{Stichprobenumfang} + B \cdot \text{Fehlerwahrscheinlichkeit} - C\,(\text{reziproke Breite des Konfidenzintervalls}),$$

$$= A \cdot n + 2B\bigl(1 - \Phi(h)\bigr) - C\frac{2\sqrt{n\,m}}{h}.$$

Sucht man zunächst bei festem h, also fester statistischer Sicherheit, durch geeignete Wahl von n die Kosten zu minimieren, so ergibt die großzügige Betrachtung von n als kontinuierlicher Größe nach den Regeln der Differentialrechnung

$$A - \frac{C}{h}\sqrt{\frac{m}{n}} = 0$$

also

$$n = m\left(\frac{C}{A\,h}\right)^2,$$

was auch sicherlich einem Minimum entspricht.

In den Ausdruck für K eingesetzt, ergibt sich

$$K(h) = 2B\bigl(1 - \Phi(h)\bigr) - m\frac{C^2}{A\,h^2}.$$

Minimierung bezüglich des einzig verbliebenen h ergibt die Bedingung

$$h^3\,e^{-h^2/2} = m\sqrt{2\pi}\,\frac{C^2}{A\,B},$$

eine Gleichung, die sich für genügend kleine Werte der rechten Seite lösen läßt; die kleinere der beiden Lösungen entspricht, wie die Kontrolle mit der zweiten Ableitung zeigt $(h < \sqrt{3})$, einem Minimum der Kostenfunktion.

Auf einige weitere Betrachtungsmöglichkeiten wird bei den Problemen im II. Teil eingegangen.

Aufgaben

1. Man bestimme den optimalen Stichprobenumfang, wenn als Kosten angesetzt werden

$$K = A\,n + C\,\mathbf{E}\left[\left(\frac{T}{n} - \frac{r}{m}\right)^2\right].$$

(*Lösung:* $n \approx \frac{1}{2}\sqrt{C/A}$).

2. Wie groß muß die Stichprobe sein, damit in einer Stadt von 150000 Einwohnern der Anteil der Raucher mit einem relativen Fehler von höchstens 3% bei einer statistischen Sicherheit von 95% bestimmt werden kann?

3. Optimale Aufteilung im quantitativen Fall. Als vereinfachtes Modell für die geschichtete Stichprobe dienen unabhängige X_{ij} $(i = 1 \ldots l;\ j = 1 \ldots n_i)$ mit unbekannten Erwartungswerten a_i und Varianz σ_i^2. Zu schätzen ist $a = \sum_{i=1}^{l} m_i a_i$. Als offenbar erwartungstreue Schätzgröße wird

$$T = \sum_{i=1}^{l} \frac{m_i}{n_i} \sum_{j=1}^{n_i} X_{ij}$$

verwendet. Durch Berechnung der Varianz von T und deren Minimierung unter $\sum g_i n_i =$ fest zeige man, daß die optimalen Stichprobenumfänge bei

$$n_i \approx n \frac{\frac{m_i \sigma_i}{\sqrt{g_i}}}{\sum_j m_j \sigma_j \sqrt{g_j}}$$

liegen (Formel von Yates und Žacopaney).

4. Zweistufige Stichproben kommen vor, wenn nach einer ersten Auswahl (Orte, Straßen, Hersteller, Kisten) erst aus diesen die eigentlichen zu messenden Stichprobenelemente gezogen werden. Folgende Modellannahme: Beobachtungsgrößen $= X_{ij} = Y_i + Z_{ij}$ ($i =$ Nummer der Elemente der 1. Stufe $= 1 \ldots m$; $j =$ Nummer der Elemente der 2. Stufe $= 1 \ldots k_i$) mit unabhängigen Y_i, Z_{ij} mit $\boldsymbol{E}(Y_i) = a$, $\boldsymbol{E}(Z_{ij}) = 0$, $\operatorname{Var}(Y_i) = \sigma^2$, $\operatorname{Var}(Z_{ij}) = \tau^2$. Als Schätzgröße für a benutzt man (unter den erwartungstreuen mit $\sum k_i =$ fest mit minimaler Varianz)

$$T = \frac{1}{n} \sum_{i=1}^{m} \sum_{j=1}^{k} X_{ij} \qquad \text{alle } k_i = k_i;\ n = k\, m).$$

Durch Minimierung von

$$\operatorname{Var}(T) = \frac{1}{m} \sigma^2 + \frac{1}{k} \tau^2$$

bei gegebenem Kostenaufwand $\alpha\, n + \beta\, m$ bestimme man die günstigste Aufteilung auf die Stichprobenumfänge in den beiden Stufen!

II. Teil

Wahrscheinlichkeitsrechnung und Statistik bei zufälligen Größen mit Verteilungsdichten

§ 11. Definition und Rechnen mit Dichten zufälliger Größen

1. Dichte einer oder mehrerer zufälliger Größen

Eine mathematisch einfache Möglichkeit, mit allgemeineren zufälligen Größen als in § 1 bis 10 zu operieren, ergibt sich, indem man die Elemente des dort benutzten Ereignisraumes durch die Werte von zwei[1] zufälligen Größen („Ur-Größen") kennzeichnet und also den Ereignisraum mit deren Wertebereich identifiziert. Es galt damals:

$$\boldsymbol{P}(\{X, Y\} \in \mathfrak{M}) = \sum_{\xi_i, \eta_k \in \mathfrak{M}} p_{ik}.$$

Dabei ist $\mathfrak{M}$ eine beliebige zweidimensionale Menge, und es soll gelten

$$p_{ik} = \boldsymbol{P}(X = \xi_i, Y = \eta_k).$$

Statt dieser Beziehung wird jetzt, ausgehend von einer Funktion mit

$$\begin{aligned} &p(\xi, \eta) \geqq 0 && \text{(Nichtnegativität)} \\ &\iint p(\xi, \eta)\, d\xi\, d\eta = 1 && \text{(Normierung)} \end{aligned} \tag{11.1.1}$$

die Wahrscheinlichkeit, daß der zufällige Punkt X, Y in eine „beliebige"[2] Teilmenge $\mathfrak{M}$ der zweidimensionalen Ebene hineinfällt, definiert durch

$$\boldsymbol{P}(\{X, Y\} \in \mathfrak{M}) = \iint_{\mathfrak{M}} p(\xi, \eta)\, d\xi\, d\eta. \tag{11.1.2}$$

Entsprechendes gilt für die Definition endlich vieler zufälliger Größen. Ausgehend von den „Ur-Größen" X, Y definieren wir andere, „abgeleitete" zufällige Größen so: Mit „beliebigen" Funktionen $g(\xi, \eta)$, $h(\xi, \eta)$ bezeichnen wir mit

$$U = g(X, Y), \qquad V = h(X, Y) \tag{11.1.3}$$

[1] Nur um unübersichtliche Formeln zu vermeiden und um das Zeichnen von Bereichen, deren Durchschnitten und Vereinigungen, zu ermöglichen, erfolgt die Darstellung für zwei Dimensionen; im n-dimensionalen geht alles analog.

[2] Der Leser kann diese Begriffe je nach Kenntnissen und Fähigkeiten selber präzisieren.

zufällige Größen, U, V, für die die Vorschrift, Wahrscheinlichkeiten zu berechnen, so sein soll:

$$\boldsymbol{P}(\{U, V\} \in \mathfrak{N}) = \iint\limits_{\{g(\xi,\eta), h(\xi,\eta)\} \in \mathfrak{N}} p(\xi, \eta)\, d\xi\, d\eta. \qquad (11.1.4)$$

Diese Definition schließt die alte (11.1.2) offenbar ein.

Unter der Verteilung von zufälligen Größen U, V verstehen wir: Die (gemeinsame) Verteilungsfunktion

$$F_{U,V}(\xi, \eta) \equiv F(\xi, \eta) = \boldsymbol{P}(U < \xi, V < \eta). \qquad (11.1.5)$$

Im Falle der Existenz die Verteilungsdichte $f_{U,V}(\xi, \eta) = f(\xi, \eta)$, falls gilt:

$$F(\xi, \eta) = \int\limits_{-\infty}^{\xi} \int\limits_{-\infty}^{\eta} f(\alpha, \beta)\, d\alpha\, d\beta. \qquad (11.1.6)$$

(Entsprechend für eine oder mehrere Größen.)

Man sieht, daß die als Ausgangspunkt benutzte Funktion die Verteilungsdichte der Ur-Größen X, Y ist. Dichten für einen kleineren Teil von Größen bezeichnet man in Beziehung zu der gemeinsamen Dichte als „marginale Dichte". Zum Beispiel ergibt sich aus der gemeinsamen Dichte $p(\xi, \eta)$ für X, Y als marginale Dichte von X wegen

$$F_X(\xi) = \boldsymbol{P}(X < \xi) = \int\limits_{\alpha < \xi} \int\limits_{\beta} p(\alpha, \beta)\, d\alpha\, d\beta, \qquad (11.1.7)$$

$$f_X(\xi) = \int\limits_{\beta = -\infty}^{\infty} p(\xi, \beta)\, d\beta.$$

Ein wichtiger Fall von zufälligen Größen, die keine Dichte besitzen, sind die den Ereignissen $A_{\mathfrak{M}}$ zugeordneten Indikatorgrößen I_A, definiert durch

$$g(\xi, \eta) = \begin{cases} 1 & \text{wenn} \quad \xi, \eta \in \mathfrak{M} \\ 0 & \text{sonst.} \end{cases}$$

2. Bedingte Dichten, Unabhängigkeit

Ausgehend von einer Ur-Dichte $p(\xi, \eta)$ kann man unter Benutzung eines Ereignisses[1] $B = B_{\mathfrak{B}}$ ($\mathfrak{B}$ eine Menge in der zweidimensionalen Ebene) mit $\boldsymbol{P}(B) > 0$ eine andere als Ur-Dichte verwendbare Dichte herleiten:

$$p_B(\xi, \eta) \equiv p(\xi, \eta \mid B) = \begin{cases} \dfrac{p(\xi, \eta)}{\boldsymbol{P}(B)} & \text{falls} \quad \xi, \eta \in \mathfrak{B} \\ 0 & \text{sonst,} \end{cases} \qquad (11.2.1)$$

denn die beiden Eigenschaften, Nichtnegativität und die Normierung sind erfüllt. Man nennt p_B die durch B bedingte Dichte und bezeichnet

[1] Abgekürzte Ausdrucksweise für das Ereignis $\{X, Y\} \in B$.

alle damit berechneten Größen usw. mit dem Attribut „bedingt". Es gilt dann also wieder (vgl. § 3.1) die Beziehung

$$\boldsymbol{P}(X, Y \in \mathfrak{M} \text{ und } X, Y \in \mathfrak{B}) = \boldsymbol{P}(X, Y \in \mathfrak{M} \mid \mathfrak{B})\, \boldsymbol{P}(B). \quad (11.2.2)$$

In einem besonderen Fall wird die bedingte Wahrscheinlichkeit auf Bedingungen B mit $\boldsymbol{P}(B) = 0$ ausgedehnt:

Ausgehend von der gemeinsamen Dichte von X, Y, Z definiert man die bedingte Dichte von X, Y „unter der Bedingung $Z = \zeta$" durch

$$p(\xi, \eta \mid Z = \zeta) \equiv p(\xi, \eta \mid \zeta) = \frac{p(\xi, \eta, \zeta)}{p(\zeta)}, \quad (11.2.3)$$

wobei $p(\zeta)$ die marginale Dichte von Z ist.

Es gilt dann in Analogie zu (11.2.2)

$$p(\xi, \eta, \zeta) = p(\xi, \eta \mid \zeta)\, p(\zeta). \quad (11.2.4)$$

Entsprechendes gilt für eine größere oder kleinere Anzahl von zufälligen Größen; auch als Bedingung können mehrere Größen auftreten. Aus den bedingten Dichten berechnet man, wie bei gewöhnlichen Dichten, die bedingten kumulativen Verteilungsfunktionen.

Diese bedingten kumulativen Verteilungsfunktionen existieren, wie man zeigen kann, für fast alle Werte von ζ und lassen sich auch so gewinnen:

$$F(\xi, \eta \mid Z = \zeta) = \lim_{h \to 0} \frac{\boldsymbol{P}(X < \xi,\ Y < \eta,\ \zeta \leqq Z < \zeta + h)}{\boldsymbol{P}(\zeta \leqq Z < \zeta + h)}. \quad (11.2.5)$$

Damit berechnet man z. B. leicht die bedingte Verteilung von

$$X_1 = Y_1,$$
$$X_2 = \sum_{\nu=1}^{n} c_{2\nu} Y_\nu,$$
$$\cdots\cdots\cdots$$
$$X_n = \sum c_{n\nu} Y_\nu$$

mit unabhängigen Y_ν, bei der Bedingung $X_1 = \xi$. Die bedingte kumulative Verteilungsfunktion wird

$$F(\xi_2, \ldots, \xi_n \mid X_1 = \xi) = \lim_{h \to 0} \frac{\boldsymbol{P}\left(\xi \leqq Y_1 < \xi + h,\ \sum_\nu c_{2\nu} Y_\nu < \xi_2, \ldots\right)}{\boldsymbol{P}(\xi \leqq Y_1 < \xi + h)}$$

$$\leqq \lim_{h \to 0} \frac{\boldsymbol{P}\left(\xi \leqq Y_1 < \xi + h;\ \sum_{\nu=2}^{n} c_{2\nu} Y_\nu < \xi_2 + (-\xi + h)\, c_{21}, \ldots\right)}{\boldsymbol{P}(\xi \leqq Y_1 < \xi + h)}$$

und ähnlich $\geqq$ mit $-$-Zeichen bei h.

Wegen der Unabhängigkeit der Y_i und nach Kürzen des Nenners also (an allen Stetigkeitsstellen der Verteilungsfunktion)

$$= \boldsymbol{P}\left(c_{21}\,\xi + \sum_{\nu=2} \breve{c}_{2\nu}\, Y_\nu < \xi_2, \ldots\right).$$

Dieses Ergebnis läßt sich auf nichtlineare Funktionen übertragen.

Aus den bedingten Dichten ergeben sich die bedingten Erwartungswerte. Der besondere Vorteil der Beschreibung mehrerer zufälliger Größen durch die Verteilungsfunktion von X_1 und die (immer existierenden) bedingten kumulativen Verteilungsfunktionen X_i bei $X_{i-1} = \xi_{i-1}, \ldots, X_1 = \xi_1$ liegt darin, daß keinerlei weitere Bedingungen (außer der jeweils eindimensionalen Monotonie) bestehen. Sind diese bedingten Verteilungen $F(\xi_i \mid \xi_1, \xi_2, \ldots, \xi_{i-1})$ nur von ξ_i und ξ_{i-1} abhängig, spricht man von MARKOFFschen Ketten. Haben die bedingten Verteilungen den Erwartungswert ξ_{i-1}, so spricht man von Martingalen.

Man nennt zwei Systeme von zufälligen Größen, $X_1, \ldots, X_r$ und $Y_1, \ldots, Y_s$ unabhängig, wenn die bedingte Verteilungsdichte der X unabhängig von den Werten der die Bedingung ergebenden Y ist; aus der Gl. (2.3) folgt dann die Darstellbarkeit der gemeinsamen Dichte als Produkt

$$p(X_1, \ldots, X_r; Y_1, \ldots, Y_s) = p(X_1, \ldots, X_r)\, p(Y_1, \ldots, Y_s), \qquad (11.2.6)$$

woraus wie in § 3 die Symmetrie der Unabhängigkeitsbeziehung folgt; außerdem erkennt man als äquivalente Bedingung die Produktzerlegbarkeit der kumulativen Verteilungsfunktion. Diese Faktorisierbarkeit

$$F(X_1, \ldots, Y_s) = F_x(X)\, F_y(Y) \qquad (11.2.7)$$

dient als Definition der Unabhängigkeit auch im Falle, daß keine Dichte existiert.

Die Ausdehnung auf Unabhängigkeit mehrerer Systeme erfolgt analog § 3.

Beispiel: Für spätere Betrachtungen nützlich ist folgendes. $X_1, \ldots, X_n$ seien unabhängige Größen, je mit der Dichte $f_\nu(\xi) = e^{-\xi}$ in $\xi \geqq 0$. Es soll die bedingte Verteilung unter der Bedingung $\sum_{\nu=1}^{n} X_\nu = h$ bestimmt werden. Um die Definition anwenden zu können, berechnen wir erst die gemeinsame Dichte von $X_1, \ldots, X_{n-1}$, $Z = \sum_1^n X_\nu$. Es wird

$$F(\xi_1, \ldots, \xi_{n-1}; \zeta) = \int\limits_{0 \leqq \alpha_1 \leqq \xi_1} \cdots \int\limits_{0 < \alpha_{n-1} < \xi_{n-1}} \int\limits_{\sum \alpha_\nu < \zeta} \prod_{\nu=1}^{n} f_\nu(\alpha_\nu)\, d\alpha_\nu$$

$$= \int\limits_{\alpha_1 < \xi_1} \cdots \int\limits_{\alpha_{n-1} < \xi_{n-1}} \prod_{\nu=1}^{n-1} f_\nu(\alpha_\nu)\, F_n\left(\zeta - \sum_{\nu=1}^{n-1} \alpha_\nu\right) d\alpha_1, \ldots, d\alpha_{n-1},$$

also

$$f(\xi_1, \ldots, \xi_{n-1}; \zeta) = \frac{\partial^n F}{\partial \xi_1 \ldots \partial \xi_{n-1} \partial \zeta} = \prod_{\nu=1}^{n-1} f_\nu(\xi_\nu)\, f_n\left(\zeta - \sum_{\nu=1}^{n-1} \xi_\nu\right).$$

In unserem Fall also

$$f(\xi_1, \ldots, \xi_{n-1}, \zeta) = e^{-\zeta} \quad \text{in} \quad \xi_\nu \geqq 0, \quad \sum_1^{n-1} \xi_\nu < \zeta.$$

Als marginale Dichte von Z ergibt sich (vgl. § 11.3) daraus

$$g(\zeta) = \int_{\xi_\nu \geqq 0} \cdots \int_{\sum_1^{n-1} \xi_\nu < \zeta} e^{-\zeta}\, d\xi_1 \ldots d\xi_{n-1} = e^{-\zeta} \cdot \text{Volumen des Tetraeders}$$
$$= e^{-\zeta} \frac{\zeta^{n-1}}{(n-1)!}.$$

Jetzt läßt sich die Definition für die bedingte Dichte ansetzen und ergibt

$$p\left(\xi_1, \ldots, \xi_{n-1} \,\middle|\, \sum_{\nu=1}^{n} X_\nu = h\right) = \frac{(n-1)!}{h^{n-1}}, \tag{11.2.8}$$

d. h. eine Konstante in dem Bereich

$$X_\nu \geqq 0; \qquad \sum_{\nu=1}^{n-1} X_\nu < h.$$

3. Rechnen mit Dichten

Der Erzeugung neuer zufälliger Größen aus gegebenen (d. h. solchen, deren Verteilung bekannt ist) entsprechen Transformationen der Dichten, die in den einfachsten und häufigsten Fällen als „kleines Einmaleins" studiert werden sollen.

Zunächst werde eine Größe X mit Dichte $f(\xi)$ betrachtet. Durch eine monoton wachsende Funktion $a(X)$ ergibt sich $Y = a(X)$; welche Verteilung hat Y? Es empfiehlt sich immer, den Weg über die kumulative Verteilungsfunktion zu gehen:

$$G(\eta) = \boldsymbol{P}(Y < \eta) = \boldsymbol{P}(a(X) < \eta) = \boldsymbol{P}(X < a^{-1}(\eta)) = F(a^{-1}(\eta))$$

(a^{-1} bezeichnet die Umkehrfunktion) ergibt durch Differentiation

$$g(\eta) = f(a^{-1}(\eta)) \frac{1}{a'(a^{-1}(\eta))}. \tag{11.3.1}$$

Bei nichtmonotonen Funktionen verläuft die Rechnung analog.

Beispiele:

$$a(\xi) = F_X(\xi)$$

ergibt

$$G(\eta) = F(F^{-1}(\eta)) = \eta,$$

d. h. die Konstantverteilung im Intervall $0 \leqq \eta \leqq 1$. Auf dieselbe Weise ergibt sich als Dichte von $a\,X + b$ $(a > 0)$ $\frac{1}{a} f\left(\frac{\eta - b}{a}\right)$.

Wenn zwei zufällige Größen X, Y gegeben sind, so interessieren besonders

$$S = X + Y, \quad T = X\,Y, \quad Q = \frac{X}{Y}.$$

Aus der gemeinsamen Verteilungsdichte $f(\xi, \eta) = f(\xi \mid \eta)\, g(\eta)$ ergeben sich hier:

a) für die Summe

$$F_S(h) = \boldsymbol{P}(S < h) = \iint\limits_{\xi+\eta<h} f(\xi, \eta)\, d\xi\, d\eta = \iint\limits_{\xi+\eta<h} f(\xi \mid \eta)\, g(\eta)\, d\xi\, d\eta$$

$$= \int F(h - \eta \mid \eta)\, g(\eta)\, d\eta;$$

also

$$f_S(h) = \int f(h - \eta \mid \eta)\, g(\eta)\, d\eta = \int f(h - \eta, \eta)\, d\eta. \qquad (11.3.2)$$

In dem besonderen Fall der Unabhängigkeit gilt demnach

$$f_S(h) = \int f(h - \eta)\, g(\eta)\, d\eta \quad \text{(Faltungsformel)}; \qquad (11.3.3)$$

b) für das Produkt

$$F_T(h) = \boldsymbol{P}(T < h) = \iint\limits_{\xi\eta<h} f(\xi, \eta)\, d\xi\, d\eta$$

$$= \iint\limits_{\eta>0;\, \xi<\frac{h}{\eta}} f(\xi, \eta)\, d\xi\, d\eta + \iint\limits_{\eta<0;\, \xi>\frac{h}{\eta}} f(\xi, \eta)\, d\xi\, d\eta$$

$$= \int\limits_{\eta>0} F\left(\frac{h}{\eta} \middle| \eta\right) g(\eta)\, d\eta + \int\limits_{\eta<0} \left(1 - F\left(\frac{h}{\eta} \middle| \eta\right)\right) g(\eta)\, d\eta,$$

also

$$f_T(h) = \int\limits_{\eta>0} f\left(\frac{h}{\eta} \middle| \eta\right) g(\eta)\, \frac{1}{\eta}\, d\eta + \int\limits_{\eta<0} f\left(\frac{h}{\eta} \middle| \eta\right) g(\eta) \left(-\frac{1}{\eta}\right) d\eta$$

$$= \int f\left(\frac{h}{\eta}, \eta\right) \frac{1}{|\eta|}\, d\eta. \qquad (11.3.4)$$

In dem besonderen Fall der Unabhängigkeit beider Faktoren also

$$f_T(h) = \int f_X\left(\frac{h}{\eta}\right) g_Y(\eta)\, \frac{1}{|\eta|}\, d\eta; \qquad (11.3.5)$$

c) für den Quotienten folgt analog

$$f_Q(h) = \int f(h\,\eta, \eta)\, |\eta|\, d\eta, \qquad (11.3.6)$$

im Falle der Unabhängigkeit von Zähler und Nenner also

$$f_Q(h) = \int f_X(h\,\eta)\, g_Y(\eta)\, |\eta|\, d\eta, \qquad (11.3.7)$$

wobei wie bei allen diesen und ähnlichen Rechnungen die Existenz der Integrale und die Legitimität der Operationen stillschweigend vorausgesetzt wird (man beachte, daß Produkt und Quotient selbst unabhängiger Größen mit Dichten nicht wieder eine Dichte besitzen müssen!).

4. Definition, Darstellung und Eigenschaften des Erwartungswertes

Für eine zufällige Größe X mit Verteilungsdichte $f(\xi)$ definieren wir in Analogie zur Formel (4.1.1) (unter Voraussetzung der absoluten Existenz des Integrals) als Erwartungswert

$$\boldsymbol{E}(X) = \int_{-\infty}^{\infty} \xi f(\xi)\, d\xi. \tag{11.4.1}$$

Dieser Ausdruck läßt sich umwandeln: durch partielle Integration folgt

$$\int_0^b \xi f(\xi)\, d\xi = [\xi(F(\xi) - 1)]_0^b + \int_0^b (1 - F(\xi))\, d\xi$$

$$= b(F(b) - 1) + \int_0^b (1 - F(\xi))\, d\xi; \tag{11.4.1 a}$$

analog

$$\int_{-a}^{0} \xi f(\xi)\, d\xi = a F(-a) - \int_{-a}^{0} F(\xi)\, d\xi.$$

Aus der Existenz des Integrals (4.1) folgt aber, daß für hinreichend großes ω bei $\omega < b < c$ gilt

$$\varepsilon > \int_b^c \xi f(\xi)\, d\xi \geqq \int_b^c b f(\xi)\, d\xi = b(F(c) - F(b)).$$

Mit $c \to \infty$ folgt

$$\varepsilon > b(1 - F(b)); \quad \text{d. h.} \quad \lim_{b \to \infty} b(1 - F(b)) = 0$$

entsprechend folgt

$$\lim_{a \to \infty} a F(-a) = 0$$

und aus (4.1 a) ergibt sich die Darstellungsformel

$$\boldsymbol{E}(X) = \int_0^{\infty} (1 - F(\xi))\, d\xi - \int_{-\infty}^{0} F(\xi)\, d\xi. \tag{11.4.2}$$

Beide Bestandteile lassen sich als Flächeninhalte unter bzw. über der Kurve $\eta = F(\xi)$ deuten: Abb. 2. Diese Darstellungsformel gilt auch im Fall diskreter Größen und kann als allgemeine Definition (ohne die Voraussetzung einer Dichte) verwendet werden.

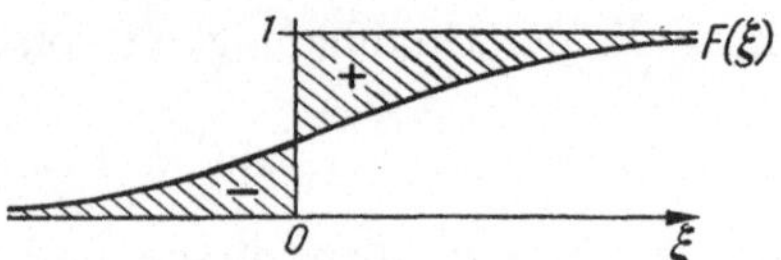

Abb. 2. Darstellung des Erwartungswertes als Differenz zweier Flächen

Besonders wichtig ist die Berechnung des Erwartungswertes $\boldsymbol{E}(Z)$ einer Größe Z, die selbst durch andere bekannte Größen gegeben ist:

$$Z = g(X, Y).$$

Wir berechnen zunächst die Verteilungsfunktion von Z:

$$H_Z(h) = \boldsymbol{P}(Z < h) = \iint\limits_{g(\xi,\eta) < h} f(\xi,\eta)\, d\xi\, d\eta.$$

Es gilt demnach für $\zeta > 0$ (wegen der Normierung)

$$1 - H_Z(\zeta) = \iint\limits_{g(\xi,\eta) \geqq \zeta} f(\xi,\eta)\, d\xi\, d\eta$$

und für $\zeta < 0$

$$H_Z(\zeta) = \iint\limits_{g(\xi,\eta) < \zeta} f(\xi,\eta)\, d\xi\, d\eta.$$

Einsetzen in die Darstellungsformel ergibt

$$\boldsymbol{E}(Z) = \iiint\limits_{\zeta \geqq 0;\, g(\xi,\eta) \geqq \zeta} f(\xi,\eta)\, d\xi\, d\eta\, d\zeta - \iiint\limits_{g(\xi,\eta) \leqq \zeta \leqq 0} f(\xi,\eta)\, d\xi\, d\eta\, d\zeta$$

nach Vertauschung der Integrationen

$$\boldsymbol{E}(Z) = \iint\limits_{g(\xi,\eta) \geqq 0} g(\xi,\eta) f(\xi,\eta)\, d\xi\, d\eta - \iint\limits_{g(\xi,\eta) < 0} (-g(\xi,\eta)) f(\xi,\eta)\, d\xi\, d\eta$$

$$= \iint g(\xi,\eta) f(\xi,\eta)\, d\xi\, d\eta. \qquad (11.4.3)$$

Diese Berechnungsformel für den Erwartungswert[1] ist, da von der Darstellungsformel (4.2) ausgegangen worden ist, unabhängig von der Annahme einer Dichte für Z.

Diese Berechnungsformel läßt unmittelbar folgende Eigenschaften erkennen:

Aus $Z \geqq 0$ folgt $\boldsymbol{E}(Z) \geqq 0$.

Aus $Z = c_1 Z_1 + c_2 Z_2$ folgt $\boldsymbol{E}(Z) = c_1 \boldsymbol{E}(Z_1) + c_2 \boldsymbol{E}(Z_2)$.

In dem besonderen Fall unabhängiger Größen X, Y gilt außerdem, da wegen

$$f(\xi,\eta) = f(\xi)\, g(\eta)$$

sich das Integral

$$\boldsymbol{E}(X\,Y) = \iint \xi\,\eta\, f(\xi)\, g(\eta)\, d\xi\, d\eta$$

als Produkt einfacher Integrale schreiben läßt,

$$\boldsymbol{E}(X\,Y) = \boldsymbol{E}(X)\, \boldsymbol{E}(Y).$$

[1] Sie läßt sich auch aus den Näherungssummen für das Erwartungswertintegral gewinnen.

Aus den bedingten Wahrscheinlichkeiten berechnet man analog bedingte Erwartungswerte. Zum Beispiel sei $f(\xi/\eta)$ die bedingte Dichte von X bei der Bedingung $Y=\eta$, so erhalten wir

$$\boldsymbol{E}(X/Y=\eta)=\int \xi\, f(\xi/\eta)\, d\xi,$$

was nach Ersetzen von η durch Y zu einer zufälligen Größe $\boldsymbol{E}(X/Y)$ führt. Man rechnet leicht nach, daß für jede Funktion $h(\eta)$ folgendes gilt:

$$\boldsymbol{E}\big(h(Y)\,\boldsymbol{E}(X/Y)\big)=\boldsymbol{E}\big(X\,h(Y)\big). \tag{11.4.4}$$

Weil aus dem Bestehen von $\int h(\eta)\,a(\eta)\,d\eta=0$ für alle Funktionen h folgt $a(\eta)\equiv 0$ (Hauptlemma der Variationsrechnung in der einfachsten Form; man braucht nur $h\equiv a$ zu setzen), ist der bedingte Erwartungswert durch (11.4.4) eindeutig bestimmt.

5. Varianz[1], Kovarianz, Gesetz großer Zahlen

Da Varianz und Kovarianz mittels des Erwartungsoperators gebildet werden, gelten die Definitionen und Regeln von § 4.4:

$$\operatorname{Var}(X)=\boldsymbol{E}\big((X-\boldsymbol{E}(X))^2\big)=\operatorname*{Min}_a \boldsymbol{E}(X-a)^2=\boldsymbol{E}(X^2)-(\boldsymbol{E}(X))^2,$$

$$\operatorname{Kov}(X,Y)=\boldsymbol{E}\big((X-\boldsymbol{E}(X))\,(Y-\boldsymbol{E}(Y))\big)=\boldsymbol{E}(XY)-\boldsymbol{E}(X)\,\boldsymbol{E}(Y);$$

es gilt die SCHWARZsche Ungleichung

$$|\operatorname{Kov}(X,Y)|^2\leqq \operatorname{Var}(X)\operatorname{Var}(Y),$$

und man definiert die „Unkorreliertheit" wie früher durch Kov $=0$. Auch die TSCHEBYSCHEFFsche Ungleichung gilt für Größen mit Dichten:

Sei zur Vereinfachung $\boldsymbol{E}(X)=0$ angenommen, dann wird nämlich

$$\begin{aligned}\operatorname{Var}(X)=\boldsymbol{E}(X^2)=\int \xi^2 f(\xi)\,d\xi &\geqq \int_{|\xi|\geqq a} \xi^2 f(\xi)\,d\xi \geqq \int_{|\xi|\geqq a} a^2 f(\xi)\,d\xi\\ &= a^2\,\boldsymbol{P}(|X|\geqq a).\end{aligned}$$

Unter Benutzung der in Analogie zu der Darstellungsformel des Erwartungswertes allgemeingültigen Beziehung

$$\boldsymbol{E}(X^2)=\int_0^\infty (1-F(\xi))\,2\xi\,d\xi-\int_{-\infty}^0 F(\xi)\,2\xi\,d\xi$$

folgt das auch allgemein:

$$\boldsymbol{E}(X^2)\geqq\int_0^a 2\xi(1-F(\xi))\,d\xi-\int_{-a}^0 2\xi\,F(\xi)\,d\xi;$$

[1] Wenn $\sigma^2=$ Varianz, nennt man σ die Standardabweichung, während als Streuung σ^2 oder σ bezeichnet wird.

wegen der Monotonie der Verteilungsfunktion ist dies

$$\geqq \int_0^a 2\xi(1-F(a))\,d\xi - \int_{-a}^0 2\xi\,F(-a)\,d\xi = (1-F(a))\,a^2 + a^2 F(-a)$$
$$= a^2\,\boldsymbol{P}(X \geqq a \quad \text{oder} \quad X < -a) \qquad \text{q. e. d.}$$

Bei Darstellung der betrachteten Größe durch Ur-Größen mit Dichte kommt man ohne diese Formeln aus:

$$\boldsymbol{E}(Z^2) = \iint |g(\xi,\eta)|^2 f(\xi,\eta)\,d\xi\,d\eta \geqq \iint\limits_{|g|\geqq a} g^2 f\,d\xi\,d\eta \geqq \iint\limits_{|g|\geqq a} a^2 f\,d\xi\,d\eta$$
$$= a^2\,\boldsymbol{P}(|Z| \geqq a).$$

Da das schwache Gesetz großer Zahlen (in der hier genannten Form) eine Folge dieser Beziehungen war, gilt auch dies Gesetz für die hier auftretenden Größen.

6. Kenngrößen von Verteilungen und Abschätzung von Verteilungsfunktionen

Den Verteilungen ordnet man auf viele Weisen Funktionen und Konstantenfolgen zu, die geeignet sind, die Verteilungen ganz oder — besonders, wenn man von den Konstantenfolgen nur einen Teil angibt — ungefähr zu beschreiben. Als *momentenerzeugende Funktion* bezeichnet man (die Existenz vorausgesetzt)

$$m(t) = \boldsymbol{E}(\exp(X\,t)), \tag{11.6.1}$$

deren Potenzreihenentwicklung

$$m(t) = \sum_{\nu=0}^{\infty} \frac{m_\nu}{\nu!}\,t^\nu,$$

die Momente[1]

$$m_\nu = \boldsymbol{E}(X^\nu)$$

verwendet. Aus der Unabhängigkeit zweier zufälliger Größen X, Y mit momentenerzeugenden Funktionen m_X bzw. m_Y ergibt sich

$$m_{X+Y}(t) = m_X(t)\,m_Y(t) \tag{11.6.2}$$

und also durch Koeffizientenvergleich die auch direkt leicht zu bestätigende Regel

$$m_\nu(X+Y) = \sum_{\lambda=0}^{\nu} \binom{\nu}{\lambda} m_{\nu-\lambda}(X)\,m_\lambda(Y).$$

---

[1] Selbst wenn alle Momente existieren, bestimmen sie nicht immer die Verteilung. Zum Beispiel ergeben die beiden Dichten $f(\xi) = \exp(-\xi^{1/4})$ ($\xi > 0$; sonst $f(\xi) = 0$) und $f(\xi) = \exp(-\xi^{1/4})\,\{1 + \sin(\xi^{1/4})\}$ ($\xi \geqq 0$ sonst $f = 0$) dieselben Momente, weil $\int_0^\infty \xi^n \exp(-\xi^{1/4}) \sin(\xi^{1/4})\,d\xi = 0$ ist.

Die Multiplikationsregel (6.2) legt es nahe, durch Logarithmieren zu Hilfsgrößen zu kommen, die sich addieren bei Addition unabhängiger Größen: Man definiert als *kumulantenerzeugende Funktion*

$$k(t) = \log m(t), \tag{11.6.3}$$

deren Potenzreihenentwicklung

$$k(t) = \sum_{\nu=1}^{\infty} \frac{k_\nu}{\nu!} t^\nu$$

die *Kumulanten* definiert. Offenbar gilt

$$k_{X+Y}(t) = k_X(t) + k_Y(t)$$

und deshalb auch

$$k_\nu(X + Y) = k_\nu(X) + k_\nu(Y). \tag{11.6.4}$$

Der Zusammenhang mit den Momenten läßt sich durch ein Formelsystem leicht beschreiben; es gilt ja

$$k'(t)\, m(t) = m'(t)$$

und der Koeffizientenvergleich liefert das rekursive Gleichungssystem

$$k_{n+1} = m_{n+1} - \sum_{\nu=0}^{n-1} \binom{n}{\nu} m_{n-\nu}\, k_{\nu+1},$$

aus dem man z. B. erhält:

$$k_1 = m_1$$

$$k_2 = m_2 - m_1^2$$

$$k_3 = m_3 - 3m_1 m_2 + 2m_1^3$$

$$k_4 = m_4 - 3m_2^2 - 4m_1 m_3 + 12 m_1^2 m_2 - 6m_1^4.$$

Geht man von der zufälligen Größe X zu $Z = a X + b$ über, so gilt offenbar folgende Transformationsregel:

$$m_Z(t) = e^{bt}\, m_X(a\,t)$$

und deswegen

$$k_Z(t) = b\,t + k_X(a\,t) \tag{11.6.5}$$

also

$$k_1(Z) = b + a\, k_1(X),$$

$$k_\nu(Z) = a^\nu\, k_\nu(X) \qquad (\nu \geqq 2).$$

Deshalb nennt man die Kumulanten auch *Semi-Invarianten.*

Als Verallgemeinerung der erzeugenden Funktionen der ganzzahligen zufälligen Größen (Partitionenfunktion der statistischen Mechanik) definiert man

$$n(t) = \boldsymbol{E}(t^X).$$

Bei ganzzahligen Größen gilt die Potenzreihenentwicklung

$$n(t) = \sum_{\nu=0}^{\infty} \frac{n_\nu}{\nu!} t^\nu \tag{11.6.6}$$

mit $n_\nu/\nu! = \boldsymbol{P}(X = \nu)$, während die Umordnung um $t = 1$ die faktoriellen Momente $m_{[\nu]} = \boldsymbol{E}(X(X-1)\ldots(X-(\nu-1)))$ als Entwicklungskoeffizienten enthält:

$$n(t) = \sum_{\nu=0}^{\infty} \frac{m_{[\nu]}}{\nu!} (t-1)^\nu. \tag{11.6.7}$$

Besonders wichtig ist die FOURIER-Transformierte

$$\varphi(t) = \boldsymbol{E}(\exp(i\,t\,X)), \tag{11.6.8}$$

da sie im Gegensatz zu den anderen Funktionen immer (für alle reellen t) existiert und die Verteilung sogar eindeutig bestimmt; deshalb wird sie oft *charakteristische Funktion* genannt.

Im Falle mehrdimensionaler Verteilungen überträgt sich vieles; insbesondere bestehen die gemischten Momente

$$m_{\nu,\mu} = \boldsymbol{E}(X^\nu Y^\mu),$$

die in der Entwicklung der momentenerzeugenden Funktion

$$m(u, v) = \boldsymbol{E}(\exp(u\,X + v\,Y))$$

auftreten.

Um aus Kenngrößen einer Verteilung, wie z. B. einigen derer Momente, Aussagen über die Verteilungsfunktion zu gewinnen, bedient man sich einer einfachen Überlegung: gilt überall $g(\xi) \leqq h(\xi)$, so ist offenbar $\boldsymbol{E}(g(X)) \leqq \boldsymbol{E}(h(X))$, und das Bestehen der ersten Ungleichung braucht natürlich nicht gefordert werden in Bereichen, für die $p(\xi)$, die Dichte von X, verschwindet.

Sei z. B. $m = \boldsymbol{E}(X) = 0$ und $\sigma^2 = \mathrm{Var}(X)$ gegeben. Dann benutzen wir mit einem beliebigen $a > 0$ die Funktion

$$h(\xi) = \left(\frac{\sigma^2 + a\,\xi}{\sigma^2 + a^2}\right)^2 \geqq 0.$$

Für diese gilt in $\xi \geqq a$ sogar $h(\xi) \geqq 1$, so daß mit $g(\xi) = I_{\xi \geqq a}$ gilt $g(\xi) \leqq h(\xi)$ und nach der allgemeinen Überlegung folgt

$$\boldsymbol{P}(X \geqq a) = \boldsymbol{E}(g(X)) \leqq \boldsymbol{E}(h(X)) = \frac{\sigma^2}{a^2 + \sigma^2}.$$

Ohne die vereinfachende Annahme $m = 0$ erhalten wir damit die Abschätzung von CANTELLI:

$$F(a) \geqq \frac{(a-m)^2}{\sigma^2 + (a-m)^2} \qquad (a > m).$$

Analog ergibt sich

$$F(a) \leqq \frac{\sigma^2}{\sigma^2 + (a-m)^2} \qquad (a < m . \tag{11.6.9}$$

Weiß man außer den ersten beiden Momenten noch, daß $X \geqq 0$ gilt, d. h. $f(\xi) = 0$ für $\xi \leqq 0$ gilt, so kann man Vergleichsfunktionen wählen, die nur für $\xi \geqq 0$ den verlangten Ungleichungen genügen müssen.

Gilt $\sigma^2 + m^2 > a\,m$, so ist die günstigste Parabel die ohne quadratisches Glied

$$h(\xi) = \frac{\xi}{a}.$$

Damit ergibt sich die, wegen Ausnutzung der Kenntnis $X \geqq 0$ bei $a > m$ gegenüber (6.9) günstigere Abschätzung

$$F(a) \geqq \frac{a-m}{a}.$$ [1]

Auch die TSCHEBYSCHEFFsche Ungleichung ist eine Folge derartiger Überlegungen. Wir behandeln gleich deren Verallgemeinerung von KOLMOGOROFF.

Die zufälligen Größen $X_1, \ldots, X_n$ mit Erwartungswerten Null mögen verschwindende bedingte Erwartungswerte haben[2]

$$\boldsymbol{E}(X_1) = 0, \qquad \boldsymbol{E}(X_2 \mid X_1) = 0, \ldots, \qquad \boldsymbol{E}(X_n \mid X_1, X_2, \ldots, X_{n-1}) = 0$$

(z. B. wenn sie unabhängig sind); ihre Varianzen seien

$$\sigma_i^2 = \mathrm{Var}(X_i)$$

mit der Summe

$$s_n^2 = \sum_{i=1}^{n} \sigma_i^2 = \mathrm{Var}\Big(\sum_{\nu=1}^{n} X_\nu\Big).$$

Betrachtet wird das Ereignis

$$A = \Big\{\max_{i=1,\ldots,n} \Big|\sum_{\nu=1}^{i} X_\nu\Big| > \varepsilon\Big\}.$$

Offenbar läßt es sich darstellen als Vereinigung der disjunkten Ereignisse

$$A_i = \Big\{\Big|\sum_{\nu=1}^{k} X_\nu\Big| > \varepsilon \quad \text{zum ersten Mal für} \quad k = i\Big\}.$$

Durch Betrachtung der Funktion

$$h(\xi_1, \ldots, \xi_n) = \frac{1}{\varepsilon^2}\Big(\sum_{i=1}^{n} \xi_i\Big)^2,$$

für die offenbar

$$\boldsymbol{E}\big(h(X_1, \ldots, X_n)\big) = \frac{s_n^2}{\varepsilon^2}$$

---

[1] Die Optimalität derartig gewonnener Schranken hat H. RICHTER gezeigt (Zur Abschätzung von Erwartungswerten. Z. angew. Math. Mech. 36 (1956) 266). Vgl. auch den Anhang.

[2] Die Partialsummen bilden ein Martingal.

gilt, aber in der A_i zugeordneten Menge $(\xi_1, \ldots, \xi_i) \in A_i$

$$E\big(h(X) \mid X_1 = \xi_1, \ldots, X_i = \xi_i\big) \geqq 1$$

erfüllt (Beweis!), erkennt man

$$\frac{s_n^2}{\varepsilon^2} = \int \cdots \int h(\xi_1, \ldots, \xi_n)\, p(\xi_1, \ldots, \xi_n)\, d\xi_1, \ldots, d\xi_n$$

$$\geqq \sum_{i=1}^{n} \underbrace{\int \cdots \int}_{A_i} h(\xi_1, \ldots, \xi_n)\, p(\xi_{i+1}, \ldots, \xi_n \mid \xi_1, \ldots, \xi_i)\, p(\xi_1, \ldots, \xi_i)\, d\xi$$

$$= \sum_{i=1}^{n} \iint_{A_i} E\big(h(X) \mid \xi_1, \ldots, \xi_i\big)\, p(\xi_1, \ldots, \xi_i)\, d\xi \geqq \sum_{i=1}^{n} \iint_{A_i} p(\xi)\, d\xi$$

$$= \sum_{i=1}^{n} P(A_i) = P(A).$$

Diese Ungleichung

$$P\Big(\underset{i=1,\ldots,n}{\mathrm{Max}} \Big| \sum_{\nu=1}^{i} X_\nu \Big| > \varepsilon\Big) \leqq \frac{s_n^2}{\varepsilon^2} \qquad (11.6.10)$$

ist die KOLMOGOROFFsche Ungleichung.

7. Charakterisierung mehrdimensionaler Verteilungen durch eindimensionale

Es ist interessant und für die Ausdehnung von Erkenntnissen über eindimensionale Größen auf mehrere Dimensionen wichtig, daß man die gemeinsame Verteilung von $X_1, \ldots, X_n$ durch die Verteilungen aller Linearkombinationen $\sum_{\nu=1}^{n} a_\nu X_\nu$ (alle möglichen Wertesysteme für die $a_1, \ldots, a_n$) festlegen kann[1]. Unter der hier überall gemachten Annahme von Dichten[2] beweisen wir dazu folgenden Satz (RADON-HERGLOTZ): Verschwindet das Integral über jede $(n-1)$-dimensionale Hyperebene im R^n für eine Funktion $f(\xi_1, \ldots, \xi_n)$, so ist diese Funktion selbst Null. Gäbe es nun zwei Dichten g und h für $X_1, \ldots, X_n$, für die $\sum_\nu a_\nu X_\nu$ dieselbe Verteilung hätten, so ergibt dieser Satz, angewendet auf die Differenz $g - h$ die Gleichheit von g und h. Zum Beweis, der mittels der in dieser Darstellung vermiedenen FOURIER-Transformation ganz einfach wird, betrachten wir für $n = 3$ einen

[1] Der Satz wird meistens nach H. CRAMÉR und H. WOLD [J. London Math. Soc. 11 (1936) 290] benannt; in anderer Form findet er sich bei J. RADON [Ber. Verh. Sächs. Akad. Wiss. Leipzig, Math.-Nat. Kl. 69 (1917) 262—277] und G. HERGLOTZ.

[2] Der allgemeine Fall läßt sich durch Glättung mit kugelsymmetrischen Gewichtsfunktionen darauf zurückführen.

festen Punkt, zur Vereinfachung den Nullpunkt, und studieren einerseits die Mittelwerte $\bar{f}(a)$ der Funktion f auf Kugeln um den Nullpunkt vom Radius a, andererseits die Integrale $g_a(\omega)$ von f auf Ebenen, auf die das Lot vom Nullpunkt die Länge a und die Richtung ω hat. Wir integrieren mit dem auf $\iint d\omega = 1$ normierten Winkelmaß und erhalten, da sich wegen der Kugelsymmetrie die Integration über Punkte mit gleichem Abstand durch $\bar{f}(a)$ zusammenfassen läßt,

$$g_a \equiv \iint g_a(\omega)\, d\omega = \int_{r=a}^{\infty} \bar{f}(r)\, \varphi_a(r)\, dr \tag{11.7.1}$$

mit einer noch zu bestimmenden, universellen (d. h. von f unabhängigen) Funktion $\varphi_a(r)$. Um diese festzulegen wählen wir $f = 1$ in einer Kugel vom Radius b $(> a)$ um den Nullpunkt, sonst $f = 0$. Das ergibt $\bar{f}(r) = 1$ für $r < b$, $\bar{f}(r) = 0$ für $r > b$ und $g_a(\omega) = 4\pi(b^2 - a^2)$ unabhängig von ω, so daß auch $g_a = 4\pi(b^2 - a^2)$ wird.

Einsetzen in (7.1) und Differentiation nach b ergibt

$$\varphi_a(b) = 8\pi\, b,$$

d. h.

$$g_a = \int_{r=a}^{\infty} 8\pi\, r\, \bar{f}(r)\, dr,$$

woraus sich durch Differentiation nach a ergibt

$$8\pi\, a\, \bar{f}(a) = -g_a'.$$

Aus der Funktion g_a, die sich aus den nach Voraussetzung verschwindenden Integralen über Ebenen zu Null ergibt, ergeben sich also alle Kugelmittel $\bar{f}(a) = 0$ und aus Stetigkeitsgründen $f = 0$ im Nullpunkt. Dieselbe Betrachtung gilt in jedem anderen Punkt, womit die Behauptung für $n = 3$ bewiesen ist.

Für $n = 2$ gilt der Satz deswegen auch, denn aus $f(\xi, \eta)$, für das die Integrale über alle Geraden verschwinden, läßt sich mit einer beliebigen Dichte $g(\zeta)$ eine Funktion $f(\xi, \eta)\, g(\zeta)$ aufschreiben, für die die Integrale über jede Ebene verschwinden!

Die Fälle mit $n \geqq 3$ lassen sich auf $n = 2$ zurückführen: Denn $\sum_{\nu=1}^{n} a_\nu X_\nu = \sum_{\nu=1}^{n-1} a_\nu X_\nu + a_n X_n$ bestimmt [bei allen Werten von a_n und Werten $a_\nu = \tau\, a_\nu^{(0)}$ $(\nu = 1, \ldots, n-1;\ a_\nu^{(0)}$ fest)] danach die gemeinsame Verteilung von $\sum_{\nu=1}^{n-1} a_\nu X_\nu$ und X_n. Auf die bedingte Verteilung von $\sum_{\nu=1}^{n-1} a_\nu X_\nu$

bei festem X_n läßt sich dann der Satz mit $(n-1)$ statt n anwenden; somit gilt er allgemein.

Ein später benötigter verwandter Konvergenzsatz findet sich als Aufgabe 11.

Aufgaben

1. Man beweise

a) $\boldsymbol{E}[\boldsymbol{E}(\cdots \mid X)] = \boldsymbol{E}(\cdots)$.
b) $\boldsymbol{E}[\mathrm{Var}(Z \mid X)] + \mathrm{Var}[\boldsymbol{E}(Z \mid X)] = \mathrm{Var}(Z)$.

2. Man zeige $\mathrm{Kov}(U, V) = \int\int_{-\infty}^{+\infty} \mathrm{Kov}(S(s), T(t))\, ds\, dt$ mit $S(s) = I_{U \geqq s}$, $T(t) = I_{V \geqq t}$.

3. Durch Anwendung der SCHWARZschen Ungleichung auf X/Y und Y, sowie der Voraussetzung $|X/Y| \leqq k$ (also auch $\mathrm{Var}(X/Y) \leqq k^2$) folgere man die Abschätzung

$$\left|\boldsymbol{E}\left(\frac{X}{Y}\right) - \frac{\boldsymbol{E}(X)}{\boldsymbol{E}(Y)}\right| \leqq \frac{k\sqrt{\mathrm{Var}(Y)}}{|\boldsymbol{E}(Y)|}.$$

4. Für unabhängige Größen mit derselben Verteilung, für die der Erwartungswert existiert, beweise man

$$\lim_{n\to\infty} \frac{1}{n} \boldsymbol{E}\left(\max_{1,\ldots,n} |X_\nu|\right) = 0.$$

5. Für unabhängige Größen X, Y mit Verteilungsfunktionen F bzw. G beweise man

$$\boldsymbol{E}(|X - Y|) = \int_{-\infty}^{\infty} [1 - F(\xi)]\, G(\xi)\, d\xi + \int_{-\infty}^{\infty} (1 - G(\xi))\, F(\xi)\, d\xi.$$

Im Spezialfall $F = G$ läßt sich diese Größe deuten als vierfacher Flächeninhalt zwischen der LORENTZ-Kurve der Verteilung $\left(x = \int_{-\infty}^{\xi} f(\eta)\, d\eta,\ y = \int_{-\infty}^{\xi} \eta f(\eta)\, d\eta\right)$ und der Sehne zwischen deren beiden Endpunkten: GINI-Mittel der Verteilung.

6. In Analogie zu der KOLMOGOROFFschen Ungleichung beweise man durch Benutzung der Hilfsfunktion

$$h(\xi) = \frac{\left(\varepsilon \sum_{i=1}^{n} \xi_i + s_n^2\right)^2}{(\varepsilon^2 + s_n^2)^2}$$

die MARSHALLsche Ungleichung[1] für Martingale (Verallgemeinerung der CANTELLIschen Ungleichung) mit $\boldsymbol{E}(X_\nu) = 0$:

$$\boldsymbol{P}\Big(\underset{i=1,\dots,n}{\operatorname{Max}} \sum_{\nu=1}^{i} X_\nu > \varepsilon\Big) \leqq \frac{s_n^2}{\varepsilon^2 + s_n^2}.$$

7. Man folgere aus der Tatsache, daß für eine konvexe Funktion $f(x)$ bei jedem a eine Stützgerade (i. allg. Tangente $y = f(a) + (x-a) f'(a)$) mit $f(x) \geqq A + B x$; $f(a) = A + B a$ existiert, daß

$$f(\boldsymbol{E}(X)) \leqq \boldsymbol{E}(f(X))$$

gilt (*Anleitung:* Man wähle $a = \boldsymbol{E}(X)$).

8. Man beweise für jede zufällige Größe $X > 0$

$$\boldsymbol{E}(X) \geqq \frac{1}{\boldsymbol{E}(1/X)}$$

(*Anleitung:* SCHWARZsche Ungleichung).

9. Mit unabhängigen $(0, 1)$-konstantverteilten X_i werde definiert

$$N = \inf\Big\{\nu \,\Big|\, \sum_{i=1}^{\nu} X_i \geqq 1\Big\}.$$

Man berechne $\boldsymbol{E}(N)$.

Lösung: Mit $\boldsymbol{P}\Big(\sum_1^\nu X_i \leqq 1\Big) = 1/\nu!$ und $\boldsymbol{P}(N > \nu) = \boldsymbol{P}\Big(\sum_1^\nu X_i \leqq 1\Big)$ folgt

$$\boldsymbol{E}(N) = \sum_{\nu=0} \boldsymbol{P}(N > \nu) = e.$$

10. Für unabhängige $(0, 1)$-konstantverteilte X_i berechne man die Verteilung F_n von $\sum_{i=1}^{n} X_i$.

Anleitung: 1. Weg. Im n-dimensionalen Bereich $0 \leqq \xi_\nu$, $\sum_{\nu=1}^{n} \xi_\nu < \xi$ wende man die POINCARÉ-SYLVESTERschen Formeln auf die euklidische Inhaltsfunktion $\boldsymbol{P}^*$ und die Mengen $A_\nu = \{\xi_\nu \geqq 1\}$ an; es folgt

$$F_n(\xi) = \boldsymbol{P}\Big(\sum_{i=1}^{n} X_i < \xi\Big) = \boldsymbol{P}^* \text{ (keines der } A_\nu)$$

$$= \frac{1}{n!}\Big\{\xi^n - \binom{n}{1}(\xi-1)^n + \binom{n}{2}(\xi-2)^n - + \cdots\Big\}.$$

2. Weg. Man bestätigt für

$$F_n(\xi) = \frac{1}{n!} \sum_{0 \leqq \nu < \xi} \binom{n}{\nu} (-1)^\nu (\xi - \nu)^n$$

[1] MARSHALL, A. W.: A one-sided analogy of Kolmogorov inequality. Ann. Math. Stat. 31 (1962) 483—487.

die Rekursionsformel

$$F'_{n+1}(\xi) = F_n(\xi) - F_n(\xi - 1).$$

11. Man beweise folgenden Konvergenzsatz (benötigt in § 16): Aus

$$\lim_{\nu\to\infty} \boldsymbol{P}\Big(\sum_{i=1}^{n} a_i\, X_i^{(\nu)} < h\Big) = \boldsymbol{P}\Big(\sum_{i=1}^{n} a_i\, Y_i < h\Big)$$

(für alle a_i, h) folgt [falls die Y_i eine Dichte besitzen]

$$\lim_{\nu\to\infty} \boldsymbol{P}(X_1^{(\nu)} < h_1, \ldots, X_n^{(\nu)} < h_n) = \boldsymbol{P}(Y_1 < h_1, \ldots, Y_n < h_n).$$

Anleitung: Durch Glättung führe man alles auf den Fall zurück, wo die auftretenden Verteilungsfunktionen gleichmäßig stetig sind; Auswahlbetrachtung und Eindeutigkeitssatz von RADON-CRAMÉR-WOLD verwenden!

12. Die Größe Λ habe eine χ^2-Verteilung mit k Freiheitsgraden; für jedes $\Lambda = \lambda$ habe N eine POISSON-Verteilung mit Parameter λ. Welche unbedingte Verteilung ergibt sich für N?

13. Gegeben seien n unabhängige Größen $X_1, \ldots, X_n$ mit derselben Verteilungsdichte $f(\xi)$. Welches ist die bedingte Verteilungsdichte von n' dieser X_i bei der Bedingung: n_1 der X_i liegen in $\xi \leqq a$, n_2 liegen in $a < \xi$ ($n_1 + n_2 < n$; a, n_1, n_2 bekannt)?

14. In Analogie zur Darstellung des Erwartungswertes zeige man

$$\frac{1}{k} m_k = \int_0^\infty \xi^{k-1}(1 - F(\xi))\, d\xi - \int_{-\infty}^0 \xi^{k-1} F(\xi)\, d\xi.$$

14. Was folgt aus $\boldsymbol{P}\left(\left|\frac{X}{y} - 1\right| < \varepsilon\right) \geqq 1 - \delta$ und $\boldsymbol{P}(Y < h) = F(h)$ für die Verteilung von X?

15. Man stelle die BAYESsche Formel (vgl. § 3.3) auf, wenn X eine Dichte hat und Y die Werte $i = 1, 2, \ldots$ annimmt:

$$\boldsymbol{P}(Y = i \mid X = \xi) = \frac{f(\xi/i)\, p_i}{\sum_j f(\xi/j)\, p_j}$$

[diese Formel hat auch Sinn, wenn $f(\xi/i)$ keine Wahrscheinlichkeit ist, sondern als „Vorbewertung“ zwar $\geqq 0$ ist, aber kein endliches Integral hat].

§ 12. Die empirische Verteilungsfunktion unabhängiger Größen mit derselben Verteilung

1. Der Zentralsatz der Statistik (Glivenko-Cantelli)

Entsprechend dem Gesetz großer Zahlen für viele unabhängige *Ereignisse* und der sich daran anschließenden anschaulichen Häufigkeitsinterpretation der Wahrscheinlichkeit, sucht man eine Deutung auch bei zufälligen *Größen*. Dazu bildet man aus n unabhängigen Größen $X_1, \ldots, X_n$ mit derselben stetigen Verteilungsfunktion $F(\xi)$ die „empirische Verteilungsfunktion"

$$F_n^*(\xi) = \frac{1}{n}\,(\text{Anzahl der } X_\nu < \xi) = \frac{1}{n} \sum_{\nu=1}^{n} I_{X_\nu < \xi}. \tag{12.1.1}$$

Es handelt sich hierbei also (zum ersten Mal in diesem Buch) um eine zufällige Funktion, und zwar eine Treppenfunktion, die an den Stellen $\xi = X_1, \ldots, X_n$ Sprünge der Höhe $1/n$ hat.

Bei festgehaltener Argumentstelle ξ ist der Funktionswert $F_n^*(\xi)$ eine gewöhnliche zufällige Größe, die als arithmetisches Mittel der unabhängigen Indikatorgrößen $I_{X_\nu < \xi}$ mit gleicher Verteilung und dem Erwartungswert

$$\boldsymbol{E}(I_{X_\nu < \xi}) = \boldsymbol{P}(X_\nu < \xi) = F(\xi)$$

dargestellt ist. Wegen des Gesetzes der großen Zahlen gilt deshalb bei $n \to \infty$

$$F_n^*(\xi) \overset{\boldsymbol{P}}{\to} F(\xi)$$

ausführlich

$$\boldsymbol{P}(|F_n^*(\xi) - F(\xi)| < \varepsilon) \to 1 \qquad \text{(bei festem } \xi). \tag{12.1.2}$$

Es bildet eine wichtige Grundlage für die Bestimmung der evtl. unbekannten Funktion $F(\xi)$, daß sogar folgendes gilt (Zentralsatz der Statistik):

$$\boldsymbol{P}\Big(\sup_{\xi} |F_n^*(\xi) - F(\xi)| < \varepsilon\Big) \to 1. \tag{12.1.3}$$

Dazu genügt es, einzusehen, daß aus

$$|F_n^*(\xi_i) - F(\xi_i)| < \varepsilon$$

an endlich vielen Stellen ξ_i auf das Bestehen der gleichmäßigen Abschätzung

$$|F_n^*(\xi) - F(\xi)| < 2\varepsilon \tag{12.1.3a}$$

für alle ξ geschlossen werden kann. Denn die Aussage des Gesetzes großer Zahlen

$$\boldsymbol{P}\{|F_n^*(\xi_i) - F(\xi_i)| < \varepsilon\} > 1 - \delta$$

für jedes ξ_i ergibt nach den allgemeinen Rechenregeln, daß

$$\boldsymbol{P}\{|F_n^*(\xi_i) - F(\xi_i)| < \varepsilon \quad \text{für} \quad i = 1, \ldots, m\} > 1 - m\,\delta \qquad (12.1.4)$$

ist, bei geeignetem δ also beliebig nahe der 1 kommt.

Um (1.3a) aus (1.4) zu folgern, wählen wir die ξ_i so, daß $\xi_i < \xi_{i+1}$ und $F(\xi_{i+1}) - F(\xi_i) < \varepsilon$ bzw. $F(\xi_1) < \varepsilon$, $F(\xi_m) > 1 - \varepsilon$ gilt. Dann folgt für $\xi_i \leqq \xi < \xi_{i+1}$ aus der Monotonie der beiden Funktionen F_n^* und F, daß

$$F_n^*(\xi_i) \leqq F_n^*(\xi) \leqq F_n^*(\xi_{i+1})$$

$$-F(\xi_{i+1}) \leqq -F(\xi) \leqq -F(\xi_i)$$

gilt, zusammen mit (1.4) also die Behauptung (1.3).

Der Satz ergibt ein Verfahren, die unbekannte Verteilungsfunktion zu „schätzen“, wenn unabhängige Größen mit dieser Verteilung zur Verfügung stehen.

Wenn weitere unabhängige Größen $Y_1, \ldots, Y_m$ mit der Verteilungsfunktion G vorhanden sind, so gilt, wie man auf Grund gleichartiger Überlegungen aus dem Zentralsatz der Statistik folgert

$$\boldsymbol{P}\left\{\sup_{\xi} |F_n^*(\xi) - G_m^*(\xi)| < \varepsilon\right\} \to 0 \quad \text{bzw.} \quad \to 1$$

bei $n, m \to \infty$ je nachdem, ob $F \neq G$ oder $F \equiv G$ ist.

2. Rechnerische Behandlung und graphische Darstellung

Aus der empirischen Verteilungsfunktion F_n^* kann man, wie von jeder Verteilungsfunktion, Kenngrößen, wie die Momente ableiten, die jetzt natürlich zufällige Größen sind:

$$M_k = k\text{-tes Moment (von } F_n^*) = \frac{1}{n} \sum_{\nu=1}^{n} X_\nu^k .$$

Da die einzelnen Summanden unabhängig sind und gleiche Verteilung haben, gilt (unter den stillschweigend gemachten Annahmen hinreichender Regularität, in diesem Fall Existenz geeigneter Momente von F)

$$\boldsymbol{E}(M_k) = m_k, \qquad M_k \xrightarrow{\text{n. W.}} m_k \qquad (n \to \infty).$$

Dieser Sachverhalt kann praktisch dazu dienen, die unbekannten Momente m_k und damit evtl. in Betracht kommende Verteilungen F, soweit sie durch einige der Momente festgelegt wird, aus den Beobachtungen zu schätzen.

Für die praktische Berechnung von Momenten aus Beobachtungswerten verwendet man oft nicht deren Größen selbst, sondern deren relative Häufigkeiten in — üblicherweise gleich großen — Intervallen der ξ-Achse[1]. Durch derartiges Zusammenschieben der Werte eines

[1] Durch Abrunden entsteht derselbe Einfluß.

Intervalls der Länge h auf dessen Mittelpunkt, verändern sich die Momente, und diese Veränderungen können durch eine Korrektur näherungsweise berichtigt werden (SHEPPARDS Korrektur). Dazu gilt folgender Satz: Hat eine Verteilungsdichte $f(\xi)$ die Momente m_k, so gilt für die Momente der durch Zusammenschieben auf die Mittelpunkte der Intervalle der Länge h entstandenen Dichte

$$\hat{f}(\xi) = \frac{1}{h} \int\limits_{\xi-\frac{h}{2}}^{\xi+\frac{h}{2}} f(\eta)\, d\eta, \tag{12.2.1}$$

daß ihre Momente $\hat{m}_k$ den Beziehungen

$$\hat{m}_1 = m_1, \qquad \hat{m}_2 = m_2 + \frac{h^2}{12} \tag{12.2.2}$$

genügen, und deshalb gilt auch für die diskrete Verteilung mit

$$\boldsymbol{P}(X = \nu h) = \hat{f}_\nu = \hat{f}(\nu h),$$

daß deren Momente $\overline{m}_k$ denselben Beziehungen

$$\begin{aligned} \overline{m}_1 &\equiv \sum \nu h \hat{f}_\nu \approx m_1 \\ \overline{m}_2 &\equiv \sum (\nu h)^2 \hat{f}_\nu \approx m_2 + \frac{h^2}{12} \end{aligned} \tag{12.2.3}$$

näherungsweise genügen.

Zum Beweis der letzten Aussage approximieren wir eine Funktion $g(\xi)$ durch eine Parabel durch $g_{\nu-1}$, g_ν, $g_{\nu+1}$ mit $g_\nu = g(\nu h)$ und verwenden bei $|\xi| \leqq h/2$:

$$g(\nu h + \xi) = g_\nu + \frac{g_{\nu+1} - g_{\nu-1}}{2h}\, \xi + \frac{g_{\nu+1} + g_{\nu-1} - 2g_\nu}{2h^2}\, \xi^2 + (h^3)\, g'''.$$

Dann folgt

$$\int\limits_{-h/2}^{+h/2} g(\nu h + \xi)\, d\xi = h g_\nu + \frac{g_{\nu+1} + g_{\nu-1} - 2g_\nu}{2h^2}\, \frac{h^3}{12} + (h^4)\, g''',$$

und man erhält

$$\int\limits_{-\infty}^{\infty} g(\xi)\, d\xi = \sum_{-\infty}^{+\infty} \int\limits_{-h/2}^{+h/2} g(\nu h + \xi)\, d\xi = h\left[\sum g_\nu + \sum \frac{g_\nu + g_\nu - 2g_\nu}{2}\, \frac{1}{12}\right] +$$
$$+ (h^4)\, g''' = h\left(\sum g_\nu\right) + (h^4)\, g''', \tag{12.2.4}$$

d. h., das Integral kann näherungsweise durch die (RIEMANNsche) Summe ersetzt werden[1]. Angewendet auf $g(\xi) = \xi^k \hat{f}(\xi)$ ergeben sich die Aussagen $\overline{m}_k \approx \hat{m}_k$.

[1] Genauere Betrachtung und Fehlerangabe in allen Darstellungen der EULER-McLAURINschen Summenformeln.

Um die Aussagen (2.2) der SHEPPARDschen Korrektur zu beweisen, beachten wir: Die Dichte $f(\xi)$ läßt sich entstanden denken als Summe zweier unabhängiger Größen mit Dichte $\hat{f}(\xi)$ bzw. $1/h$ in $|\xi| \leqq \frac{1}{2}h$. Die Kumulanten addieren sich (gemäß 11.6.5), es bleiben also die Kumulanten der Konstantverteilung zu berechnen. Dabei treten die durch

$$\frac{x\,e^x}{e^x-1} = \sum_{\nu=0}^{\infty} \frac{B_\nu}{\nu!}\,x^\nu \tag{12.2.7}$$

definierten BERNOULLIschen Zahlen auf.

Da

$$y(x) = \frac{x}{e^x-1} + \frac{x}{2} = \frac{x\,e^x}{e^x-1} - \frac{x}{2} \tag{12.2.8}$$

eine gerade Funktion ist[1], erkennt man sofort

$$B_{2\nu+1} = 0 \qquad (\nu \geqq 1). \tag{12.2.9}$$

Durch Multiplikation der Gl. (2.7) mit dem Nenner und Koeffizientenvergleich erhält man die Rekursionsformeln

$$\sum_{\nu=0}^{n-1} \binom{n}{\nu} B_\nu = n, \tag{12.2.10}$$

die man sich so merken kann: in

$$(1+B)^n = n + B^n \tag{12.2.11}$$

schreibe man den Exponenten von B als Index. Aus dieser Gleichung ergibt sich übrigens sofort (Koeffizientenvergleich!) die entsprechend zu lesende Beziehung

$$(1+B+x)^n - (B+x)^n = n(x+1)^n,$$

die für $x = 0, 1, \ldots, (n-1)$ addiert, erlaubt, die Potenzsummen darzustellen:

$$\sum_{\nu=1}^{m} \nu^n = \frac{(m+B)^{n+1} - B^{n+1}}{n+1}. \tag{12.2.12}$$

Aus der Rekursionsformel (2.10) erhält man

$$B_0 = 1, \quad B_1 = \frac{1}{2}, \quad B_2 = \frac{1}{6}, \quad B_4 = -\frac{1}{30}, \quad B_6 = \frac{1}{42}, \ldots$$

Da man $y(x)$ auch so schreiben kann

$$y(x) = \frac{x}{2}\coth\frac{x}{2},$$

ergibt sich die Darstellung

$$\coth x = \frac{1}{x} + \sum_{\nu=2}^{\infty} \frac{B_\nu}{\nu!}\,2^\nu x^{\nu-1} \tag{12.2.13}$$

---

[1] Für die übrigens die schnell konvergierende Kettenbruchentwicklung $1 + \frac{(x/2)^2|}{|3} + \frac{(x/2)^2|}{|5} + \frac{(x/2)^2|}{|7} + \cdots$ existiert, die auch für die Berechnung von e^x, z. B. e selbst geeignet ist (MACON, Notices BAMS 1955); sie läßt sich ähnlich der Begründung des Kettenbruches für $\Phi(x)$ beweisen.

und wegen

$$\left(\log\frac{\sinh x}{x}\right)' = \coth x - \frac{1}{x}$$

und nach Festlegung der Integrationskonstanten durch $x \to 0$ gilt deshalb

$$\log\frac{\sinh x}{x} = \sum_{\nu=2}^{\infty} \frac{B_\nu}{\nu\,\nu!}\, 2^\nu x^\nu. \tag{12.2.14}$$

Die gesuchten Kumulanten ergeben sich damit aus ihrer erzeugenden Funktion

$$k(t) = \log m(t)$$

$$m(t) = \boldsymbol{E}(\exp(t\,Z)) = \frac{1}{h}\int_{-h/2}^{+h/2} e^{it\xi}\, d\xi = \frac{\sinh\frac{h\,t}{2}}{\frac{h\,t}{2}}$$

zu

$$K_\nu = \frac{B_\nu}{\nu}\, h^\nu.$$

Es gelten demnach folgende Beziehungen

$$\overline{k_\nu} \approx \hat{k}_\nu = k_\nu + \frac{B_\nu}{\nu}\, h^\nu \tag{12.2.15}$$

(LANGDORN u. ORE).

wobei die EULER-MCLAURINsche Summenformel Gültigkeitsbereich und Fehler anzugeben gestattet.

Um die in Betracht kommenden kumulativen Verteilungsfunktionen bequem zeichnen zu können, trägt man in vielen Fällen als Ordinate nicht F ab, sondern $\psi(F)$ mit einer geeigneten Funktion ψ. Wichtigster Fall ist ψ = Umkehrfunktion der Normalverteilung Φ. Man verwendet dazu bequem nomographisches Papier („Wahrscheinlichkeitspapier"), bei dem auf der Ordinatenachse in der Höhe u (= „Probit") der Wert $\Phi(u) = F$ notiert ist. Allen hierin eingezeichneten Normalverteilungen $F(x) = \Phi(x - m/\sigma)$ entsprechen dann offenbar Geraden

$$u = \frac{x - m}{\sigma},$$

so daß aus der empirischen Verteilungsfunktion, die nach dem Zentralsatz der Statistik i. allg. dicht bei der wahren Verteilungsfunktion liegt, bequem die Parameter m, σ^2 abgelesen werden können[1].

[1] Für die „logistische Verteilung" mit Dichte $f = A\left(\lambda + \exp\left(-\frac{2(t - t_0)}{m}\right)\right)$ die der Differentialgleichung $f' = \tau f(A - f)$ genügt, schlagen das H. STÖRMER und R. BRAND [Unternehmensforsch. 10 (1966) 237—246] vor.

3. Die Sätze von Kolmogoroff und Smirnoff

Analog der Verschärfung des Gesetzes großer Zahlen durch den zentralen Grenzwertsatz (§ 7 und § 16) gibt es Verschärfungen des Zentralsatzes der Statistik. Mit dem gleichen Vergrößerungsfaktor $\sqrt{n}$ wie dort wird die asymptotische Verteilung von $\sup_\xi \sqrt{n}\,|F_n^*(\xi) - F(\xi)|$ bzw. von $\sup_\xi \sqrt{n}\,|F_n^*(\xi) - G_n^*(\xi)|$ explizit angegeben.

Zunächst sieht man vermittels der Transformation (§ 11.3) auf die Konstantverteilung im Intervall $(0, 1)$ ein, daß die Verteilungen unabhängig von F sind, und man $F(\xi) = \xi$ $(0 \leqq \xi \leqq 1)$ annehmen kann.

Dann betrachten wir den Spezialfall zweier gleich großer Gruppen von Zufallsgrößen $X_1, \ldots, X_n$; $Y_1, \ldots, Y_n$ mit derselben Verteilung, in dem man nach B. W. Gnedenko und W. S. Koroljuk [Dokl. 80 (1951) 525] die Verteilung von $\sup_\xi |F_n^*(\xi) - G_n^*(\xi)|$ für jedes n exakt angeben kann. Da die Werte von F_n^* und G_n^* nur ganzzahlige Vielfache von $1/n$ sind, ist die Funktion $F_n^* - G_n^*$ stückweise konstant, und wir können für

$$\sup_\xi |F_n^*(\xi) - G_n^*(\xi)|$$

$$= \frac{1}{n}\left|\operatorname*{Max}_\xi \{\text{Anzahl der } (X_i < \xi) - \text{Anzahl der } (Y_i < \xi)\}\right|$$

$$= \frac{1}{n} \operatorname*{Max}_\xi |Z(\xi)| = \frac{1}{n} Z \qquad (12.3.1)$$

auch schreiben, da es für den Wert von Z nur auf die Reihenfolge der X_i und Y_i (ohne Beachtung der Indexnummern) ankommt und alle Reihenfolgen von n Buchstaben X und n Buchstaben Y dabei gleiche Wahrscheinlichkeit haben:

$$Z = \operatorname*{Max}_{1 \leqq \nu \leqq 2n} |S_\nu|,$$

wenn

$$S_\nu = \sum_{i=1}^{\nu} Z_i$$

$Z_i = +1$ oder $= -1$ je nachdem, ob der i-te Buchstabe in der Reihenfolge ein X oder ein Y ist.

Alle diese Z_i, die für die Bestimmung der Verteilung von Z nur die Eigenschaft haben müssen, daß alle Vorzeichenkombinationen mit gleich viel positiven wie negativen Zeichen, gleich wahrscheinlich sind, kann man sich auf diejenigen Streckenzüge der Abb. 3 abgebildet denken, die bei $(0, 0)$ beginnen und bei $(2n, 0)$ enden, dazwischen im Intervall $(j, \ldots, j+1)$ auf- oder abwärts gehen, je nachdem ob $Z_j = +1$ oder $Z_j = -1$ ist.

Offenbar gibt es $\binom{2n}{n}$ solcher Streckenzüge, entsprechend der Möglichkeit, auf $2n$ Stellen n positive Zeichen zu verteilen, so daß die Wahrscheinlichkeit dafür $\frac{1}{\binom{2n}{n}}$ ist. Um die Wahrscheinlichkeit $\boldsymbol{P}(|Z| < h)$ (h eine ganze Zahl) zu berechnen, müssen wir noch die Anzahl unter den zugelassenen Streckenzügen bestimmen, die die Parallelgeraden im Abstand $\pm h$ nicht treffen. Von der Gesamtzahl $\binom{2n}{n}$ werden dazu diejenigen subtrahiert, die die obere h-Parallele mindestens einmal treffen. Diese Streckenzüge kann man leicht abzählen, indem man sie folgender umkehrbar-eindeutiger Abbildung unterwirft: der Teil, der rechts von dem ersten Treffpunkt mit der h-Parallele liegt, wird an dieser gespiegelt (Abb. 3)[1]. Die Endpunkte liegen dann alle bei $(2n, 2h)$ und diese Streckenzüge besitzen $n+h$ aufwärtsgerichtete Abschnitte, so daß ihre Anzahl $\binom{2n}{n+h}$ ist. Derselbe Wert ergibt sich für diejenigen Streckenzüge, die die $(-h)$-Parallele treffen. Subtrahiert man beide von der Gesamtzahl, so hat man diejenigen doppelt erfaßt, die sowohl die h- wie die $(-h)$-Parallele treffen. Die beiden Sorten (je, welcher Treffpunkt zuerst kommt) kann man wieder abzählen, indem man die wie oben abgebildeten Streckenzüge an dem mitgespiegelten Bild der anderen Parallele rechts von dem ersten Treffpunkt damit erneut spiegelt. Die Endpunkte liegen dann bei $(2n, \pm 4h)$, entsprechend $n+2h$ Teilrichtungen einer Art; Anzahl also $\binom{2n}{n+2h}$. Dabei wurden wieder zu viele erfaßt, und das Verfahren setzt sich so fort und ergibt als gesuchte Wahrscheinlichkeit

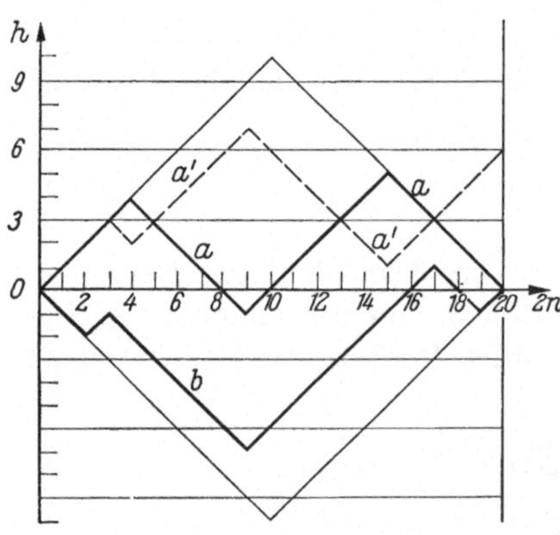

Abb. 3. Polygonzüge (a, b) und ihre Spiegelbilder an $h=3$ (a', $b'=b$)

$$\boldsymbol{P}(|Z| < h) = 1 - 2\frac{\binom{2n}{n+h}}{\binom{2n}{n}} + 2\frac{\binom{2n}{n+2h}}{\binom{2n}{n}} - 2\frac{\binom{2n}{n+3h}}{\binom{2n}{n}} + - \cdots, \tag{12.3.2}$$

[1] D. ANDRÉsches Spiegelungsprinzip.

wobei die Partialsummen (der natürlich abbrechenden Reihe) abwechselnd zu groß und zu klein sind. Es gilt also z. B.

$$\boldsymbol{P}(|Z| < h) \leqq 1 - 2\frac{\binom{2n}{n+h}}{\binom{2n}{n}}.$$

Durch Benutzung des zentralen Grenzwertsatzes für den binomischen Fall ($p = \frac{1}{2}$) ergibt sich bei $n \to \infty$ und $h \sim \lambda \sqrt{2n}$

$$\frac{\binom{2n}{n+\nu h}}{\binom{2n}{n}} \to \exp\left(-\frac{(\nu h)^2}{n}\right), \qquad (12.3.3)$$

so daß also aus den für jede Gliederzahl aufschreibbaren Ungleichungen folgt, daß die Partialsummen in folgender Beziehung

$$\lim_{n\to\infty} \boldsymbol{P}\left(\sup_{\xi} |F_n^*(\xi) - G_n^*(\xi)| < \frac{\lambda\sqrt{2}}{\sqrt{n}}\right) = K(\lambda) \equiv 1 + 2\sum_{\nu=1}^{\infty} (-1)^{\nu} e^{-2\nu^2\lambda^2} \qquad (12.3.4)$$

abwechselnd zu groß und zu klein sind. Wegen der offenbaren Konvergenz gilt die angeschriebene Gleichung (Satz von SMIRNOFF).

Um aus diesem Sachverhalt auf die asymptotische Verteilung von $\sup \sqrt{n}\,|F_n^* - F|$ zu schließen, beweisen wir zunächst eine grobe Abschätzung:

$$\lim_{n\to\infty} \boldsymbol{P}\left(\sup |F_n^*(\xi) - F(\xi)| > \frac{\mu}{\sqrt{n}}\right) \leqq$$
$$\leqq 4 \lim_{n\to\infty} \boldsymbol{P}\left(\sup |F_n^*(\xi) - G_n^*(\xi)| > \frac{\mu}{\sqrt{n}}\right) \leqq 8e^{-\mu^2}. \qquad (12.3.5)$$

Zum Beweis benutzen wir zunächst

$$\boldsymbol{P}\left(\sup |F_n^*(\xi) - F(\xi)| > \frac{\mu}{\sqrt{n}}\right) \leqq$$
$$\leqq \boldsymbol{P}\left(\sup(F_n^*(\xi) - F(\xi)) > \frac{\mu}{\sqrt{n}}\right) + \boldsymbol{P}\left(\inf(F_n^*(\xi) - F(\xi)) < -\frac{\mu}{\sqrt{n}}\right)$$
$$= 2\boldsymbol{P}\left(\sup(F_n^*(\xi) - F(\xi)) > \frac{\mu}{\sqrt{n}}\right). \qquad (12.3.6)$$

Die Ungleichung $\sup F_n^*(\xi) - F_n(\xi) > \mu/\sqrt{n}$ impliziert die Existenz eines Punktes ξ_0 mit $F_n^*(\xi_0) - F(\xi_0) > \mu/\sqrt{n}$. Gilt hierfür $\xi_0 < 1/n^{3/4}$, so muß für die Anzahl N der X_ν ($\nu = 1, \ldots, n$) in $0 \ldots n^{-3/4}$, die eine Binomialverteilung mit $n, p = n^{-3/4}$ besitzt, gelten $N > \mu/\sqrt{n} + \xi_0 \geqq \mu/\sqrt{n}$. Nach dem zentralen Grenzwertsatz für die Binomialverteilung strebt aber

$$\boldsymbol{P}\left(N > n^{1/4} - h\sqrt{n\, n^{-3/4}\,(1 - n^{-3/4})}\right) \to \Phi(\tfrac{1}{2} - h),$$

so daß

$$\boldsymbol{P}(\xi_0 < n^{-3/4}) \to 0$$

gelten muß.

Für alle $\xi_0 \geqq n^{-3/4}$ ($\xi_0 \leqq 1 - \mu/\sqrt{n}$ gilt offenbar immer) strebt gleichmäßig

$$\boldsymbol{P}\left(G_n^*(\xi_0) - G(\xi_0) < 0\right) \to \tfrac{1}{2}.$$

Es impliziert nun

$$F_n^*(\xi_0) - F(\xi_0) > \frac{\mu}{\sqrt{n}}$$

und

$$G_n^*(\xi_0) - G(\xi_0) < 0$$

die Ungleichung

$$F_n^*(\xi_0) - G_n^*(\xi_0) > \frac{\mu}{\sqrt{n}},$$

so daß nach dem Satz, daß aus

$$\boldsymbol{P}(B_0) < \varepsilon, \qquad \boldsymbol{P}(A \mid B_i) \geqq q \qquad \left(\sum_{i \geqq 0} B_i = B\right)$$

folgt

$$\boldsymbol{P}(A) \geqq q\, \boldsymbol{P}(B) - \varepsilon$$

sich ergibt

$$\lim_{n\to\infty} \boldsymbol{P}\left(\sup F_n^*(\xi) - G_n^*(\xi) > \frac{\mu}{\sqrt{n}}\right) \geqq \lim_{n\to\infty} \boldsymbol{P}\left(\sup F_n^*(\xi) - F(\xi) > \frac{\mu}{\sqrt{n}}\right). \tag{12.3.7}$$

Aus (3.7) und (3.6) folgert man wegen $K(\lambda) \geqq 1 - 2\exp(-2\lambda^2)$ die Behauptung (3.5).

Bei gegebenen positiven Zahlen ε, δ soll nun eine natürliche Zahl r so festgelegt werden, daß

$$\sqrt{\frac{2}{r}\log\frac{9r}{\varepsilon}} < \delta \tag{12.3.8}$$

und

$$\left(1 - \frac{\varepsilon}{r}\right)^r \geqq 1 - \varepsilon$$

ist. Das ist mit hinreichend großem r sicher möglich, da $\left(1 - \frac{\varepsilon}{r}\right)^r \to e^{-\varepsilon} > 1 - \varepsilon$ und

$$\frac{2}{r}\log\frac{9r}{\varepsilon} \to 0$$

strebt.

Mit Hilfe des so bestimmten r zerlegen wir das Intervall $0 \leqq \xi \leqq 1$ in r gleiche Teile. Mit μ so groß, daß $8e^{-\mu^2} < \varepsilon$ ist, ergibt die Abschätzung (3.5), daß bei $n \to \infty$, also auch bei hinreichend großem n

$$P\left(\sup_{\xi} |F_n^*(\xi) - F(\xi)| < \frac{\mu}{\sqrt{n}}\right) \geqq 1 - \varepsilon \tag{12.3.9}$$

gilt. Dies bedeutet, daß bei $n > (4r\mu)^2$ mit derselben Mindestwahrscheinlichkeit gleichzeitig die Anzahl der X_ν in jedem der r Teilintervalle zwischen $n/2r$ und $2n/r$ liegt. Auf jedes der Teilintervalle angewendet, ergibt die Abschätzung (3.5), daß (wegen der Ausnahmewahrscheinlichkeit)

$$\lim_{n\to\infty} P\left\{\sup_{\frac{g}{r} \leqq \xi < \frac{g+1}{r}} \frac{n|F_n^*(\xi) - \overline{F}(\xi)|}{\sqrt{\frac{n}{2}2}} < h\right\} \geqq 1 - 9e^{-h^2} - \varepsilon \tag{12.3.10}$$

(g = Nummer des Teilintervalls) ist, wobei $\overline{F}(\xi)$ die Verbindungsgerade der Punkte von $F_n^*(\xi)$ in den Endpunkten des betreffenden Teilintervalls ist. Für alle r Teilintervalle gleichzeitig gilt analog

$$\lim_{n\to\infty} P\left\{\sup_{0 \leqq \xi \leqq 1} |F_n^*(\xi) - \overline{F}(\xi)| < \frac{h\sqrt{2}}{\sqrt{n\,r}}\right\} \geqq (1 - 9e^{-h^2})^r - \varepsilon$$

oder also, unter Berücksichtigung von (3.8)

$$\lim_{n\to\infty} P\left\{\sup_{0 \leqq \xi \leqq 1} |F_n^*(\xi) - F(\xi)| \sqrt{n} < \delta\right\} \geqq$$

$$\geqq \left(1 - 9\exp\left(-\frac{\delta^2 r}{2}\right)\right)^r - \varepsilon = \left(1 - \frac{\varepsilon}{r}\right)^r - \varepsilon \geqq 1 - 2\varepsilon, \tag{12.3.11}$$

womit ein gewisses Stetigkeitsverhalten der F_n^*-Kurve ausgedrückt ist.

Nun bezeichne C_λ^n das Ereignis $|F_n^*(\xi) - F(\xi)| < \lambda/\sqrt{n}$ (für alle ξ), während $A_{r,\lambda}^n$ nur bedeuten soll, daß dieselbe Ungleichung für alle $\xi = g/r$ (g = ganze Zahl) gilt. Offenbar folgt aus C_λ^n, daß $A_{r,\lambda}^n$ gilt; deshalb also

$$P(C_\lambda^n) \leqq P(A_{r,\lambda}^n).$$

Nach der Ungleichung (3.11) folgt aus $A_{r,\lambda}^n$, bis auf eine Ausnahmewahrscheinlichkeit 2ε, daß $C_{\lambda+\delta}^n$ gilt; deshalb also im Limes

$$\lim_{n\to\infty} P(A_{r,\lambda}^n) \leqq \lim_{n\to\infty} P(C_{\lambda+\delta}^n) + 2\varepsilon.$$

Bezeichnen die mit Sternen versehenen Größen die entsprechend durch das Bestehen der Gleichung $|F_n^* - G_n^*| < \lambda\sqrt{2}/\sqrt{n}$ gekennzeichneten Ereignisse, so gilt analog

$$P(C_\lambda^{n*}) \leqq P(A_{r\lambda}^{n*})$$

$$\lim_{n\to\infty} P(A_{r\lambda}^{n*}) \leqq \lim_{n\to\infty} P(C_{\lambda+\delta}^{n*}) + 4\varepsilon.$$

Die Limites der Wahrscheinlichkeiten $\boldsymbol{P}(A^n_{r\lambda})$ bzw. $\boldsymbol{P}(A^{n*}_{r\lambda})$ lassen sich aber, da die einzig benutzten Werte von $F^*_n(g/r)$ bzw. $G^*_n(g/r)$ (g = ganze Zahl) Polynomialverteilung besitzen, durch den zentralen Grenzwertsatz ausdrücken, und sind, da die Varianz-Kovarianz-Matrizen übereinstimmen, identisch. Es handelt sich um den Wert

$$\lim_{n\to\infty} \boldsymbol{P}(A^n_{r\lambda}) = \boldsymbol{P}\left(|Z_1| < \lambda,\quad |Z_1+Z_2| < \lambda, \ldots, \quad \left|\sum_{i=1}^{r-1} Z_i\right| < \lambda\right),$$

wenn die Z_i mit $\boldsymbol{E}(Z_i) = 0$ eine Normalverteilung besitzen mit

$$\operatorname{Var}(Z_i) = \frac{1}{r}\left(1 - \frac{1}{r}\right),$$

$$\operatorname{Kov}(Z_i, Z_j) = -\frac{1}{r^2} \qquad (i \neq j).$$

Mithin gilt

$$\begin{aligned} K(\lambda) &= \lim \boldsymbol{P}(C^{n*}_\lambda) \leqq \lim \boldsymbol{P}(A^{n*}_{r\lambda}) = \lim \boldsymbol{P}(A^n_{r\lambda}) \leqq \\ &\leqq \lim \boldsymbol{P}(C^n_{\lambda+\delta}) + 2\varepsilon \leqq \lim \boldsymbol{P}(A^n_{r,\lambda+\delta}) + 2\varepsilon \\ &= \lim \boldsymbol{P}(A^{n*}_{r,\lambda+\delta}) + 2\varepsilon \leqq \lim \boldsymbol{P}(C^{n*}_{\lambda+3\delta}) + 3\varepsilon = K(\lambda+3\delta) + 3\varepsilon. \end{aligned}$$

Wegen der Willkürlichkeit von $\varepsilon > 0$ und $\delta > 0$, sowie der Stetigkeit der Funktion $K(\lambda)$ liest man daraus die Behauptung ab (Satz von Kolmogoroff):

$$\lim_{n\to\infty} \boldsymbol{P}\left(\sup_\xi |F^*_n(\xi) - F(\xi)| < \frac{\lambda}{\sqrt{n}}\right) = K(\lambda) \equiv 1 + 2\sum_{\nu=1}^{\infty} (-1)^\nu e^{-2\nu^2\lambda^2}$$

$$\equiv \sum_{-\infty}^{+\infty} (-1)^\nu e^{-2\nu^2\lambda^2}. \qquad (12.3.12)$$

Mit ähnlichen Hilfssätzen und Überlegungen beweist man die allgemeinere Fassung des Satzes von Smirnoff:

$$\lim_{\substack{n\to\infty\\ m\to\infty}} \boldsymbol{P}\left(\sup_\xi |F^*_n(\xi) - G^*_m(\xi)| < \lambda\sqrt{\frac{m+n}{m\,n}}\right) = K(\lambda). \qquad (12.3.13)$$

Führt man erst den Grenzübergang $m\to\infty$ durch, so sieht man wegen des Zentralsatzes der Statistik, daß der Satz von Kolmogoroff entsteht.

Bemerkung: Es gibt eine andere Darstellung der Limes-Funktion:

$$K(\lambda) = \sqrt{2\pi}\,\frac{1}{\lambda}\sum_{\nu=1}^{\infty} \exp\left(-(2\nu-1)^2\frac{\pi^2}{8\lambda^2}\right), \qquad (12.3.14)$$

die die Berechnungsmöglichkeiten (die früher auftretende Reihe für große λ, diese hier für kleine λ) ergänzt; der Zusammenhang zwischen beiden Formeln ist derselbe, wie zwischen den beiden Lösungsverfahren für das Anfangswertproblem der Wärmeleitungsgleichung in einem

Intervall (durch die Spiegelungsmethode und Separation der Variablen). Auch die POISSONsche Summenformel

$$\sum_{\nu=-\infty}^{\infty} f(\nu) = \sum_{\nu=-\infty}^{+\infty} g(\nu)$$

mit

$$f(\xi) = \int_{-\infty}^{\infty} e^{-2\pi i x \xi} g(x)\, dx$$

ergibt mit

$$g(x) = e^{-2x^2\lambda^2 + \pi i x}$$

die Äquivalenz, die auch als Relation zwischen den Nullwerten gewisser Thetafunktionen bekannt ist.

Aufgaben

1. Man überlege sich, daß der Zentralsatz der Statistik auch für paarweise unabhängige Größen X_i mit derselben Verteilung gilt.

2. Man entwerfe Logarithmisch-Normal-Papier, bei dem sich die Verteilungsfunktionen logarithmisch-normalverteilter Größen $Y = \exp(X)$ (X normal-verteilt) als Geraden abbilden.

3. Für die Varianz der empirischen Verteilungsfunktion

$$\sigma_n^{*2} = \frac{1}{n} \sum_{i=1}^{n} (X_i - \overline{X})^2 \qquad \left(\overline{X} = \frac{1}{n} \sum_{i=1}^{n} X_i\right)$$

berechne man Erwartungswert und Varianz!

Ergebnis:

$$\boldsymbol{E}(\sigma_n^{*2}) = \frac{n-1}{n} \sigma^2,$$

$$\operatorname{Var}(\sigma_n^{*2}) = \frac{n-1}{n^3} [(n-1)\, m_4 + (3-n)\, m_2^2].$$

Für Schätzungen wird oft $\frac{n}{n-1} \sigma_n^{*2}$ verwendet.

4. Die reelle Zahl ξ wird mittels der Nummer $N = \nu$ des Intervalls $(\xi_\nu, \xi_{\nu+1})$ mit $\xi_\nu = (\nu - 1)\, h + X$ (X im Intervall $0 \ldots h$ konstant verteilt) durch $T = \frac{N}{h}$ geschätzt. Man beweise $\boldsymbol{E}(T) = \xi$.

5. Man bestätige folgende nützliche Rechenregel zur Berechnung des ersten und zweiten Momentes, wenn die Beobachtungswerte X_ν nur Werte der Form $a + \mu h$ (μ ganz) annehmen und dabei die Anzahl der $X_\nu = a + \mu h$ gleich a_μ ist:

$$\overline{X} = b + \frac{h}{n} (A' - A),$$

$$\sigma^{*2} = \frac{h^2}{n} \left\{ 2(B' + B) - (A' + A) - \frac{1}{n} (A' - A)^2 \right\}.$$

Dabei ist b einer der Werte $a + \mu h$ und A, B ergeben sich durch Summationen der vorhergehenden Spaltenwerte in der Tabelle:

Werte	Anzahl	C	A	B
$a + \mu h$	a_μ	$C_\mu = \sum_{\lambda \leqq \mu} a_\lambda$	$A_\mu = \sum_{\lambda \leqq \mu} C_\lambda$	$B_\mu = \sum_{\lambda \leqq \mu} A_\lambda$

A', B' ergeben sich durch analoge Bildung von unten nach oben.

Zahlenbeispiel:

Werte	Anzahl	C	A	B
-1	2	2	2	2
$+1$	1	3	5	7
$+3$	0	3	$8 = A$	$15 = B$
$+5 = b$	3			
7	2	3	$5 = A'$	$8 = B'$
9	0	1	2	3
11	1	1	1	1

$n = 9$

Also

$$\overline{X} = 5 + \frac{2}{9}(5 - 8) = 4\frac{1}{3},$$

$$\sigma^{*2} = \frac{2 \cdot 2}{9}\left[2(15 + 8) - (8 + 5) - \frac{1}{9}(5 - 8)^2\right] = 14\frac{2}{9}.$$

Eine Berücksichtigung der SHEPPARDschen Korrektur ergäbe für die Varianz der als kontinuierlich angesehenen Verteilung

$$\sigma^{*2'} = 13\frac{8}{9}.$$

6. Wie groß ist der Erwartungswert der KOLMOGOROFF-Verteilung $K(\lambda)$? (*Lösung:* $\boldsymbol{E} = \sqrt{\pi/2}\log 2$).

7. Für einseitige Abweichungen folgere man analog dem Test von SMIRNOFF

$$\lim_{n\to\infty} \boldsymbol{P}\left(\sup(F_n^*(\xi) - G_n^*(\xi)) < \frac{\lambda\sqrt{2}}{\sqrt{n}}\right) = 1 - e^{-2\lambda^2}$$

und

$$\lim_{m\to\infty} \boldsymbol{P}\left(\sup(F_n^*(\xi) - F(\xi)) < \frac{\lambda}{\sqrt{n}}\right) = 1 - e^{-2\lambda^2}.$$

Es gilt sogar die allgemeine Aussage

$$\lim_{\substack{n\to\infty \\ m\to\infty}} \boldsymbol{P}\left(\sup(F_n^*(\xi) - G_m^*(\xi)) < \lambda\sqrt{\frac{n+m}{n\,m}}\right) = 1 - e^{-2\lambda^2}.$$

§ 13. Geordnete Stichproben und Anordnungseigenschaften unabhängiger Größen mit gleicher Verteilung

1. Geordnete Stichprobe und Quantile

Ausgangspunkt sind n unabhängige Größen $X_1, \ldots, X_n$ mit derselben Verteilung. Permutiert man die $X_1, \ldots, X_n$, so daß sie der Größe nach geordnet sind, bezeichnet man sie als geordnete Stichprobe; die übliche Bezeichnungsweise

$$X_{(1)} \leqq X_{(2)} \leqq \cdots \leqq X_{(n)} \tag{13.1.1}$$

muß, um präzise zu sein, durch Angabe der Anzahl n ergänzt werden. Viele von $X_1 \ldots X_n$ abgeleitete Größen, z. B. die empirische Verteilungsfunktion, lassen sich bereits aus der geordneten Stichprobe bestimmen. Durch geeignete Koordinatentransformation $(\eta = F(\xi))$, wobei sich wegen der Monotonie an der die geordnete Stichprobe erzeugenden Permutation nichts ändert, kann man immer erreichen (§ 11.3), daß die Verteilung die konstante Dichte in $(0, 1)$ ist. Das soll bis auf weiteres angenommen werden.

Es soll dann die Verteilung der $X_{(i)}$ bzw. ihrer Differenzen

$$\left.\begin{aligned} T_1 &= X_{(1)}, \\ T_i &= X_{(i)} - X_{(i-1)}, \\ T_{n+1} &= 1 - X_{(n)} \end{aligned}\right\} \tag{13.1.2}$$

bestimmt werden. Nach der allgemeinen Regel in § 11.3 ergibt sich, weil die Determinante jeder der linearen Transformationen

$$\tau_1 = \xi_{\pi(1)}, \quad \tau_i = \xi_{\pi(i)} - \xi_{\pi(i-1)} \qquad (i = 2, \ldots, n)$$

(π die Inverse der die $\xi_1, \ldots, \xi_n$ ordnenden Permutation) gleich 1 ist und weil immer $n!$ Wertesysteme auf denselben τ-Punkt abgebildet werden, daß die Dichte in dem durch

$$\begin{gathered} \tau_i \geqq 0 \qquad (i = 1, \ldots, n), \\ \sum_{i=1}^{n} \tau_i \leqq 1 \end{gathered} \tag{13.1.3}$$

definierten Bereich, gleich $n!$ ist. Hieraus erkennt man insbesondere die Symmetrie der Verteilung der $T_1, \ldots, T_n$ und daß alle bedingten Verteilungen mit Bedingungen etwa der Form $T_1 = \tau_1^{(0)}, \ldots, T_s = \tau_s^{(0)}$ konstante Dichte in dem betreffenden Restbereich $\tau_i \geqq 0$; $\sum\limits_{i=s+1}^{n} \tau_i \leqq 1 - \sum\limits_{i=1}^{s} \tau_1^{(0)}$ haben. Durch Vergleich mit dem Beispiel des § 11.2 erkennen wir auch, daß die T_i-Verteilung auch erhalten werden kann durch unabhängige Größen U_i $(i = 1, \ldots, n+1)$ mit e^{-u}-Dichte $(u \geqq 0)$:

$$T_i = \frac{U_i}{\sum_{j=1}^{n+1} U_i} \quad (i = 1 \ldots n+1); \quad (13.1.4)$$

sie ist also völlig symmetrisch in $T_1, \ldots, T_{n+1}$.

Daraus ergibt sich dann auch eine Darstellung für die geordnete Stichprobe selbst:

$$X_{(i)} = \frac{\sum_{j=1}^{i} U_j}{\sum_{j=1}^{n+1} U_j} \qquad (i = 1 \ldots n). \quad (13.1.5)$$

Nach einer Methode, die in Ziffer 3 noch verwendet werden soll, können wir hieraus einen Grenzwertsatz für $X_{(\nu)}$ bei festem ν; $n \to \infty$ herleiten:

$$\lim_{n\to\infty} \boldsymbol{P}(n\, X_{(\nu)} < \xi) = \int_0^{\xi} \frac{\eta^{\nu-1}}{(\nu-1)!}\, e^{-\eta}\, d\eta. \qquad (13.1.6)$$

Es gilt ja wegen (1.5)

$$\boldsymbol{P}((n+1)\, X_{(\nu)} < \xi) = \boldsymbol{P}\left(\frac{\sum_{j=1}^{\nu} U_j}{\frac{1}{n+1}\sum_{j=1}^{n+1} U_j} < \xi\right)$$

und hierin strebt der Nenner wegen des Gesetzes großer Zahlen gegen 1, so daß (bis auf beliebig kleine Ausnahmewahrscheinlichkeiten)

$$\boldsymbol{P}\left(\sum_{j=1}^{n} U_j < \xi\right)$$

entsteht, was in § 11.2 berechnet wurde. Auf den Faktor $n/(n+1)$ kommt es bei dem Grenzübergang natürlich nicht an.

Man kann zu dem Ergebnis auch so kommen: $n\, X_{(\nu)} < \xi$ bedeutet, daß mindestens ν der $X_i \leqq \xi/n$ sind; also

$$\begin{aligned} \boldsymbol{P}(n\, X_{(\nu)} < \xi) &= 1 - \boldsymbol{P}\left(\text{Anzahl der } X_i \leqq \frac{\xi}{n} \text{ ist } < \nu\right) \\ &= 1 - \sum_{\mu=0}^{\nu-1} \boldsymbol{P}\left(\text{Anzahl der } X_i < \frac{\xi}{n} \text{ ist } = \mu\right), \end{aligned}$$

nach dem Gesetz der kleinen Zahlen (Poissonscher Grenzübergang) also

$$\lim_{n\to\infty} \boldsymbol{P}(n\, X_{(\nu)} < \xi) = 1 - \sum_{\mu=0}^{\nu-1} e^{-\xi} \frac{\xi^{\mu}}{\mu!}, \qquad (13.1.6\text{a})$$

was wegen der Beziehung (6.3.3) äquivalent (13.1.6) ist.

Wenn auch dem ν erlaubt wird, bei dem Grenzübergang zu wachsen, gelten andere Grenzwertsätze. Da man bei einer beliebigen streng-monotonen Verteilungsfunktion den Wert ξ_p mit $F(\xi_p) = p$ als p-Quantil, insbesondere für $p = \frac{1}{2}$ als Median, bezeichnet, soll

$$X_{([np])} = X_{(\nu)}$$

mit ν = größte ganze Zahl $\leqq np$ als empirisches p-Quantil bezeichnet werden. Bei festem p gilt hier

$$\lim_{\nu, n \to \infty} \boldsymbol{P}\left((X_{([np])} - p) \sqrt{\frac{n}{p(1-p)}} < h\right) = \Phi(h). \qquad (13.1.7)$$

Dies ergibt sich durch ähnliche Betrachtungen wie bei festem ν;

$$\boldsymbol{P}(X_{([np])} < \xi) = \boldsymbol{P}(\text{Anzahl der } X_i < \xi \text{ ist } > [np]).$$

Die Anzahl N der $X_i < \xi$ ist offenbar binomisch verteilt mit Parametern ξ und n, so daß wir nach dem zentralen Grenzwertsatz (§ 7.1) haben

$$\boldsymbol{P}\left(\frac{N - n\xi}{\sqrt{n\xi(1-\xi)}} > -h\right) \to \Phi(-h).$$

Mit

$$\xi = p + h\sqrt{\frac{p(1-p)}{n}} \approx \frac{[np] + h\sqrt{\xi(1-\xi)n}}{n}$$

folgt die Behauptung. Diese Betrachtung läßt sich auf die asymptotische Verteilung mehrerer Quantilen ausdehnen.

Diese asymptotischen Gesetze lassen sich auch aus der expliziten Dichte von $X_{(\nu)}$ gewinnen. Dazu berechnen wir

$$\left.\begin{aligned} F^n_{(\nu)}(\xi) = \boldsymbol{P}(X_{(\nu)} < \xi) &= \boldsymbol{P}\,(\text{Anzahl der } (X_i < \xi) \text{ ist } \geqq \nu) \\ &= \sum_{\mu=\nu}^{n} \boldsymbol{P}\,(\text{Anzahl der } (X_i < \xi) \text{ ist } = \mu) \\ &= \sum_{\mu=\nu}^{n} \binom{n}{\mu} \xi^\mu (1-\xi)^{n-\mu} \end{aligned}\right\} (13.1.8)$$

und hieraus folgt durch Differenzieren die Dichte von $X_{(\nu)}$ nach Zusammenfassen

$$f^n_{(\nu)}(\xi) = n\binom{n-1}{\nu-1} \xi^{\nu-1}(1-\xi)^{n-\nu} \equiv \frac{\xi^{\nu-1}(1-\xi)^{n-\nu}}{B(\nu, n+1-\nu)}. \qquad (13.1.9)$$

Wegen der Symmetrie ist dies zugleich die Dichte einer beliebigen Summe $T_{i_1} + \cdots + T_{i_\nu}$. Als $\boldsymbol{E}(T_i)$ ergibt sich wegen der Symmetrie und wegen $\sum_{i=1}^{n+1} T_i = 1$

$$\boldsymbol{E}(T_i) = \frac{1}{n+1}. \qquad (13.1.10)$$

Wird die Reduktion auf die konstante Dichte in $(0, 1)$ nicht durchgeführt, so erhält man, wie man durch Umrechnen leicht findet,

$$f_\nu(\xi) = n\binom{n-1}{\nu-1} F(\xi)^{\nu-1}(1 - F(\xi))^{n-\nu} f(\xi), \qquad (13.1.11)$$

und für die asymptotische Normalverteilung von $X_{[np]}$ erhält man als Erwartungswert ξ_p $(F(\xi_p) = p)$ und als Varianz

$$\frac{p(1-p)}{n[f(\xi_p)]^2}. \tag{13.1.12}$$

Als Beispiel wählen wir den empirischen Median (m, σ^2)-normalverteilter Größen $Y = X_{[n/2]}$ und erhalten

$$\boldsymbol{E}(Y) \to \frac{1}{2},$$

$$\operatorname{Var}(Y) \to \frac{\pi}{2n}\sigma^2.$$

Das Verhältnis dieser Varianz zu der des arithmetischen Mittels (σ^2/n) ist also $\pi/2$; die Effizienz (vgl. § 17.2) ist also $2/\pi = 0{,}63, \ldots$

2. Toleranzbereiche

Die berechneten Werte von (vgl. 1.8.)

$$\boldsymbol{P}(X_{(\nu)} < \xi) = F^n_{(\nu)}(\xi)$$

für unabhängige $(0, 1)$-konstantverteilte X_i $(i = 1, \ldots, n)$ lassen sich mittels $Y_i = F^{-1}(X_i)$ auf unabhängige Y_i mit der strengmonotonen Verteilungsfunktion F übertragen, da bei dieser Abbildung die Reihenfolge der geordneten Werte erhalten bleibt; wenn wieder X_i geschrieben wird:

$$\boldsymbol{P}\big(X_{(\nu)} \leqq F^{-1}(\xi)\big) = F^n_{(\nu)}(\xi).$$

Da die Wahrscheinlichkeit, daß ein X^* oder X_i $(i > n)$ größer als $F^{-1}(\xi)$ ist, gleich $1 - \xi$ ist, und sich diese Wahrscheinlichkeit als relative Häufigkeit bei vielen solchen X^* interpretieren läßt, erhalten wir:

$$\boldsymbol{P}\left\{\begin{matrix}\text{relative Häufigkeit derjenigen der weiteren } X_i,\\ \text{die } X_i \geqq X_{(\nu)} \text{ erfüllen, ist } \geqq 1-\xi\end{matrix}\right\} = F^n_{(\nu)}(\xi)$$

oder, weniger anschaulich,

$$\boldsymbol{P}\big(\boldsymbol{P}(X^* \geqq X_{(\nu)} \mid X_1, \ldots, X_n) \geqq 1 - \xi\big) = F^n_{(\nu)}(\xi). \tag{13.2.1}$$

Man nennt solche, hier durch $X_{(\nu)}$ abgegrenzten, Intervalle, in die mit angebbarer Wahrscheinlichkeit ein bestimmter Anteil weiterer Beobachtungen hineinfällt, „Toleranzbereiche". Aus der Symmetrie der Verteilung der $T_1 \ldots T_{n+1}$ in Ziffer 1 folgt, daß man folgende zweiseitigen Toleranzbereiche angeben kann:

$$\boldsymbol{P}\big(\boldsymbol{P}(X_{(\nu)} \leqq X^* < X_{(\mu)} \mid X_1, \ldots, X_n) \geqq 1 - \xi\big) = F^n_{\nu+(n-\mu)+1}(\xi)$$
$$(\nu < \mu). \tag{13.2.2}$$

Das Interessante an diesen aus der geordneten Stichprobe gewonnenen Toleranzbereichen ist, daß die Angabe der Wahrscheinlichkeit völlig unabhängig von der wahren Verteilung ist.

Ein Zahlenbeispiel: $\nu = 1$; dann ist $F^n_{(1)}(\xi) = 1 - (1 - \xi)^n$ und für $n = 10$, $\xi = 0{,}259$ ergibt sich: mit Wahrscheinlichkeit 0,95 ist der Anteil weiterer Größen, die größer sind als die kleinste der ersten zehn Größen, größer als 0,741.

Die Größen, aus denen Toleranzbereiche gebildet werden, können auch als Funktionen mehrerer Größen beschrieben sein; etwa $X = \{Y, Z\}$. Die beobachteten Größenpaare $\{Y_\nu, Z_\nu\}$ werden dann nach der Größe der Werte $X_\nu = g(Y_\nu, Z_\nu)$ sortiert. Und der Toleranzbereich wird beschrieben als derjenige Teil der y, z-Ebene, in dem $g(y, z) \geqq X_{(\nu)}$ ist. Diese Bemerkung ist nützlich für das von A. WALD stammende Verfahren, Toleranzbereiche in mehreren Dimensionen anzugeben.

Dazu nehmen wir zunächst an, bei Beobachtungspaaren $\{X_\nu, Y_\nu\}$ $(\nu = 1 \ldots n)$ seien auch X_ν und Y_ν voneinander unabhängig, je mit der konstanten Dichte in $(0, 1)$. Nach Ziffer 1 ist die bedingte Verteilung der $X_{(\nu+1)}, \ldots, X_{(n)}$ bei festem $X_{(\nu)}$ (nach X-Größe geordnet!) eine Konstantverteilung, während die zugehörigen $Y_{(\nu+1)}, \ldots, Y_{(n)}$ (die durch die Ordnung der $X_{(\nu)}$ bestimmte Numerierung!), wegen der Unabhängigkeit ohnehin noch die Konstantverteilung haben. Auf die bedingte Verteilung der Paare $\{X_{(\nu+1)}, Y_{(\nu+1)}\}, \ldots, \{X_{(n)}, Y_{(n)}\}$ in dem Bereich $\xi \leqq X_{(\nu)} \leqq 1$, $0 \leqq \eta \leqq 1$ kann man also die alten Ergebnisse anwenden und insbesondere die letzte Bemerkung verwenden: mit einer festen Funktion g werden diese Werte nach der Größe von $G_\nu = g(X_{(\nu)}, Y_{(\nu)}), \ldots, G_n = g(X_{(n)}, Y_{(n)})$ geordnet und der μ-kleinste, $G_{(\mu)}$ wird zur Herstellung eines Toleranzbereiches $G_{(\mu)} \leqq g(\xi, \eta)$ verwendet. Da die Wahrscheinlichkeit $\boldsymbol{P}(g \leqq g(X^*, Y^*) \mid X^* \geqq X_{(\nu)})$ unabhängig von $X_{(\nu)}$ und der Wahl der Funktion g ist, ergibt sich als Toleranzwahrscheinlichkeit für den Anteil $1 - \xi$ ein von g unabhängiger Wert:

$$\boldsymbol{P}(\boldsymbol{P}(X^* \geqq X_{(\nu)} \text{ und } G_{(\mu)} \leqq g(X^*, Y^*) \mid X_1, Y_1, \ldots X_n, Y_n) \geqq 1 - \xi) = F^n_{(\nu,\mu)}(\xi),$$

der sich durch spezielle Wahl von

$$g(\xi, \eta) \equiv \xi$$

leicht bestimmen läßt, dann ist ja $G_{(\mu)} = X_{(\nu+\mu)}$, und der Toleranzbereich $X^* \geqq X_{(\nu)}, g(X^*, Y^*) \geqq G_{(\mu)}$ identisch mit $X^* \geqq X_{(\nu+\mu)}$, so daß also gelten muß

$$F^n_{(\nu,\mu)}(\xi) = F^n_{(\nu+\mu)}(\xi).$$

Nachträglich sieht man ein, daß es wegen des beliebigen g nicht darauf ankommt, daß X, Y unabhängig konstantverteilt sind, und kann das

Verfahren, das offenbar in beliebig vielen Dimensionen gilt (die Dimensionszahl braucht nicht mit der Anzahl der Sortierungen übereinzustimmen), so formulieren:

Sind $\{X_1, \ldots, Z_1\}, \ldots, \{X_n, \ldots, Z_n\}$ unabhängige zufällige Vektoren mit derselben Verteilungsfunktion, so sortiere man mit festen Funktionen $g(\xi, \ldots, \zeta), h(\xi, \ldots, \zeta), \ldots, k(\xi, \ldots, \zeta)$ und Zahlen ν, $\mu, \varkappa$ die Werte

$$G_\nu = g(X_\nu, \ldots, Z_\nu),$$

der Größe nach:

$$G_{(1)} \leqq \cdots \leqq G_{(n)}.$$

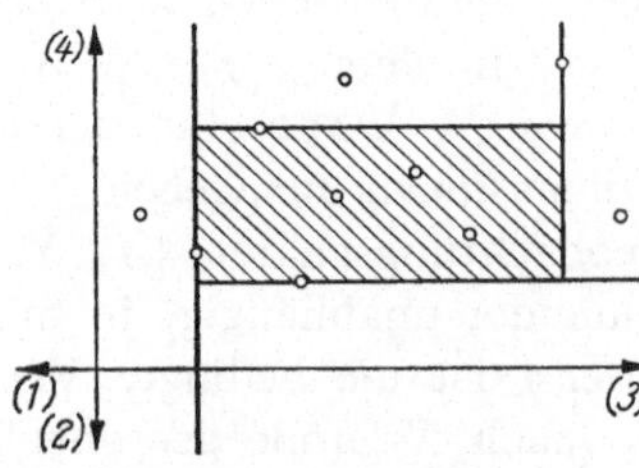

Abb. 4. Erzeugung eines Toleranzbereiches aus 10 Beobachtungspunkten

Unter denjenigen $\{X_i, \ldots, Z_i\}$, die $g(X_i, \ldots, Z_i) > G_{(\nu)}$ ergeben, werde nach der Größe von $h(X_i, \ldots, Z_i)$ sortiert: $H_{(1)}, \ldots, H_{(n-\nu)}$. Diejenigen hierbei benutzten $\{X_i, \ldots, Z_i\}$, die $h(X_i, \ldots, Z_i) > H_{(\mu)}$ erfüllen, ordne man nach der Größe von

$$k(X_i, \ldots, Z_i)$$

und erhält

$$K_{(1)}, \ldots, K_{(n-\nu-\mu)}.$$

Dann gilt

$$\begin{aligned} \boldsymbol{P}\big(\boldsymbol{P}(g(X^*, \ldots, Z^*) \geqq G_{(\nu)}; h(X^*, \ldots, Z^*) \geqq H_{(\mu)}, \ldots, \\ k(X^*, \ldots, Z^*) \geqq K_{(\nu)}) \geqq 1 - \xi\big) = F^n_{(\nu+\mu+\varkappa)}(\xi). \end{aligned} \quad (13.2.3)$$

Indem man der Reihe nach verschiedene Koordinaten, eventuell mit (-1) multipliziert, verwendet, erhält man so z. B. kastenförmige Toleranzbereiche. In der Figur beispielsweise für $n = 10$; $\nu = 2, \mu = 1$; $\varkappa = 2$; $\lambda = 2$.

3. Größter Abstand in der geordneten Stichprobe

Es ist interessant, die aus graphisch aufgetragenen Beobachtungen leicht zu erkennende, größte der Differenzen

$$T_i = X_{(i)} - X_{(i-1)}, \ldots, T_{(1)} = X_{(1)}; \qquad T_{n+1} = 1 - X_{(n)}$$

zu betrachten. Man kann im Falle der $(0, 1)$-konstant-Verteilung die exakte Verteilung des so definierten

$$V = \operatorname*{Max}_{i=1,\ldots,n+1} T_i \qquad (13.3.1)$$

leicht bestimmen. Bezeichnet man die Ereignisse $T_i \geqq d$ mit A_i, so rechnet man aus der konstanten Dichte der $T_1, \ldots, T_{n+1}$-Verteilung zunächst

$$\boldsymbol{P}(A_{i_1}, \ldots, A_{i_s}) \equiv \boldsymbol{P}(T_{i_1} \geqq d, \ldots, T_{i_s} \geqq d) = (1 - s\,d)^n$$

(i_ν verschieden voneinander)

aus, da der Integrationsbereich ein dem Definitionsbereich der T_i ähnliches Simplex mit um den Faktor $(1 - s\,d)$ verkleinerten Seiten ist. Die SYLVESTERschen Formeln ergeben dann sofort

$$\boldsymbol{P}(V < d) = \sum_{0 \leqq \nu \leqq \mathrm{Min}(1/d,\, n+1)} \binom{n+1}{\nu} (-1)^\nu (1 - \nu\, d)^n, \tag{13.3.2}$$

während man für das so definierte Maximum

$$V^* = \max_{i=1,\ldots,n} T_i \tag{13.3.3}$$

auf die gleiche Weise erhält

$$\boldsymbol{P}(V^* < d) = \sum_{0 \leqq \nu < \mathrm{Min}(1/d,\, n)} \binom{n-1}{\nu} (-1)^\nu (1 - \nu\, d)^n. \tag{13.3.4}$$

Nach der allgemeinen Feststellung bei der SYLVESTERschen Formel sind die Partialsummen der endlichen Reihen abwechselnd zu groß und zu klein.

Für große Werte gibt es eine Limes-Darstellung (P. LÉVY, 1939) mit der dabei auftretenden „Extremwertverteilung"[1]

$$\lim_{n\to\infty} \boldsymbol{P}\left(V < \frac{\log(n+1) + a}{n+1}\right) = \exp(-\exp(-a)), \tag{13.3.5}$$

die auf Grund der Darstellung (1.5) bewiesen werden soll.

Es gilt zunächst

$$\boldsymbol{P}(V < d) = \boldsymbol{P}(T_1 < d, \ldots, T_{n+1} < d)$$
$$= \boldsymbol{P}\left(\frac{U_1}{U_1 + \cdots + U_{n+1}} < d, \ldots, \frac{U_{n+1}}{U_1 + \cdots + U_{n+1}} < d\right).$$

Wegen des (vgl. § 16)[2] zentralen Grenzwertsatzes gilt für den Nenner[3]

$$U_1 + \cdots + U_{n+1} = n + 1 + O_p(\sqrt{n});$$

---

[1] Ohne Beweis sei erwähnt, daß diese Verteilung $F(\xi) = \exp(-\exp(-\xi))$ Erwartungswert $\boldsymbol{E} = C = 0{,}57721\ldots =$ EULER-MASCHERONIsche Konstante $= \lim\limits_{n\to\infty} \sum\limits_{\nu=1}^{n} \frac{1}{\nu} - \log n$ und Varianz $\sigma^2 = \frac{\pi^2}{6}$ besitzt.

[2] Wegen des durch (13.6) und (13.6a) gesicherten Zusammenhanges genügt auch die Anwendung der Umstürzungsmethode auf die POISSON-Verteilung und der zentrale Grenzwertsatz aus § 7.3.

[3] Vgl. auch § 11, Aufgabe 14.

nach Einsetzen von $d = \frac{a + \log(n+1)}{n+1}$ ergibt sich deshalb

$$\boldsymbol{P}\left(V < \frac{a+\log(n+1)}{n+1}\right) = \boldsymbol{P}\left(\underset{i=1,\ldots,n+1}{\operatorname{Max}} U_i < a + \log(n+1) + O_p\left(\frac{1}{\sqrt{n}}\right)\right)$$

$$= \prod_{i=1}^{n+1} \boldsymbol{P}\left(U_i < a + \log(n+1) + O_p\left(\frac{1}{\sqrt{n}}\right)\right)$$

$$= \left(1 - e^{-\left(a+\log(n+1)+O_p\left(\frac{1}{\sqrt{n}}\right)\right)}\right)^{n+1}$$

$$= \left(1 - \frac{1}{n+1} e^{-a+O_p\left(\frac{1}{\sqrt{n}}\right)}\right)^{n+1},$$

was offenbar gegen

$$\exp(-\exp(-a))$$

strebt.

Analog kann man $W = \underset{1 \leqq i \leqq m}{\operatorname{Max}} T_i$ betrachten: Der (3.2) entsprechende Ausdruck für $\boldsymbol{P}\left(W < \frac{1}{m}\right)$ ist insbesondere identisch mit der Wahrscheinlichkeit $\boldsymbol{P}_{m,n}$ aus § 4, Aufgabe 18. Analog der zuletzt durchgeführten Rechnung ergibt sich dann $\boldsymbol{P}_{m,n} \to e^{-\lambda}$, wenn $m \exp\left(-\frac{m}{n}\right) \to \lambda$ strebt.

Der Grenzwertsatz (3.5) erlaubt es, die maximale Differenz als Test für die Hypothese, daß (0, 1)-konstante Dichte vorliegt, zu verwenden (L. WEISS, 1960) (nach einer Reduktion also: Hypothese einer beliebigen Verteilung!), indem man als kritischen Bereich

$$V \geqq d_0 \approx \frac{a+\log(n+1)}{n+1} \quad \text{mit} \quad \exp(-\exp(-a)) = -\alpha$$

(α = Fehlerwahrscheinlichkeit für Fehler erster Art). Es soll hier wenigstens gezeigt werden, daß dieser Test konsistent gegenüber allen Alternativen (Dichte $\equiv f(\xi) \not\equiv$ const in $0 \ldots 1$) ist. Es muß ja dann ein Teilintervall, etwa $\xi_1 \leqq \xi < \xi_2$ geben, in dem $f(\xi) \leqq q < 1$ ist. In diesen Bereich fallen

$$n \int_{\xi_1}^{\xi_2} f(\xi)\, d\xi + O_p(\sqrt{n})$$

Beobachtungen X_i, deren maximaler Abstand $V_1 \leqq V$ ist. Diese X_i können wir auch so gewinnen, daß man $n\, q(\xi_2 - \xi_1) + O_p(\sqrt{n})$ unabhängige Paare (Y_i, Z_i) mit konstanter Dichte im Rechteck $\xi_1 \leqq Y_i \leqq \xi_2$; $0 \leqq Z_i \leqq q$ betrachtet und dann diejenigen mit $Z_i \leqq f(Y_i)$ auswählt.

Der maximale Abstand V_2 aller Y_i ist einerseits offenbar

$$V_2 \leqq V_1$$

und genügt nach dem bewiesenen Grenzwertsatz, für dessen Anwendung die Y_i auf das Intervall $0 \ldots 1$ zu strecken sind,

$$\lim_{n\to\infty} \boldsymbol{P}\left(\frac{V_2}{\xi_2 - \xi_1} < \frac{b + \log[n\,q(\xi_2 - \xi_1)]}{n\,q(\xi_2 - \xi_1)}\right) = \exp(-\exp(-b)),$$

da die Abweichungen $O_p(\sqrt{n})$ von n bei $n \to \infty$ vernachlässigbar sind. Da $V \geqq V_2$ gilt, folgt

$$\lim_{n\to\infty} \boldsymbol{P}_f\left(V < \frac{b + \log n + \log q + \log(\xi_2 - \xi_1)}{n\,q}\right) \leqq \exp(-\exp(-b)).$$

Mit einem durch $\exp(-\exp(-a)) = 1 - \alpha$ festgelegten α sollte $d_0 \approx \frac{a + \log n}{n}$ sein. Für hinreichend großes n gilt aber bei jedem b

$$\frac{\log n + b + \log q + \log(\xi_2 - \xi_1)}{n\,q} \geqq \frac{a + \log n}{n},$$

so daß $\lim_{n\to\infty} \boldsymbol{P}_f(V < d_0) = 0$ gelten muß.

4. Überschreitungswahrscheinlichkeiten

Wichtige Ergebnisse entstehen, wenn man die durch die Toleranzbereiche der Quantilen festgestellten Eigenschaften auf den Fall ausdehnt, daß nach den ersten n Beobachtungen $X_1, \ldots, X_n$ nur endlich viele Größen $Y_1, \ldots, Y_m$ (unabhängig, mit derselben Verteilung wie die X_i) auftreten. Es entsteht so die Aufgabe, die Verteilung der Überschreitungsanzahl $\boldsymbol{P}(r \mid n, m; \nu)$ zu bestimmen: die Wahrscheinlichkeit, daß von den m Y_i genau r kleiner sind als das ν-kleinste der X_i. Diese Art von Aufgaben läßt sich sowohl auf dem Wege über Dichten, also durch Integrationen, als auch durch abzählende (kombinatorische) Methoden lösen. Dieser Zusammenhang und diese Ergebnisse dürften zu den reizvollsten der Wahrscheinlichkeitsrechnung gehören, und sind darüber hinaus, wie an Beispielen gezeigt wird, für die mathematische Statistik nützlich.

Der erste Weg, diese Überschreitungswahrscheinlichkeiten (hier müßte man eigentlich Unterschreitungswahrscheinlichkeiten sagen) bei $(0, 1)$-Konstantverteilung zu berechnen, benützt die Verteilung von $X_{(\nu)}$ und

$$\boldsymbol{P}\text{ (genau } r \text{ der } Y_j \text{ sind } < \xi) = \binom{m}{r} \xi^r (1 - \xi)^{m-r}.$$

Dies ist die bedingte Verteilung der Anzahl der Überschreitungen bei $X_{(\nu)} = \xi$. Die (totale) Verteilung ist also

$$\begin{aligned} \boldsymbol{P}(r \mid n, m; \nu) &= \int_0^1 \binom{m}{r} \xi^r (1-\xi)^{m-r}\, n \binom{n-1}{\nu-1} \xi^{\nu-1}(1-\xi)^{n-\nu}\, d\xi \\ &= \binom{m}{r} n \binom{n-1}{\nu-1} \int_0^1 \xi^{r+\nu-1}(1-\xi)^{n+m-r-\nu}\, d\xi \\ &= \binom{m}{r} n \binom{n-1}{\nu-1} \frac{(r+\nu-1)!\,(n+m-r-\nu)!}{(n+m)!}, \end{aligned}$$

was sich so schreiben läßt:

$$\boldsymbol{P}(r \mid n, m; \nu) = \frac{\binom{r+\nu-1}{r}\binom{n+m-r-\nu}{n-\nu}}{\binom{n+m}{n}} \quad (0 \leqq r \leqq m). \tag{13.4.1}$$

Wie früher (Ziffer 1) ist dies Ergebnis unabhängig von der für die Berechnung gewählten Verteilung $F(\xi) = \xi$ $(0 \leqq \xi \leqq 1)$.

Die kombinatorische Herleitung der Formel benutzt nur die Tatsache, daß alle Anordnungen der X_i und Y_i gleiche Wahrscheinlichkeit haben; es genügt also die allgemeinere Voraussetzung, daß die gemeinsame Verteilung der $X_1, \ldots, X_n$, $Y_1, \ldots, Y_m$ symmetrisch in allen $m + n$ Argumenten ist, und daß Gleichheit einiger Werte untereinander (die nicht eindeutig zu Reihenfolgen der X, Y führen) die Wahrscheinlichkeit Null haben, also nicht betrachtet werden müssen. Unter den $\binom{n+m}{n}$ Anordnungen von n Buchstaben X und m Buchstaben Y auf $n + m$ Platznummern müssen diejenigen abgezählt werden, bei denen vor dem ν-ten X genau r der Y liegen; bei denen also auf die ersten (linken) $\nu + r - 1$ Plätze genau r der Y verteilt sind, während auf den $n + m - \nu - r$ Plätzen (rechts von $X_{(\nu)}$) genau $m - r$ mit Y besetzt sind. Das gibt offenbar gerade den Zähler in (4.1) als gesuchte Anzahl, womit diese Formel erneut bewiesen ist.

Auf dieselbe Art läßt sich die Wahrscheinlichkeit dafür bestimmen, daß a der Y kleiner als $X_{(\nu)}$ und b der Y größer als $X_{(n-\mu+1)}$ (das μ-größte der X) sind. Es müssen dabei $\nu - 1$ der X auf die ersten $\nu - 1 + a$ Plätze links von $X_{(\nu)}$ verteilt werden, $n - \nu - \mu$ der X auf die $n + m - (\nu + a + \mu + b)$ Plätze zwischen $X_{(\nu)}$ und $X_{(n-\mu+1)}$, sowie $\mu - 1$ der X auf die letzten $\mu - 1 + b$ Plätze rechts von $X_{(n-\mu+1)}$. Es ergibt sich also

$$\boldsymbol{P}(a, b \mid n, m; \nu, \mu) = \frac{\binom{\nu+a-1}{\nu-1}\binom{n+m-(\nu+\mu+a+b)}{m-(a+b)}\binom{\mu+b-1}{\mu-1}}{\binom{n+m}{n}}. \tag{13.4.2}$$

Durch Summation über $a + b = r$ erhält man hieraus die beidseitige Überschreitungswahrscheinlichkeit, daß genau r der Y außerhalb von $X_{(\nu)} \ldots X_{(n-\mu+1)}$ liegen; wegen der aus dem Additionsgesetz der PASCAL-Verteilung folgenden Beziehung

$$\sum_{a+b=r} \binom{\nu + a - 1}{\nu - 1} \binom{\mu + b - 1}{\mu - 1} = \binom{\nu + \mu - 1 + r}{\nu + \mu - 1} \qquad (13.4.3)$$

ergibt sich dann

$$\boldsymbol{P}(r \mid m, n; \nu, \mu) = \boldsymbol{P}(r \mid m, n; \mu + \nu). \qquad (13.4.4)$$

Statt der Beziehung (3) kann man auch die Abzählung geeignet vornehmen: Setzt man die ersten $\nu - 1 + a$ Plätze und die letzten $\mu - 1 + b$ Plätze mit einem dazwischenliegenden zusätzlichen Platz, der durch ein zusätzliches X besetzt werden soll, nebeneinander, so erhält man $\nu + \mu + a + b - 1$ Plätze, von denen $\nu + \mu - 1$ durch X besetzt sein sollen. Das ν-te X ergibt den Trennpunkt, so daß die Abbildung eineindeutig ist und den Faktor $\binom{\nu + \mu - 1 + r}{\nu + \mu - 1}$ sofort ergibt.

Diese Verteilung der Überschreitungsanzahl ist identisch mit der in § 3, Aufgabe 5, beschriebenen des POLYAschen Urnenmodells: Die in zeitlicher Reihenfolge auftretenden Y_i entsprechen den m Ziehungen; die durch die X_i und (soweit vorhanden) Y_j auf der ξ-Achse erzeugten Intervalle (zu Beginn $n + 1$) entsprechen den Kugeln in der Urne, die links von $X_{(\nu)}$ den roten (zu Beginn r), und das Hineinfallen eines Y_j in ein Intervall entspricht der Ziehung der betreffenden Kugel.

Momente der Überschreitungswahrscheinlichkeitsverteilung kann man sowohl durch Summenbildung als auch über die bedingte Verteilung (bei $X_{(\nu)} = \xi$) berechnen (Methode von GUMBEL und SCHELLING); dann gilt z. B., wenn die Anzahl der Überschreitungen mit R bezeichnet wird

$$\boldsymbol{E}(R \mid X_{(\nu)} = \xi) = \text{Erwartungswert der Binomialverteilung} = m\,\xi;$$

also

$$\boldsymbol{E}(R) = \int_0^1 \boldsymbol{E}(R \mid \xi)\, f^n_{(\nu)}(\xi)\, d\xi = m\,n \binom{n-1}{\nu-1} \int_0^1 \xi^\nu (1 - \xi)^{n-\nu}\, d\xi = \frac{m\,\nu}{n+1}. \qquad (13.4.5)$$

Auf diese Weise berechnet man dann auch

$$\mathrm{Var}(R) = \frac{m\,\nu(m + n + 1)(n + 1 - \nu)}{(n + 1)^2 (n + 2)}. \qquad (13.4.6)$$

Für die Verteilung der Überschreitungswahrscheinlichkeiten gibt es verschiedene Grenzwertsätze, von denen hier nur einer, das GUMBELsche Gesetz der seltenen Überschreitungen behandelt werde. Dabei streben $m \to \infty$, $n \to \infty$ aber $m/n \to \lambda(\neq 0, \neq 1)$, während der dritte Parameter ν festbleibt. Bei der Annahme der $(0, 1)$-Konstantverteilung (nur für diese Rechnung!) verhält sich die Dichte von $X_{(\nu)}$ wie

$$\frac{n^\nu \xi^{\nu-1}}{(\nu-1)!} e^{-n\xi},$$

und die bedingte Verteilung von R, nämlich

$$\binom{m}{r} \xi^r (1-\xi)^{m-r}$$

läßt sich in den einzig wichtigen Bereichen, wo $n\xi < C$ bleibt, wie beim POISSONschen Grenzwertsatz durch

$$\left(\frac{m}{n}\right)^r \frac{(n\xi)^r}{r!} e^{-m\xi}$$

approximieren; durch Einsetzen ergibt sich so der leicht genau zu rechtfertigende Grenzwert ($n\xi = \zeta$ gesetzt)

$$\boldsymbol{P}(R=r) \approx \int_0^\infty \left(\frac{m}{n}\right)^r \frac{\zeta^r}{r!} e^{-\zeta \frac{m}{n}} \frac{\zeta^{\nu-1}}{(\nu-1)!} e^{-\zeta} d\zeta = \left(\frac{m}{n}\right)^r \frac{(r+\nu-1)!}{\left(\frac{m}{n}+1\right)^{r+\nu} r!(\nu-1)!}.$$

Dies läßt sich in Form einer PASCAL-Verteilung mit $p = \frac{n}{m+n}$ und Parameter ν schreiben:

$$\boldsymbol{P}(R=r) \approx \binom{r+\nu-1}{\nu-1} \left(\frac{m}{m+n}\right)^r \left(\frac{n}{m+n}\right)^\nu \quad (r = 0, 1, \ldots). \tag{13.4.7}$$

Diese Grenzformel ist sehr plausibel, da man bei sehr großen m, n innerhalb der kleinsten Werte die Tatsache, ob ein X oder ein Y auftritt, als nahezu unabhängig ansehen kann, so daß die Fragestellung (Wartezeit bis zum ν-ten „Treffer" X) der PASCAL-Verteilung gegeben ist.

Eine naheliegende Abänderung der Überschreitungsanzahl ist die der Überschreitungswartezeiten: wie viele der Y muß ich benutzen, bis zum ersten Mal genau k kleiner sind als $X_{(\nu)}$ (Anzahl der X, nämlich n, dabei gegeben)? Bezeichnet man die zufällige Anzahl der erforderlichen Y mit M, so sei

$$\boldsymbol{P}(M=m) = p_*(m \mid n; \nu \mid k)$$

und zur Berechnung dieser (von der Verteilung der X und Y wieder unabhängigen) Verteilung, nehmen wir die $(0, 1)$-Konstantverteilung und sehen dann, daß die bedingte Verteilung von M bei festem $X_{(\nu)} = \xi$

im wesentlichen eine PASCAL-Verteilung ist; man muß die feste Anzahl k zu einer PASCAL-verteilten Größe addieren:

$$\boldsymbol{P}(M = m \mid X_{(\nu)} = \xi) = p_*(m \mid k; \xi) = \binom{m-1}{k-1}\left(\frac{\xi}{1-\xi}\right)^k (1-\xi)^m.$$

Hier besteht aber ein einfacher Zusammenhang mit der Binomialverteilung $p(r \mid m; \xi) = \binom{m}{r}\xi^r(1-\xi)^{m-r}$, nämlich

$$p_*(m \mid k; \xi) = \frac{k}{m}\, p(k \mid m; \xi), \tag{13.4.8}$$

der bei der Bildung der (totalen) Verteilung von R bestehenbleibt, so daß wir die gesuchte Verteilung erhalten

$$\boldsymbol{P}(M = m) = p_*(m \mid n; \nu \mid k) = \frac{k}{m}\, p(k \mid n, m; \nu)$$

$$= \frac{k\binom{k+\nu-1}{k}\binom{n+m-k-\nu}{n-\nu}}{m\binom{n+m}{n}} \tag{13.4.9}$$

(S. S. WILKS, 1959).

Wie bei (4.4) gilt dieselbe Formel auch für beidseitige Überschreitungen.

Die wesentliche Beziehung (4.9) läßt sich auch [ebenso wie die entsprechende (4.8)] direkt aus der kombinatorischen Abzählung gewinnen: Um $M = m$ zu erhalten, müssen dann nämlich auf den ersten $k + \nu - 1$ Plätzen (links von $X_{(\nu)}$) genau k der Y liegen, während auf den $n + m - k - \nu$ Plätzen rechts von $X_{(\nu)}$ genau $m - k$ von Y besetzt sind; soweit wie bei der Berechnung von $p(k \mid n, m; \nu)$, aber k Unterschreitungen sollen erst beim m-ten Y eingetreten sein, so daß unter allen (gleichwahrscheinlichen) Permutationen der Y untereinander nur diejenigen erfaßt werden dürfen, bei denen das Y mit der Nummer m in der ersten Gruppe aus den k links von $X_{(\nu)}$ liegenden ist; das ergibt den Reduktionsfaktor k/m.

Die Berechnung von Momenten erfolgt am bequemsten wieder über die bedingten Verteilungen; es gilt dabei z. B.

$$\boldsymbol{E}(M \mid X_{(\nu)} = \xi) = \frac{k}{\xi},$$

woraus durch Integration folgt

$$\boldsymbol{E}(M) = \int_0^1 \frac{k}{\xi} f_{(\nu)}(\xi)\, d\xi = \frac{k\,n}{\nu - 1} \quad (\text{für } \nu > 1), \tag{13.4.10}$$

während man aus

$$E(M^2 \mid X_{(\nu)} = \xi) = \frac{k(1-\xi)}{\xi^2} + \frac{k^2}{\xi^2}$$

über

$$E(M^2)$$

als Varianz berechnet:

$$\operatorname{Var}(M) = \frac{k\,n[n(\nu-1) - (\nu-1)^2 + k(n-\nu)]}{(\nu-1)^2(\nu-2)} \qquad (\nu > 2). \qquad (13.4.11)$$

5. Einige Zwei-Stichproben-Rang-Teste

Überschreitungswahrscheinlichkeiten oder andere Wahrscheinlichkeiten, die unabhängig von der Verteilung sind, können zu Testen verwendet werden, ob die unabhängigen $X_1, \ldots, X_n$ (je mit derselben Verteilung F) und die unabhängigen $Y_1, \ldots, Y_m$ (je mit derselben Verteilung G) dieselbe Verteilung haben: $F = G$. Diese „verteilungsfreien Tests" benutzen also nur die Reihenfolge der gemeinsam geordneten X und Y; auch der in § 12.3 behandelte Satz von SMIRNOFF gründet sich z. B. auf die Anordnung, denn aus ihr kann man den dort studierten maximalen Abstand der beiden empirischen Verteilungsfunktionen bestimmen.

Als Beispiele weiterer derartiger Teste[1] erwähnen wir:

1. Der vereinfachte WILCOXONsche U-Test[2] $(n = m)$: Zeichentest. Hier wird gezählt, wie oft $X_i > Y_i$ ist. Diese Anzahl N ist offenbar binomisch verteilt mit den Parametern n und $p = \boldsymbol{P}(X > Y)$ und deshalb bei $n \to \infty$ asymptotisch normal verteilt. Man erkennt aber, daß jeder sich auf der Testgröße N aufbauende Test nur Hypothesen über den Wert von $\boldsymbol{P}(X > Y)$ zu prüfen gestattet. Man kann sich denken, daß der Vergleich aller Paare $X_i > Y_j$ (auch bei $n \neq m$) einen schärferen Test ermöglicht, für den die Asymptotik der Testgröße (wieder normal) schwieriger zu begründen ist.

2. Der vereinfachte LEHMANNsche Test. Hier zählt man (bei $m = n = 2l$), wie viele der Quadrupel $X_{2\lambda-1}, X_{2\lambda}, Y_{2\lambda-1}, Y_{2\lambda}$ (für das weitere wird immer $\lambda = 1$ gesetzt) die Eigenschaft $\mathfrak{A}$

$$\operatorname{Max}(X_1, X_2) \leqq \operatorname{Min}(Y_1, Y_2) \quad \text{oder} \quad \operatorname{Min}(X_1, X_2) > \operatorname{Max}(Y_1, Y_2)$$

haben. Im Fall der Hypothese $F = G$ ergibt sich aus der Gleichwahrscheinlichkeit aller Anordnungen der X_1, X_2, Y_1, Y_2 (ohne Berücksichtigung der Indizes 6, von denen 2 in Betracht kommen), daß $\boldsymbol{P}(\mathfrak{A}_\lambda) = \frac{1}{3}$ ist und deshalb die Testgröße, Anzahl der Quadrupel mit $\mathfrak{A}$, binomisch $(l, \frac{1}{3})$, asymptotisch normal verteilt ist.

---

[1] Wegen der bequemen Anwendbarkeit oft als Schnellteste bezeichnet.

[2] Vgl. J. E. JACOBSON: The Wilcoxon two-sample statistic, tables and bibliography. J. Amer. Stat. Ass. 58 (Dez. 1963), 1086.

Im Fall $F \neq G$ berechnet man $\boldsymbol{P}(\mathfrak{A})$ so:

Die Verteilungsfunktion von $\operatorname{Max}(X_1, X_2)$ ist $F(\xi)^2$, die von $\operatorname{Min}(Y_1, Y_2)$ ist $1 - (1 - G(\xi))^2 = 2G(\xi) - [G(\xi)]^2$. Wenn unabhängige U, V mit Verteilungsdichten k, l gegeben sind, ist

$$\boldsymbol{P}(U < V) = \iint\limits_{u<v} k(u)\, l(v)\, du\, dv = \int k(u)\,[1 - L(u)]\, du$$
$$= \int [1 - L(u)]\, dK(u).$$

Deshalb wird

$$\boldsymbol{P}(\operatorname{Max}(X_1, X_2) < \operatorname{Min}(Y_1, Y_2)) = \int (1 - G(\xi))^2\, d[F(\xi)]^2$$

und analog

$$\boldsymbol{P}(\operatorname{Min}(X_1, X_2) > \operatorname{Max}(Y_1, Y_2)) = \int (1 - F(\xi))^2\, d[G(\xi)]^2.$$

Addition ergibt nach einiger Rechnung

$$\boldsymbol{P}(\mathfrak{A}) = \tfrac{1}{3} + \int (F - G)^2\, d(F + G), \qquad (13.5.1)$$

so daß der Parameter der binomisch verteilten Testgröße in allen Alternativfällen $F \neq G$ also $> \frac{1}{3}$ ist und deshalb der Test mit dem kritischen Bereich

$$\frac{N_l - \frac{l}{3}}{\sqrt{l \cdot \frac{1}{3} \cdot \frac{2}{3}}} > h,$$

also Fehlerwahrscheinlichkeit für Fehler erster Art asymptotisch $= 1 - \Phi(h)$, offenbar konsistent ist.

Es ist plausibel, daß der Test (auch bei $n \neq m$), der alle Quadrupel X_i, X_j, Y_k, Y_l $(i \neq j;\ k \neq l)$ berücksichtigt, ähnliche Eigenschaften hat; sein asymptotisches Verhalten (normal) ist schwieriger zu begründen[1].

Aufgaben

1. Man leite die asymptotischen Gesetze für $X_{(\nu)}$ aus der Dichte von $X_{(\nu)}$ her!

2. Man bestätige, daß die gemeinsame Verteilung von

$$U = T_{i_1} + \cdots + T_{i_r} \quad \text{und} \quad V = T_{j_1} + \cdots + T_{j_s}$$

(alle i_ν, j_μ voneinander verschieden) diese (sog. DIRICHLET-Verteilung) ist:

$$\frac{n!}{(r-1)!\,(s-1)!\,(n-r-s)!}\, u^{r-1} v^{s-1} (1 - u - v)^{n-r-s}$$
$$(0 \leqq u,\ 0 \leqq v,\ u + v \leqq 1).$$

Analoges für mehrere disjunkte Summen!

3. Man bestimme (z. B. aus der gemeinsamen Dichte oder nach dem Vorbild von Ziffer 1) die asymptotische gemeinsame Verteilung

[1] Vgl. E. LEHMANN: Consistency and Unbiasedness of certain nonparametric tests. Ann. Math. Statistics 22 (1951) 165.

von $X_{[p_1 n]}$ und $X_{[p_2 n]}$; als asymptotische Varianz-Kovarianz-Matrix ergibt sich

$$\sigma_{11} = \frac{p_1(1-p_1)}{n f^2(\xi_{p_1})}, \quad \sigma_{12} = \frac{p_1(1-p_2)}{n f(\xi_{p_1}) f(\xi_{p_2})}, \quad \sigma_{22} = \frac{p_2(1-p_2)}{n f^2(\xi_{p_2})}.$$

4. Der Abstand des größten und kleinsten Wertes $X_{(n)} - X_{(1)}$ heißt Spannweite (englisch: range); im Falle der Konstantverteilung gewinne man aus der gemeinsamen Dichte von $X_{(1)}$ und $X_{(n)}$, nämlich

$$f(\xi, \eta) = n(n-1)(\eta - \xi)^{n-2} \qquad (0 \leqq \xi \leqq \eta \leqq 1)$$

durch Integration die Verteilung der Spannweite zu

$$n(n-1)\zeta^{n-2}(1-\zeta) = f_{(2)}^n(\zeta) \qquad (0 \leqq \zeta \leqq 1).$$

Für die sich daraus ergebende Wahrscheinlichkeit dafür, daß der β-Anteil innerhalb der Spannweite $X_{(1)} \ldots X_{(n)}$ liegt, berechne man $F_{(2)}^n(\beta) = n\beta^{n-1} - (n-1)\beta^n$ und gewinne für $\beta = 1 - \delta$ (δ klein) die Näherungsformel

$$F_{(2)}^n(1-\delta) \approx 1 - \frac{n(n-1)}{2}\delta^2.$$

5. Die Überlegungen der Ziffer 3 lassen sich auf den r-größten Abstand V_r übertragen; man leite die Beziehung

$$\lim_{n\to\infty} \boldsymbol{P}\left(V_r < \frac{\log(n+1) + a}{n+1}\right) = \left\{\sum_{\nu=0}^{r-1} \frac{e^{-a\nu}}{\nu!}\right\} \exp(-e^{-a})$$

her!

6. Für den kleinsten der Abstände $W = \underset{i=1,\ldots,n+1}{\operatorname{Min}} T_i$ beweise man

$$\lim_{n\to\infty} \boldsymbol{P}\left(W < \frac{b}{n^2}\right) = 1 - e^{-b}$$

(Bemerkung: Asymptotisch sind W und U unabhängig!).

7. Als verteilungsfreier Test für das 2-Stichprobenproblem kann man auch den Run-Test verwenden (WALD-WOLFOWITZ, 1940): Testgröße $= R =$ Anzahl der „Runs", wobei unter einem Run eine Folge hintereinanderfolgender gleicher Buchstaben (X oder Y) verstanden wird, wenn alle Beobachtungswerte $X_1, \ldots, X_m$, $Y_1, \ldots, Y_n$ gemeinsam geordnet werden.

Man beweise durch Abzählung der betreffenden Anordnungen, daß im Fall, daß X und Y dieselbe Verteilung haben, gilt:

$$\boldsymbol{P}(R = 2k) = \frac{2\binom{n-1}{k-1}\binom{m-1}{k-1}}{\binom{m+n}{n}},$$

$$\boldsymbol{P}(R = 2k+1) = \frac{\binom{n-1}{k}\binom{m-1}{k-1} + \binom{n-1}{k-1}\binom{m-1}{k}}{\binom{m+n}{n}}.$$

Es gilt, wie man mit Hilfe des zentralen Grenzwertsatzes für die hypergeometrische Verteilung in § 7.4 finden kann, asymptotische Normalverteilung bei $n \to \infty$, $m \to \infty$ mit

$$\boldsymbol{E}(R) = \frac{2mn}{m+n} + 1, \qquad \operatorname{Var}(R) = \frac{2mn(2mn - m - n)}{(m+n)^2(m+n-1)}.$$

Der Test ist konsistent.

8. Man entwerfe analog Aufgabe 7 einen Run-Test für Verteilungen auf dem Kreis; d. h. bei der Zählung der Runs schließt sich $\xi = 2\pi$ an $\xi = 0$ an und kein Anfangspunkt soll ausgezeichnet sein.

Lösung:

$$\boldsymbol{P}(R = 2k) = \frac{\binom{m}{k}\binom{n-1}{k-1}}{\binom{m+n-1}{n}};$$

asymptotisch normal

$$\boldsymbol{E} = \frac{2mn}{m+n-1}, \qquad \sigma^2 = \frac{4mn(m-1)(n-1)}{(m+n-1)^2(m+n-2)}.$$

9. Man stelle die Verteilung der Testgröße des Median-Testes für das 2-Stichprobenproblem im Fall, daß die Verteilungen gleich sind, auf; Testgröße ist die Anzahl der X_ν, die kleiner als der empirische Median der gemeinsam geordneten X_ν und Y_μ sind (vgl. § 6.5).

10. Man berechne Erwartungswert und Varianz der durch

$$T = \sum_{i=1}^{m} \sum_{k=1}^{n} I_{ik} \qquad (I_{ik} = I_{X_i > Y_k})$$

definierten Testgröße des WILCOXON-Testes für den Fall, daß die Verteilungen der unabhängigen X_i und der Y_k übereinstimmen.

Anleitung: Man beachte z. B. $P(I_{11}) = \frac{1}{2}$, $P(I_{11} I_{12}) = \frac{1}{3}$, $P(I_{11} I_{22}) = \frac{1}{4}$.

Lösung:

$$E = \frac{mn}{2}, \qquad \operatorname{Var} = \frac{mn(m+n+1)}{12}.$$

Die Verteilung ist bei $m, n \to \infty$ asymptotisch normal; wenn die Verteilung der X_i nicht mit der der Y_k übereinstimmt, erkennt man leicht die Abweichung des Erwartungswertes!

Bemerkung: Man numeriere die gemeinsam der Größe nach geordneten X_i, Y_k (der kleinste Wert die Nr. 1, ...) und nennt diese Ordnungszahlen die „Rangzahlen". Dann gilt

$$T = \frac{n(2m+n+1)}{2} - R,$$

wenn $R = \sum_{k=1}^{n} \operatorname{Rang}(Y_k)$ ist, also $E(R) = \frac{n(m+n+1)}{2}$, $\operatorname{Var}(R) = \operatorname{Var}(T)$.

11. Für eine unbeschränkte Folge unabhängiger Zufallsgrößen X_i mit derselben Verteilungsdichte sei N definiert als Länge der absteigenden Wertefolge:

$$\{N = \nu\} = \{X_1 > X_2 > \cdots > X_\nu \leqq X_{\nu+1}\}.$$

Man berechne $\boldsymbol{E}(N) = e - 1$.

12. Als GUMBELsche Wiederkehrperiode wird der Erwartungswert der Anzahl von Y-Experimenten, die notwendig sind, um $X_{(\nu)}$ zu überschreiten, definiert:

$$T_\nu = \frac{1}{1 - F(X_{(\nu)})}.$$

Mittels (1.9) berechne man die Verteilungsfunktion und die Dichte

$$h^n_{(\nu)}(t) = \nu \binom{n}{\nu} t^{-\nu-1} \left(1 - \frac{1}{t}\right)^{n-\nu} \quad (t \geqq 1)$$

und berechne Erwartungswert $\frac{n}{\nu - 1}$ und die Varianz $\frac{n(n-\nu+1)}{(\nu-1)^2(\nu-2)}$.

13. Für n unabhängige X_i $(i = 1, \ldots, n \geqq 5)$ mit derselben Verteilung sei N die Anzahl der lokalen Extreme: X_i $(i = 2, \ldots, n - 1)$ entweder kleiner oder größer als die beiden Nachbarwerte X_{i-1}, X_{i+1}. Man berechne Erwartungswert und Varianz!

Ergebnis:

$$\boldsymbol{E}(N) = \frac{2}{3}(n - 2), \qquad \operatorname{Var}(N) = \frac{26n - 29}{90}.$$

Bemerkung: N ist als Testgröße gegen „Trend" brauchbar.

§ 14. Statistisches Alternativproblem

1. Der Likelihoodquotiententest

Zur Beschreibung von n Beobachtungen mögen n unabhängige zufällige Größen $X_1, \ldots, X_n$ dienen, deren Verteilungen alle gleich seien. Über deren Dichte[1] $f(\xi)$ sei weiterhin bekannt, daß entweder $f(\xi) = f_1(\xi)$ oder $f(\xi) = f_2(\xi)$ mit gegebenen Funktionen f_1 und f_2 ist. Es soll ein Verfahren angegeben werden, um auf Grund der Beobachtungen von $X_1, \ldots, X_n$ eine Entscheidung betr. der Alternative zu fällen. Diese Aufgabe ist eine der einfachsten Grundaufgaben der mathematischen Statistik, läßt eine übersichtliche Lösung zu und dient hier zur Einführung wichtiger Begriffe und als Vorbild für weitere Verfahren.

Es ist ersichtlich, daß ein die Alternativfrage lösender Test im wesentlichen eine Zerlegung des n-dimensionalen Raumes der möglichen Beobachtungswerte $\xi = \{\xi_1, \ldots, \xi_n\}$ in zwei Teile A_1, A_2 $(\Omega = A_1 + A_2)$

[1] Bei diskreten Wahrscheinlichkeiten ist alles analog.

ist: Gilt $X = \{X_1, \ldots, X_n\} \in A_1$ (Annahmebereich für $\mathfrak{H}_1$), so soll die Entscheidung $\mathfrak{H}_1$, daß $f = f_1$ ist, gefällt werden; gilt $X \in A_2$ entsprechend die Entscheidung $\mathfrak{H}_2$, daß $f = f_2$ ist. Eine Verallgemeinerung besteht darin, eine Funktion $0 \leqq \varphi(\xi) \leqq 1$ festzulegen, so daß entsprechend dem Beobachtungsergebnis ξ mit Wahrscheinlichkeit $\varphi_1 = \varphi(\xi)$ für $\mathfrak{H}_1$, mit Wahrscheinlichkeit $\varphi_2 = 1 - \varphi(\xi)$ für $\mathfrak{H}_2$ entschieden wird. Bei jedem solchen Testverfahren muß man mit falschen Entscheidungen rechnen: obgleich f_1 die wahre Verteilung ist, kann $\mathfrak{H}_2$ entschieden werden (Fehler erster Art) und wenn f_2 die wahre Verteilung ist, kann $\mathfrak{H}_1$ entschieden werden (Fehler zweiter Art). Es ist trivial, daß man eine der beiden Fehlerwahrscheinlichkeiten $\alpha_1 = \boldsymbol{P}_1(\mathfrak{H}_2)$, $\alpha_2 = \boldsymbol{P}_2(\mathfrak{H}_1)$ zu Null machen kann; beide gleichzeitig zu minimieren ist eine sinnlose Forderung. Man kann aber trotzdem eine sinnvolle Klasse von optimalen Tests aufstellen. Dazu wird die Voraussetzung, daß die Größen $X_1, \ldots, X_n$ unabhängig sind, nicht benötigt, und wir schreiben statt $f^* \xi_1, \ldots, \xi_n) = \prod_{\nu=1}^{n} f(\xi_\nu)$ einfach $f(\xi)$. Es ist ein plausibles Verfahren bei Beobachtung von ξ dann $\mathfrak{H}_1$ anzunehmen, wenn $f_1(\xi) > f_2(\xi)$ ist, und $\mathfrak{H}_2$ anzunehmen, wenn $f_1(\xi) \leqq f_2(\xi)$ gilt. Allgemeiner betrachten wir die Klasse der Likelihoodquotiententests:

$$\varphi_1(\xi) = \varphi(\xi) = 1, \qquad \text{wenn} \quad f_1(\xi) > k\, f_2(\xi),$$

$$\varphi_2(\xi) = 1 - \varphi(\xi) = 1, \quad \text{wenn} \quad f_1(\xi) < k\, f_2(\xi),$$

während φ beliebig festgelegt werden soll, wo $f_1 = k\, f_2(\xi)$ ist. Es gilt folgende Optimalitätseigenschaft dieser Testes (Neyman und Pearson, 1936): Hat ein so definierter Likelihoodquotiententest die Fehlerwahrscheinlichkeiten α_1 und α_2, so gibt es keinen Test, beschrieben durch eine Funktion $0 \leqq \psi(\xi) \leqq 1$, dessen Fehlerwahrscheinlichkeiten $\beta_1 \leqq \alpha_1$ und $\beta_2 < \alpha_2$ erfüllen (bzw. $\beta_1 < \alpha_1$, $\beta_2 \leqq \alpha_2$)[1].

Beweis: Es gelte

$$\beta_2 = \int \psi\, f_2 < \alpha_2 = \int \varphi\, f_2 .$$

Dann wird

$$\beta_1 - \alpha_1 \geqq \beta_1 - \alpha_1 - k(\alpha_2 - \beta_2) = \int (\varphi - \psi)\,(f_1 - k\, f_2), \qquad (14.1.1)$$

und hierin ist der Integrand $\geqq 0$, da dort, wo $f_1 - k\, f_2 > 0$ ist nach Festlegung $\varphi = 1$, mithin $\varphi - \psi \geqq 0$ ist, und dort, wo $f_1 - k\, f_2 < 0$ ist, wegen $\varphi = 0$ auch $\varphi - \psi \leqq 0$ gilt, q. e. d.

Trägt man zu jedem möglichen Test die Fehlerwahrscheinlichkeiten in rechtwinkligen Koordinaten auf, so erhält man, da mit φ und ψ jede

[1] Solche Teste werden trennscharf genannt. Eine Methode zur Aufstellung solcher Teste wird im Anhang beschrieben.

positive Linearkombination $c\varphi + d\psi$ ($c > 0$, $d > 0$, $c + d = 1$) auch einen Test, und zwar mit $c\alpha_i + d\beta_i$ als Fehlerwahrscheinlichkeiten, ergibt, eine konvexe Punktmenge, deren Rand (in Richtung auf die Achsen) nach dem vorangehenden aus den Punkten gebildet wird, die zu den Likelihoodquotiententests, durch den Wert k parametrisiert, gehören:

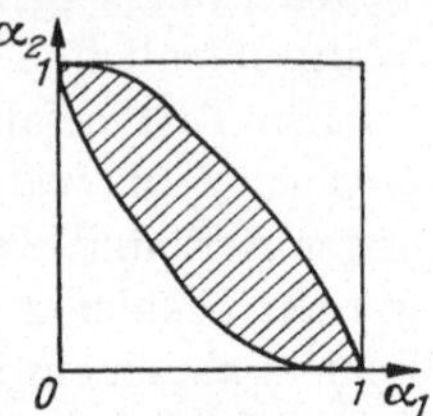

Abb. 5
Konvexer Bereich, gebildet durch die Fehlerwahrscheinlichkeiten von Alternativtesten

Aus dieser Abbildung kann man sich z. B. leicht denjenigen Test bestimmen, für den $\mathrm{Max}(\alpha_1, \alpha_2)$ am kleinsten wird (Analogon der Konfidenzwahrscheinlichkeit $1 - \alpha$): der Schnittpunkt des Randes mit der 45°-Geraden.

Aus der Optimalitätseigenschaft der Likelihoodquotiententests kann man eine interessante Folgerung über die Nützlichkeit der Beobachtung von Funktionen $Y = a(X)$ ziehen. Wenn die Verteilungsdichten von Y dann $g_1(\eta)$ bzw. $g_2(\eta)$ sind, werden die optimalen Tests, wenn nur Y beobachtet werden kann, durch die Annahmebereiche $g_1(\eta) > l\, g_2(\eta)$ bzw. $g_1(\eta) < l\, g_2(\eta)$ beschrieben. Wenn diese Tests nicht schlechter als die bei Beobachtung von X möglichen Tests sein sollen, müssen die so definierten Mengen $g_1(a(\xi)) >$ bzw. $< l g_2(a(\xi))$ dieselben Mengen wie die durch $f_1(\xi) >$ bzw. $< k\, f_2(\xi)$ definierten sein ($l = l(k)$). Hierbei müssen die gleichen Mengen sogar durch $k = l$ beschrieben werden; denn sei C_η eine Menge im η-Raum innerhalb des durch $g_1(\eta) > l\, g_2(\eta)$ definierten Bereiches. Dann gilt mit dem Urbild C_ξ von C_η ($C_\eta = a(C_\xi)$), welches nach Voraussetzung in $f_1(\xi) > k\, f_2(\xi)$ liegt,

$$\int_{C_\eta} (g_1(\eta) - k\, g_2(\eta))\, d\eta = \boldsymbol{P}_1(C_\eta) - k\, \boldsymbol{P}_2(C_\eta)$$

$$= \boldsymbol{P}_1(C_\xi) - k\, \boldsymbol{P}_2(C_\xi) = \int_{C_\xi} (f_1 - k\, f_2)\, d\xi \geqq 0.$$

Da das für beliebig kleine C_η, die sich auf einen Punkt zusammenziehen mögen, gilt, folgt

$$g_1(\eta) - k\, g_2(\eta) \geqq 0$$

und da dasselbe auch für das umgekehrte Zeichen geschlossen werden kann, muß $k = l$ sein.

Es gilt dann also

$$\frac{f_1(\xi)}{f_2(\xi)} = \frac{g_1(\eta)}{g_2(\eta)} \quad \text{für} \quad \eta = a(\xi) \tag{14.1.2}$$

oder

$$g_i(a(\xi)) = f_i(\xi)\, \lambda(\xi) \qquad (i = 1, 2$$

mit einem von i unabhängigen Faktor $\lambda(\xi)$. Man nennt die so ausgezeichneten Abbildungen a „erschöpfend" („sufficient") bezüglich der Nummer i[1].

[1] Besser wäre „ausschöpfend".

2. Verhalten des Testes bei wachsender Beobachtungszahl

Wir betrachten jetzt wieder den Fall unabhängiger Größen mit derselben Dichte $f_1(\xi)$ oder $f_2(\xi)$. Für ein festes n ist der Test mit dem Annahmebereich für $\mathfrak{H}_1$:

$$\prod_{\nu=1}^{n} \frac{f_1(\xi_\nu)}{f_2(\xi_\nu)} > k_n \tag{14.2.1}$$

einer der optimalen Klasse. Die Fehlerwahrscheinlichkeiten sollen jetzt in Abhängigkeit von n betrachtet werden: $\alpha_1^{(n)}$, $\alpha_2^{(n)}$. Es soll gezeigt werden, daß man die Teste so wählen kann, daß $\lim \alpha_1^{(n)} = \lim \alpha_2^{(n)} = 0$ gilt. Das geht sogar mit $k_n = k$.

Mit $Y_\nu = \log \frac{f_1(X_\nu)}{f_2(X_\nu)}$ und $a = \log k$ gilt nämlich

$$1 - \alpha_2^{(n)} = \boldsymbol{P}_2\left(\prod_{\nu=1}^{n} \frac{f_1(X_\nu)}{f_2(X_\nu)} < k\right)$$
$$= \boldsymbol{P}_2\left(\sum_{\nu=1}^{n} Y_\nu < a\right). \tag{14.2.2}$$

Um das Gesetz großer Zahlen anwenden zu können, berechnen wir

$$\boldsymbol{E}_2(Y_\nu) = \int \log \frac{f_1(\xi)}{f_2(\xi)} f_2(\xi)\, d\xi$$

wegen

$$\log \tau \leqq \tau - 1$$

ist das

$$\leqq \int \left(\frac{f_1}{f_2} - 1\right) f_2\, d\xi = 1 - 1 = 0.$$

Dabei tritt das Gleichheitszeichen nur ein, wenn überall, wo $f_2(\xi) > 0$ ist, $\tau = 1$ ist, d. h. sich f_1 und f_2 nicht unterscheiden. Es gilt also

$$\boldsymbol{E}_2(Y_\nu) = m < 0.$$

Dann erhalten wir aus (2.2) weiter

$$1 - \alpha_2^{(n)} = \boldsymbol{P}_2\left(\frac{\sum_1^n Y_\nu}{n} - m < \frac{a}{n} - m\right);$$

für $n > \frac{2|a|}{(-m)}$ gilt $\frac{a}{n} - m > -\frac{m}{2}$ und deshalb

$$1 - \alpha_2^{(n)} \geqq \boldsymbol{P}_2\left(\frac{\sum_1^n Y_\nu}{n} - m < -\frac{m}{2}\right)$$
$$\geqq \boldsymbol{P}_2\left(\left|\frac{\sum_1^n Y_\nu}{n} - m\right| < -\frac{m}{2}\right) \to 1, \quad \text{d. h.} \quad \alpha_2^{(n)} \to 0. \tag{14.2.3}$$

Entsprechend gilt $\alpha_1^{(n)} \to 0$. Diese Eigenschaft der Fehlerwahrscheinlichkeiten, gegen 0 zu streben, nennt man die „Konsistenz" der Testfolge.

Die Geschwindigkeit, mit der die $\alpha_i^{(n)} \to 0$ streben, läßt sich abschätzen. Ein besonders elegantes und nützliches Ergebnis erhält man, wenn man nicht $k_n = k$ festhält, sondern k_n durch die Forderung $\alpha_1^{(n)} = \alpha_1 = \text{const}$ festlegt. Für k_n erhält man dann[1]

$$\boldsymbol{P}_1\left(\sum_{\nu=1}^{n} Y_\nu > k_n\right) = 1 - \alpha_1.$$

Mit

$$J_{12} \equiv \boldsymbol{E}_1(Y_\nu) = \int \log \frac{f_1(\xi)}{f_2(\xi)} f_1(\xi)\, d\xi,$$

das wegen $\log\tau \geqq 1 - \frac{1}{\tau}$ größer (oder gleich) Null ist, folgt aus

$$1 - \alpha_1 = \boldsymbol{P}_1\left(\frac{\sum_1^n Y_\nu}{n} - J_{12} > \frac{k_n}{n} - J_{12}\right),$$

wegen der Konvergenz von $\frac{1}{n}\sum_1^n Y_\nu - J_{12} \to 0$ (nach Wahrscheinlichkeit), daß

$$\frac{k_n}{n} - J_{12} \equiv \varepsilon_n \to 0$$

streben muß. Dann bleibt für $\alpha_2^{(n)}$:

$$\alpha_2^{(2)} = \boldsymbol{P}_2\left(\frac{1}{n}\sum_{\nu=1}^{n} Y_\nu \geqq J_{12} + \varepsilon_n\right).$$

In dem hier in Betracht kommenden Integrationsbereich gilt

$$\frac{1}{n}\sum_1^n \log\frac{f_1(\xi)}{f_2(\xi)} \geqq J_{12} + \varepsilon_n,$$

d. h.

$$\prod_{\nu=1}^{n} f_2(\xi_\nu) \leqq \prod_{\nu=1}^{n} f_1(\xi_\nu)\, e^{-n(J_{12}+\varepsilon_n)}.$$

Wenn man dies in dem die Wahrscheinlichkeit $\boldsymbol{P}_2$ ausdrückenden Integral einsetzt, erhält man weiter einerseits

$$\begin{aligned} \alpha_2^{(n)} &\leqq \boldsymbol{P}_1\left(\frac{1}{n}\sum_{\nu=1}^{n} Y_\nu \geqq J_{12} + \varepsilon_n\right) e^{-n(J_{12}+\varepsilon_n)}, \\ &= (1-\alpha_1)\, e^{-n(J_{12}+\varepsilon_n)}. \end{aligned} \tag{14.2.4}$$

Dies folgt auch aus (14.2.11). Andererseits ist mit einem beliebigen $\delta > 0$ (also für große n auch $\delta > \varepsilon_n$)

$$\alpha_2^{(n)} \geqq \boldsymbol{P}_2\left(J_{12} + \delta \geqq \frac{1}{n}\sum_1^n Y_\nu \geqq J_{12} + \varepsilon_n\right).$$

[1] Statt $\log k_n$ wird jetzt k_n geschrieben.

Weil in dem hier auftretenden Integral wegen

$$\frac{1}{n}\sum_{\nu=1}^{n}\log\frac{f_1(\xi_\nu)}{f_2(\xi_\nu)} \leqq J_{12}+\delta$$

die Ungleichung

$$\prod_{\nu=1}^{n} f_2(\xi_\nu) \geqq \prod_{\nu=1}^{n} f_1(\xi_\nu)\exp(-n(J_{12}+\delta))$$

gilt, bleibt

$$\alpha_2^{(n)} \geqq \boldsymbol{P}_1\left(J_{12}+\delta \geqq \frac{1}{n}\sum_{\nu=1}^{n} Y_\nu \geqq J_{12}+\varepsilon_n\right)\exp(-n(J_{12}+\delta)).$$

Und, da nach dem Gesetz großer Zahlen

$$\boldsymbol{P}_1\left(\frac{1}{n}\sum_{1}^{n} Y_\nu \geqq J_{12}+\delta\right)\to 0$$

strebt, ist mit einem beliebig kleinen $\gamma > 0$

$$\begin{aligned}\alpha_2^{(n)} &\geqq \left\{\boldsymbol{P}_1\left(\frac{1}{n}\sum_{\nu=1}^{n} Y_\nu \geqq J_{12}+\varepsilon_n\right)-\gamma\right\}\exp(-n(J_{12}+\delta))\\ &= (\alpha_1-\gamma)\exp(-n(J_{12}+\delta)).\end{aligned} \qquad (14.2.5)$$

Aus den beiden Abschätzungen (2.4) und (2.5) erkennt man das asymptotische Verhalten (CHERNOFF, 1952)[1]

$$\sqrt[n]{\alpha_2^{(n)}} \to \exp(-J_{12}). \qquad (14.2.6)$$

Analog gilt bei festgehaltenen $\alpha_2^{(n)} = \alpha_2$, daß

$$\sqrt[n]{\alpha_1^{(n)}} \to \exp(-J_{21}) \qquad (14.2.7)$$

mit

$$J_{21} = \int \log\frac{f_2(\xi)}{f_1(\xi)} f_2(\xi)\,d\xi.$$

Die beiden hier auftretenden Größen J_{12}, J_{21}, die offenbar Maße für die Leichtigkeit der Unterscheidung der beiden Alternativen sind, heißen Informationsabstände.

Bildet man einmal die Informationsabstände $J_{12}(f)$ für die Dichten $f_i(\xi)$, zum anderen für die Dichten $g_i(\eta)$ einer Größe $Y = a(X)$, so muß wegen der Optimalität des Likelihoodquotiententestes für die betreffenden Fehlerwahrscheinlichkeiten α_i (bei f) bzw. β_i (bei g) gelten, daß aus

$$\beta_1^{(n)} \leqq \alpha_1^{(n)}$$

folgt

$$\beta_2^{(n)} \geqq \alpha_2^{(n)}.$$

[1] Genauere Aussagen erhält man durch Benutzung des zentralen Grenzwertsatzes.

Hält man $\beta_1^{(n)} = \alpha_1^{(n)}$ fest, so folgt aus dem asymptotischen Verhalten, daß

$$J_{12}(g) \leqq J_{12}(f) \tag{14.2.8}$$

und ebenso

$$J_{21}(g) \leqq J_{21}(f)$$

gelten muß.

Diese Monotonieeigenschaft der Informationsabstände läßt sich auch formal leicht begründen:

$$\begin{aligned} J_{12}(f) - J_{12}(g) &= \boldsymbol{E}_1\left(\log\frac{f_1(X)}{f_2(X)}\right) - \boldsymbol{E}_1\left(\log\frac{g_1(Y)}{g_2(Y)}\right) \\ &= \int \log\frac{f_1(\xi)}{f_2(\xi)} f_1(\xi)\,d\xi - \int \log\frac{g_1(a(\xi))}{g_2(a(\xi))} f_1(\xi)\,d\xi \\ &= \int \log\frac{f_1(\xi)\,g_2(a(\xi))}{f_2(\xi)\,g_1(a(\xi))} f_1(\xi)\,d\xi. \end{aligned}$$

Wegen

$$\log\tau \geqq 1 - \frac{1}{\tau}$$

wird das

$$\begin{aligned} &\geqq \int \left(1 - \frac{f_2 g_1}{f_1 g_2}\right) f_1 = 1 - \int f_2 \frac{g_1}{g_2} = 1 - \boldsymbol{E}_2\left(\frac{g_1(a(X))}{g_2(a(X))}\right) \\ &= 1 - \boldsymbol{E}_2\left(\frac{g_1(Y)}{g_2(Y)}\right) = 1 - \int \frac{g_1(\eta)}{g_2(\eta)} g_2(\eta)\,d\eta = 1 - 1 = 0. \end{aligned}$$

Zugleich erkennt man wieder, daß das Gleichheitszeichen nur eintreten kann für

$$\frac{f_1 g_2}{f_2 g_1} \equiv 1, \tag{14.2.9}$$

d. h. erschöpfende Abbildungen.

Um eine wichtige Abschätzung für die Mindestanzahl der Beobachtungen n bei vorgeschriebenen α_1, α_2 zu erhalten, benötigen wir die leicht zu bestätigende Beziehung[1] für $f^*(\xi_1, \ldots, \xi_n) = \prod_{\nu=1}^{n} f(\xi_\nu)$

$$J_{12}(f^*) = n\,J_{12}(f) \tag{14.2.10}$$

sowie die Erkenntnis, daß die Monotonieeigenschaft auch gilt, wenn wir Abbildungen φ in endliche Mengen, z. B. die Zahlen $\{0, 1\}$ zulassen, wobei dann J_{12} durch eine Summe dargestellt wird. Wählen wir insbesondere die Abbildung

$$\begin{aligned} a(\xi) &= 0 \quad \text{für} \quad \xi \in A_2, \\ a(\xi) &= 1 \quad \text{für} \quad \xi \in A_1, \end{aligned}$$

[1] Auch ähnlich wie (2.8) aus dem asymptotischen Fehlerverhalten (2.6) zu gewinnen.

so entsteht durch Verknüpfung beider Bemerkungen die Ungleichung

$$n\,J_{12}(f) = n\int \log\frac{f_1(\xi)}{f_2(\xi)}\, f_1(\xi)\, d\,\xi \geqq \alpha_1 \log\frac{\alpha_1}{1-\alpha_2} + (1-\alpha_1)\log\frac{1-\alpha_1}{\alpha_2}, \tag{14.2.11}$$

die, als untere Schranke für n geschrieben, den reziproken Informationsabstand als Maß für die Schwierigkeit der Unterscheidung von f_1, f_2 erkennen läßt. Addiert man die Ungleichung (11) mit der durch Vertauschung der Indizes hervorgegangenen, so erhält man die symmetrische Form

$$n\int \log\frac{f_1}{f_2}\,(f_1 - f_2)\, d\,\xi \geqq (1-\alpha_1-\alpha_2)\log\frac{(1-\alpha_1)(1-\alpha_2)}{\alpha_1\alpha_2}. \tag{14.2.12}$$

Als Beispiel für die asymptotische Aussage (14.2.6) bzw. (14.2.7) für die Fehlerwahrscheinlichkeiten werde das Beispiel aus § 9.1 bzw. § 9.3 behandelt: Für die n unabhängigen Zufallsvektoren

$$X_\nu = \{I_{A_1^{(\nu)}}, \ldots, I_{A_s^{(\nu)}}\} \quad (\nu = 1, \ldots, n)$$

gilt also entweder $\boldsymbol{P}(A_i^{(\nu)}) = p_i$ (1. Hypothese) oder $\boldsymbol{P}(A_i^{(\nu)}) = q_i$. Auf Grund der Überlegungen von § 14.1 ergeben sich die Teste: Je nachdem

$$\prod_{i=1}^{s}\frac{p_i^{N_i}}{q_i^{N_i}} \underset{(=)}{>} k \text{ oder } \underset{(=)}{<} k$$

für „p“ oder „q“ zu entscheiden (N_i = Anzahl der beobachteten $A_i^{(\nu)}$). Die Abbildung der Einzelexperimentergebnisse X_ν auf die N_i ist übrigens, wie man aus (14.1.2) erkennt, erschöpfend. Für die asymptotischen Fehlerwahrscheinlichkeiten berechnet man leicht

$$J_{12} = \sum_{i=1}^{s} p_i \log\frac{p_i}{q_i},$$

was näherungsweise gleich

$$\sum_{i=1}^{s}\frac{(p_i - q_i)^2}{p_i}$$

ist. Vergleich der Aussage (14.2.6) mit (9.3.5) ergibt die dort behauptete asymptotische Güteeigenschaft des Testes.

Der Spezialfall $s = 2$ (Bernoulli-Kette oder im wesentlichen die binomische Verteilung) kommt besonders häufig vor: Die Hypothese ist durch einen Wert p bzw. q (ohne Einschränkung soll $p > q$ sein) festgelegt, und die optimalen Teste entscheiden, je nachdem ob $N > b$ oder $< b$ gilt. Für die Fehlerwahrscheinlichkeit $\alpha_1^{(n)} = \frac{1}{2}$ ergibt sich aus dem zentralen Grenzwertsatz $b = p\,n + o(\sqrt{n})$, so daß sich, da jedes der $o(\sqrt{n})$ Glieder der Binomialverteilung nach (7.1.6) die Größenordnung

$$\frac{1}{\sqrt{n}} \exp(-n\gamma)$$

hat, aus dem asymptotischen Fehlergesetz die Beziehung ergibt:

$$\sum_{\nu \geqq p n} \binom{n}{\nu} q^\nu (1-q)^{n-\nu} \sim \exp(-n J_{12})$$
$$= \exp\left(-n\left(p \log \frac{p}{q} + (1-p) \log \frac{1-p}{1-q}\right)\right).$$

Die Funktionswahrscheinlichkeit einer (technischen oder sozialen) Organisation aus n Elementen, die unabhängig voneinander mit Wahrscheinlichkeit q $(<p)$ ausfallen, und deren Gesamtfunktion nur gesichert ist, wenn der $(1-p)$-Anteil (bei $p = \frac{1}{2}$ „Mehrheit") funktionsfähig ist, wird demzufolge durch

$$1 - \exp(-n J_{12})$$

dargestellt (Beispiel aus der Zuverlässigkeitstheorie — englisch: Reliability).

3. Anwendungen auf die Informationstheorie

Eine Informationsquelle kann man sich im einfachsten Fall als ständige unabhängige Wiederholung eines gleichartigen Zufallsexperiments mit $P(X_\nu = i) = p_i$ $(i = 1 \ldots a)$ vorstellen (man denke nur an die wöchentlichen Lottozahlen, für deren Übermittlung große Mühe aufgewendet wird). Um ein Maß für die produzierte (und gegebenenfalls zu übermittelnde) Information (bei bekannten p_i) zu gewinnen, sollen die Nachrichten, die man durch Zusammenfassen von n solchen Einzelexperiment-Ergebnissen erhält, abgezählt werden unter Vernachlässigung von solchen mit einer beliebig kleinen Wahrscheinlichkeit („sog. Block-Codierung"). Dazu betrachten wir den Alternativtest

$$1. \text{ Hypothese } \quad \boldsymbol{P}_1(X_\nu = i) = p_i,$$

$$2. \text{ Hypothese } \quad \boldsymbol{P}_2(X_\nu = i) = \frac{1}{a}$$

Optimale Teste verfahren so:

$$\text{wenn } \quad \boldsymbol{P}_1^{(n)} < k_n, \quad \text{dann 2. Hypothese.}$$

Fehlerwahrscheinlichkeiten sind

$$\alpha_1^{(n)} = \boldsymbol{P}_1(\boldsymbol{P}_1^{(n)} < k_n) = \text{fest}.$$

$$\alpha_2^{(n)} = \boldsymbol{P}_2(\boldsymbol{P}_1^{(n)} \geqq k_n) = \frac{1}{a^n} \text{ Anzahl } (\boldsymbol{P}_1^{(n)} \geqq k_n).$$

Der asymptotische Satz (14.2.6) ergibt

$$\alpha_2^{(n)} \sim \exp(-n\, J_{12}) \quad \text{mit} \quad J_{12} = \log a - H(p_1 \ldots p_a),$$

wo

$$H = \sum_{i=1}^{a} p_i \log \frac{1}{p_i}$$

ist; also für die Anzahl der zusammengesetzten Nachrichten bis auf die Ausnahmewahrscheinlichkeit

$$\text{Anzahl } (\boldsymbol{P}_1^{(n)} \geqq k_n) \sim a^n\, \alpha_2^{(n)} \sim \exp(n\, H)$$

Da die Anzahl der Nachrichten, die man mit n Einzel-Zeichen bezeichnen kann, sich mit n potenziert, wählt man als Maß der Informations-Quell-Stärke

$$\frac{1}{n} \log \text{ Anzahl} \approx H.$$

4. Monotone Likelihoodquotienten

In der Praxis hat man oft nicht nur zwischen zwei Alternativen zu entscheiden, sondern zwischen Klassen von Möglichkeiten, die man häufig durch einen Parameter p so beschreiben kann: $\mathfrak{H}_1$: $p \leqq p_0$; $\mathfrak{H}_2$: $p > p_0$ (p_0 gegeben), während die Dichte der unabhängigen Größen durch $f(\xi, p)$ beschrieben werden. Als Beispiel betrachten wir

$$f_\nu(\xi, p) = \frac{1}{\sqrt{2\pi}} \exp\left(-\frac{(\xi - p)^2}{2}\right). \tag{14.3.1}$$

Dann ergibt der Likelihoodquotiententest für jedes $p_1 < p_0$ und $p_2 > p_0$, daß der Annahmebereich für $\mathfrak{H}_1$ so aussieht:

$$\prod_{\nu=1}^{n} \frac{f_\nu(\xi_\nu, p_1)}{f_\nu(\xi_\nu, p_2)} = \exp\left(\left(\sum \xi_\nu\right)(p_1 - p_2) - \frac{n}{2}(p_1^2 - p_2^2)\right) > k, \tag{14.3.2}$$

der Annahmebereich ist also von der Form

$$\sum_{\nu=1}^{n} \xi_\nu < C. \tag{14.3.3}$$

Die Klasse der optimalen Tests (noch abhängig von der Konstanten C) ist also unabhängig von der Lage der Parameter $p_1 < p_0$ bzw. $p_2 > p_0$. Offenbar gilt dasselbe, wenn wir es mit monotonen Likelihoodquotienten zu tun haben; d. h., wenn es eine Funktion $g(\xi_1, \ldots, \xi_n)$ gibt, so daß

$$\prod_{\nu=1}^{n} \frac{f_\nu(\xi_\nu, p_1)}{f_\nu(\xi_\nu, p_2)} = m(g(\xi_1, \ldots, \xi_n), p_1, p_2) \tag{14.3.4}$$

mit einer im ersten Argument monotonen Funktion m gilt[1].

[1] Wegen der Umkehrung dieses Sachverhaltes vgl. PFANZAGL: Über die Existenz überall trennscharfer Tests. Metrika 3 (1960) 169—176; 4 (1961) 105—106; sowie Verwandtes in: Z. Wahrsch.-Theorie 1 (1962) 109—115; 2 (1963) 111—117.

5. Mehrfach-Alternativen

Ähnlich wie das gewöhnliche Alternativproblem läßt sich auch das Problem mit k ($\geqq 3$) Möglichkeiten behandeln. Für die zufällige Variable X mögen die 3 Möglichkeiten bestehen, daß die Dichte f_1, f_2 oder f_3 ist (je bekannte Wahrscheinlichkeitsdichten). Eine randomisierte Antwortfunktion wird dann durch zwei Funktionen $\varphi_1 \geqq 0$, $\varphi_2 \geqq 0$ mit $\varphi_1 + \psi_2 \leqq 1$ beschrieben, so daß bei Beobachtung von $X = \xi$ mit Wahrscheinlichkeiten $\varphi_1(\xi)$, $\varphi_2(\xi)$ bzw. $\varphi_3 = 1 - \varphi_1(\xi) - \varphi_2(\xi)$ für die Möglichkeiten $1, 2, 3$ entschieden wird. Für Fehlentscheidungen (falsche Antworten, ohne Rücksicht auf die Art des Fehlers) entstehen folgende Fehlerwahrscheinlichkeiten:

$$\alpha_1 = \boldsymbol{P}_1 \; (f_2 \text{ oder } f_3 \text{ behauptet}) = 1 - \int f_1 \varphi_1,$$

$$\alpha_2 = \boldsymbol{P}_2 \; (f_1 \text{ oder } f_3 \text{ behauptet}) = 1 - \int f_2 \varphi_2,$$

$$\alpha_3 = \boldsymbol{P}_3 \; (f_1 \text{ oder } f_2 \text{ behauptet}) = \int f_3 (\varphi_1 + \varphi_2).$$

Es soll bewiesen werden, daß die gemischten Likelihood-Antwortverfahren mit gewissen Konstanten k, l:

$$\left.\begin{array}{lll} \varphi_1 = 0, & \text{wenn} & k f_1 \\ \varphi_2 = 0, & \text{wenn} & l f_2 \\ \varphi_3 = 0, & \text{wenn} & f_3 \end{array}\right\} \text{ kleiner als das größte von } k f_1, l f_2, f_3 \text{ ist;}$$

in dem Sinne wieder die besten sind, daß es keine Verfahren gibt, die gleichzeitig alle Fehlerwahrscheinlichkeiten verkleinern. Sei ψ_1, ψ_2 ein anderes Verfahren mit Fehlerwahrscheinlichkeiten

$$\beta_1 \leqq \alpha_1, \; \beta_2 \leqq \alpha_2 \text{ und } \beta_3.$$

Dann gilt

$$\begin{aligned} \beta_3 - \alpha_3 &\geqq \beta_3 - \alpha_3 - k(\alpha_1 - \beta_1) - l(\alpha_2 - \beta_2) \\ &= \int [f_3(\psi_1 + \psi_2 - \varphi_1 - \varphi_2) - k f_1(\psi_1 - \varphi_1) - l f_2(\psi_2 - \varphi_2)] \\ &= \int [(f_3 - k f_1)(\psi_1 - \varphi_1) + (f_3 - l f_2)(\psi_2 - \varphi_2)]. \end{aligned}$$

Dies läßt erkennen, daß der Integrand $\geqq 0$ ist, wo $f_3 \geqq \max(k f_1, l f_2)$ ist, weil dort $\varphi_1 = \varphi_2 = 0$ ist.

Die Schreibweise

$$\int [(k f_1 - f_3)(\varphi_1 + \varphi_2 - \psi_1 - \psi_2) + (k f_1 - l f_2)(\psi_2 - \varphi_2)]$$

läßt erkennen, daß der Integrand $\geqq 0$ ist, wo $\varphi_2 = 0$, $\varphi_1 = 1$ ist, also $k f_1 \geqq \max(f_3, l f_2)$ ist. Entsprechend für alle Teile des Integrationsbereiches. Also muß dann $\beta_3 \geqq \alpha_3$ sein. q. e. d.

Aufgaben

1. Man zeige, daß $\varphi(\xi) = \frac{f_2(\xi)}{f_1(\xi)}$ eine erschöpfende Abbildung bezüglich der beiden Dichten $f_i(\xi)$ für X ist!

Anleitung: Es gilt

$$\frac{1}{b} \boldsymbol{P}_2\left(a < \frac{f_2(X)}{f_1(X)} < b\right) < \boldsymbol{P}_1\left(a < \frac{f_2(X)}{f_1(X)} < b\right) < \frac{1}{a} \boldsymbol{P}_2\left(a < \frac{f_2(X)}{f_1(X)} < b\right).$$

2. Man gebe die optimale Klasse von Testen zur Unterscheidung der beiden Hypothesen $\lambda = \lambda_1$ oder $\lambda = \lambda_2$ (λ_i bekannt) bei der POISSON-Verteilung an; dgl. für $p = p_1$, $p = p_2$ (p_i bekannt) bei Binomialverteilung.

3. Man berechne I_{12}, I_{21} für die POISSON-Verteilung und vergleiche die Abschätzung (14.2.11). mit den aus Aufgabe 2 berechneten Fehlerwahrscheinlichkeiten!

4. Aus der Nachrichtendeutung schließe man auf die Ungleichung

$$H(p_1 \ldots p_s) + H(q_1 \ldots q_r) \geqq H(p_{11}, \ldots, p_{rs}),$$

wenn p_i bzw. q_j die marginalen Wahrscheinlichkeiten von p_{ij} sind! Wann gilt das Gleichheitszeichen?

5. Man beweise die Konsistenz für das 3-Alternativ-Verfahren, wenn n unabhängige Einzelexperimente vorliegen!

§ 15. Schadensfunktionen und Sequentialverfahren für das Alternativproblem

1. Bayessche und andere Entscheidungsverfahren

Das Alternativproblem kann in vielen Fällen unter anderen Gesichtspunkten behandelt werden. Dazu seien die Verluste, die man bei Fehlentscheidungen erleidet, bekannt: $l_1 > 0$ für Fehler erster Art, $l_2 > 0$ für Fehler zweiter Art, während bei richtigen Entscheidungen weder Verlust noch Gewinn zu verzeichnen sei[1]. Außerdem sei (vorläufig) angenommen, daß vor Beginn des Testes schon (a priori-) Wahrscheinlichkeiten γ_1, γ_2 für die beiden Hypothesen bekannt seien, wie das bei ständig wiederkehrenden Aufgaben auf Grund der Betrachtung der bis dahin durchgeführten Tests der Vergangenheit der Fall sein kann. Dann soll der Erwartungswert des Verlustes, das Risiko

$$R(\gamma, \mathfrak{T}) = \gamma_1 l_1 \alpha_1(\mathfrak{T}) + \gamma_2 l_2 \alpha_2(\mathfrak{T}) \qquad (15.1.1)$$

durch geeignete Wahl des Testes $\mathfrak{T}$ minimiert werden!

[1] In der Qualitätskontrolle entspricht dem Fehler 1. Art das Herstellerrisiko (Anteil der schlechten Stücke $< p_1$), dem Fehler 2. Art das Verbraucherrisiko (Anteil der schlechten Stücke $> p_2$).

Wegen $l_1 > 0$, $l_2 > 0$ ist es offensichtlich, daß man sich dabei auf die Klasse der Tests beschränken kann, die auf der unteren, linken Randkurve des in § 14 eingeführten Bereiches in der α_1, α_2-Ebene liegen, also nur Likelihoodquotiententests betrachten muß. Da die Punkte α_1, α_2 mit (bei festem γ) gleichen Werten von R auf Parallelen (nach rechts unten geneigt) liegen, die mit wachsenden R-Werten mehr rechts oben liegen, kommt die Bestimmung des in dem angegebenen Sinn optimalen Testes auf die Bestimmung des (oder: eines) Berührungspunktes des konvexen Bereiches mit einer der angegebenen Parallelen hinaus. Einen solchen Test $\mathfrak{T}_\gamma$ nennt man einen zu γ gehörigen BAYESschen Test[1].

Da zu jedem Randpunkt mindestens eine Stützgerade gehört (i. allg. Tangente), erkennt man, daß jeder Likelihoodquotiententest als ein BAYESscher Test aufgefaßt werden kann.

Bei unbekannter a-priori-Verteilung γ kann man den Test $\mathfrak{T}_0$ anzuwenden suchen, der auch mit dem ungünstigsten γ einen möglichst kleinen Verlust ergibt, der also das Maximum von R bezüglich γ minimiert:

$$\operatorname*{Min}_{\mathfrak{T}} \operatorname*{Max}_{\gamma} R(\gamma, \mathfrak{T}) = \operatorname*{Max}_{\gamma} R(\gamma, \mathfrak{T}_0). \tag{15.1.2}$$

In der α_1, α_2-Ebene lassen sich auch diese „Minimax"-Tests leicht bestimmen; wegen des einfachen Aufbaus von R als Funktion von γ ist nämlich sofort abzulesen:

$$\operatorname*{Max}_{\gamma} R(\gamma, \mathfrak{T}) = \operatorname{Max}\{l_1 \alpha_1(\mathfrak{T}), l_2 \alpha_2(\mathfrak{T})\}.$$

Die α_1, α_2-Punkte mit festen Werten von $\operatorname{Max}\{l_1 \alpha_1, l_2 \alpha_2\}$ liegen nun offenbar auf den beiden nicht auf den Koordinatenachsen liegenden Kanten der ähnlichen Rechtecke

$$0 \leqq \alpha_1 \leqq \frac{k}{l_1}, \quad 0 \leqq \alpha_2 \leqq \frac{k}{l_2},$$

deren rechte obere Ecken auf der Geraden $\alpha_1/\alpha_2 = l_2/l_1$ liegen. Da die Randpunkte der durch $\alpha_1(\mathfrak{T}), \alpha_2(\mathfrak{T})$ gebildeten Menge jeweils keinen Punkt derselben Menge unter oder links von sich hatten, erkennt man sofort, daß der Test als Schnittpunkt dieser Geraden mit dieser Menge gefunden wird.

Nach obiger Bemerkung ist dieser Test $\mathfrak{T}_0$ auch ein BAYESsches Test, etwa zu der a-priori-Verteilung γ_0.

Dann gilt also

$$\operatorname*{Max}_{\gamma} \operatorname*{Min}_{\mathfrak{T}} R(\gamma, \mathfrak{T}) \geqq \operatorname*{Min}_{\mathfrak{T}} R(\gamma_0, \mathfrak{T}) = R(\gamma_0, \mathfrak{T}_0) = \operatorname*{Min}_{\mathfrak{T}} \operatorname*{Max}_{\gamma} R(\gamma, \mathfrak{T}). \tag{15.1.3}$$

---

[1] Die Form des BAYES-Testes als Likelihoodquotiententest läßt sich aus $R = \int ((1-\varphi) f_1 \gamma_1 l_1 + \varphi f_2 \gamma_2 l_2)$ leicht direkt erkennen: $\varphi = 1$ oder $= 0$, je ob $f_1 \gamma_1 l_1 \lesseqgtr f_2 \gamma_2 l_2$ ist.

Andererseits gilt immer

$$g(\gamma) \equiv \operatorname*{Min}_{\mathfrak{T}} R(\gamma, \mathfrak{T}) \leqq R(\gamma, \mathfrak{T}),$$

also auch

$$\operatorname*{Max}_{\gamma} g(\gamma) \equiv \operatorname*{Max}_{\gamma} \operatorname*{Min}_{\mathfrak{T}} R(\gamma, \mathfrak{T}) \leqq \operatorname*{Max}_{\gamma} R(\gamma, \mathfrak{T}),$$

und da dies für jedes $\mathfrak{T}$ gilt, auch für das $\mathfrak{T}$, welches die rechte Seite minimiert:

$$\operatorname*{Max}_{\gamma} \operatorname*{Min}_{\mathfrak{T}} R(\gamma, \mathfrak{T}) \leqq \operatorname*{Min}_{\mathfrak{T}} \operatorname*{Max}_{\gamma} R(\gamma, \mathfrak{T}). \tag{15.1.4}$$

Aus dieser allgemeinen Aussage und (1.3) folgt

$$\operatorname*{Max}_{\gamma} \operatorname*{Min}_{\mathfrak{T}} R(\gamma, \mathfrak{T}) = R(\gamma_0, \mathfrak{T}_0) = \operatorname*{Min}_{\mathfrak{T}} \operatorname*{Max}_{\gamma} R(\gamma, \mathfrak{T}), \tag{15.1.5}$$

d. h., die so bestimmte a-priori-Verteilung maximiert das BAYESsche Risiko $\operatorname*{Min}_{\mathfrak{T}} R(\gamma, \mathfrak{T})$, eine Erkenntnis, die bei der Gewinnung von $\mathfrak{T}_0$ nützlich sein kann[1].

Im besonderen Fall $l_1 = l_2$ läßt sich der Minimax-Test auffassen als einer, der in jedem Fall mit der „Konfidenzwahrscheinlichkeit“ $1 - \alpha$ richtig entscheidet.

2. Sequentialverfahren

In den bisherigen Verfahren für die Behandlung des Alternativproblems ist die Anzahl n der Beobachtungen vor Beginn des Experimentes festgelegt. Man erkennt aber schon an dem einfachen Beispiel unabhängiger Ereignisse mit $\boldsymbol{P}(A_i) = p$, wobei als Alternativen etwa $p = 0{,}1$ und $p = 0{,}9$ zugelassen sind, daß es Fälle gibt, bei denen man mit einer geringeren Anzahl von Beobachtungen auskommt: wenn der Likelihoodquotiententest darin besteht, für $p = 0{,}1$ zu entscheiden, wenn die Anzahl der Treffer $N \leqq n_1$ ist, so sind von dem Zeitpunkt an, in dem bei nacheinander aufgeführten Experimenten die Anzahl der Treffer $> n_1$ geworden ist, weitere Experimente überflüssig.

Es sollen nun Verfahren betrachtet werden, bei denen die Anzahl N der auszuführenden Experimente dadurch eine zufällige Größe wird, daß auf Grund einer Regel, die die Ergebnisse X_i $(i = 1, \ldots, \nu)$ der jeweils durchgeführten Experimente verwendet, entschieden wird, ob das nächste Experiment mit der Nummer $\nu + 1$ gemacht wird. Wird nicht mehr weiter experimentiert, so muß auf Grund der bis dahin beobachteten Größen X_i die gesuchte Aussage (beim Alternativproblem die Entscheidung, ob $\mathfrak{H}_1$ oder $\mathfrak{H}_2$ gilt) gemacht werden; dies heiße kurz: ein sequentielles Verfahren[2]. Das Ziel der folgenden Überlegungen ist,

[1] Diese Theorie ist auch nützlich für das k-Alternativproblem mit mehr als zwei Alternativen.

[2] Sequentielle Verfahren werden z. B. auch in der Stichprobentheorie und der Versuchsplanung verwendet.

für das Alternativproblem ein Verfahren (Experimentierregel und Entscheidungsverfahren) anzugeben, bei dem die Erwartungswerte der Beobachtungszahl N, die im einfachsten Fall den Experimentier- oder Untersuchungskosten proportional sind, recht klein werden.

Es wird zunächst ein Hilfssatz aufgestellt, in dem dieser Erwartungswert $\boldsymbol{E}(N)$ auftritt. Dabei seien $X_1, \ldots, X_i$ (in hinreichender Anzahl) unabhängige zufällige Größen; durch $Y_i = \varphi_i(X_i)$ entstehen daraus unabhängige Größen, deren Erwartungswerte gleich seien:

$$\boldsymbol{E}(Y_i) = m \tag{15.2.1}$$

(in den späteren Fällen haben die X_i dieselbe Verteilung, und alle φ_i sind gleich, so daß diese Voraussetzung nur eine Regularitätsannahme ist). Auf Grund einer sequentiellen Experimentierregel werden N der X_i beoabachtet; es ist dann also $N \geqq \nu$, da nur von $X_1, \ldots, X_{\nu-1}$ abhängig, unabhängig von $X_\nu, X_{\nu+1}, X_{\nu+2}, \ldots$, also auch unabhängig von $Y_\nu, \ldots$

Es wird behauptet: Für

$$Y = \sum_{i=1}^{N} Y_i \tag{15.2.2}$$

gilt

$$\boldsymbol{E}(Y) = m\,\boldsymbol{E}(N). \tag{15.2.3}$$

Zum Beweis schreiben wir Y in der Form

$$Y = \sum_i Y_i\, I_{N \geqq i}$$

und erhalten wegen der Unabhängigkeit der Faktoren jedes Summanden

$$\begin{aligned} \boldsymbol{E}(Y) &= \sum_i \boldsymbol{E}(Y_i\, I_{N\geqq i}) = \sum_i \boldsymbol{E}(Y_i)\, \boldsymbol{E}(I_{N\geqq i}) = \sum_i m\, \boldsymbol{P}(N \geqq i) \\ &= m \sum_i \boldsymbol{P}(N \geqq i) = m\, \boldsymbol{E}(N). \end{aligned}$$

Durch geeignete Wahl von φ erhalten wir hieraus beim Alternativproblem eine Näherung für $\boldsymbol{E}(N)$, die uns zu einem guten Sequentialverfahren führen wird.

Wir wählen

$$\varphi_i(\xi) \equiv \varphi(\xi) = \log \frac{f_2(\xi)}{f_1(\xi)}$$

und bilden alle Wahrscheinlichkeiten und Erwartungswerte mittels f_2, schreiben dafür also $\boldsymbol{P}_2$ bzw. $\boldsymbol{E}_2$.

Dann gilt, wenn $\mathfrak{A}_i$ die Testentscheidung $\mathfrak{H}_i$ bezeichnet

$$\begin{aligned} &\boldsymbol{E}_2(Y) - \boldsymbol{P}_2(\mathfrak{A}_1) \log \frac{\boldsymbol{P}_2(\mathfrak{A}_1)}{\boldsymbol{P}_1(\mathfrak{A}_1)} - \boldsymbol{P}_2(\mathfrak{A}_2) \log \frac{\boldsymbol{P}_2(\mathfrak{A}_2)}{\boldsymbol{P}_1(\mathfrak{A}_2)} \\ &= \boldsymbol{E}_2 \left\{ \sum_i \log \prod_{j=1}^{i} \frac{f_2(X_j)}{f_1(X_j)}\, I_{N=i} \right\} - \boldsymbol{E}_2 \left\{ \sum_i I_{N=i} \log \frac{\boldsymbol{P}_2(\mathfrak{A}_l(X))}{\boldsymbol{P}_1(\mathfrak{A}_l(X))} \right\}, \end{aligned} \tag{15.2.4}$$

wobei $\mathfrak{A}_l(X)$ bezeichnet, bei den Werten $X = X_1, X_2, \ldots$ zur Entscheidung $\mathfrak{A}_l$ zu kommen. Durch Zusammenfassung und wegen $\log \zeta \geqq 1 - \frac{1}{\zeta}$ ergibt sich weiter

$$= \sum_i \boldsymbol{E}_2 \left\{ \left[\log \prod_{j=1}^{i} \frac{f_2(X_j)}{f_1(X_j)} - \log \frac{\boldsymbol{P}_2(\mathfrak{A}_l(X))}{\boldsymbol{P}_1(\mathfrak{A}_l(X))} \right] I_{N-i} \right\}$$

$$= \sum_i \boldsymbol{E}_2 \left\{ \log \left[\prod_{j=1}^{i} \frac{f_2(X_j)}{f_1(X_j)} \frac{\boldsymbol{P}_1(\mathfrak{A}_l(X))}{\boldsymbol{P}_2(\mathfrak{A}_l(X))} \right] I_{N-i} \right\}$$

$$\geqq \sum_i \boldsymbol{E}_2 \left\{ \left(1 - \prod_{j=1}^{i} \frac{f_1(X_j)}{f_2(X_j)} \frac{\boldsymbol{P}_2(\mathfrak{A}_l(X_1 \ldots X_i))}{\boldsymbol{P}_1(\mathfrak{A}_l(X_1 \ldots X_i))} \right) I_{N-i} \right\}. \qquad (15.2.5)$$

Wenn N eine endliche zufällige Größe ist (der Test also mit $\boldsymbol{P} = 1$ zu einer Entscheidung führt), ergibt sich, für den ersten Bestandteil $\sum_i \boldsymbol{E}_2(I_{N-i}) = 1$, während der zweite Summand am bequemsten durch getrennte Integrationen über $\mathfrak{A}_1^{(i)}$ und $\mathfrak{A}_2^{(i)}$ berechnet wird:

$$\boldsymbol{E}_2 \left\{ \prod_{j=1}^{i} \frac{f_1(X_j)}{f_2(X_j)} \frac{\boldsymbol{P}_2(\mathfrak{A}_l^{(i)}(X))}{\boldsymbol{P}_1(\mathfrak{A}_l^{(i)}(X))} I_{N-i} \right\} = \underbrace{\int \cdots \int}_{i} \prod_{j=1}^{i} f_1(\xi_j) \frac{\boldsymbol{P}_2}{\boldsymbol{P}_1} d\,\xi_1, \ldots, d\,\xi_j$$

$$= \int_{\mathfrak{A}_1^{(i)}} + \int_{\mathfrak{A}_2^{(i)}} = \left[\boldsymbol{P}_1(\mathfrak{A}_1^{(i)}) \frac{\boldsymbol{P}_2(\mathfrak{A}_1^{(i)})}{\boldsymbol{P}_1(\mathfrak{A}_1^{(i)})} + \boldsymbol{P}_1(\mathfrak{A}_2^{(i)}) \frac{\boldsymbol{P}_2(\mathfrak{A}_2^{(i)})}{\boldsymbol{P}_1(\mathfrak{A}_2^{(i)})} \right] \boldsymbol{P}_2(N = i). \qquad (15.2.6)$$

Zusammen mit dem Hilfssatz (2.3) folgt also die erwünschte Ungleichung für den Erwartungswert der Beobachtungszahl (oft als mittlere Beobachtungszahl — englisch: average sample number = ASN — bezeichnet)

$$\boldsymbol{E}_2(N) \geqq \frac{1}{J_{21}(f)} \left\{ \alpha_2 \log \frac{\alpha_2}{1 - \alpha_1} + (1 - \alpha_2) \log \frac{1 - \alpha_2}{\alpha_1} \right\} \qquad (15.2.7)$$

und entsprechend

$$\boldsymbol{E}_1(N) \geqq \frac{1}{J_{12}(f)} \left\{ (1 - \alpha_1) \log \frac{1 - \alpha_1}{\alpha_2} + \alpha_1 \log \frac{\alpha_1}{1 - \alpha_2} \right\}, \qquad (15.2.8)$$

wobei die frühere Bezeichnung (§ 14.2)

$$J_{21} = \boldsymbol{E}_2 \left(\log \frac{f_2(X)}{f_1(X)} \right) = \int f_2(\xi) \log \frac{f_2(\xi)}{f_1(\xi)} d\,\xi$$

verwendet wurde.

Es ist offensichtlich, daß diese Ungleichungen in Näherungen übergehen, wenn der Wert des in der benutzten Hilfsungleichung $\log \zeta \geqq 1 - \frac{1}{\zeta}$ auftretenden $\zeta \approx 1$ ist. Das verlangt

$$\prod_{j=1}^{i} \frac{f_2(X_j)}{f_1(X_j)} \approx \frac{\boldsymbol{P}_2(\mathfrak{A}_l(X))}{\boldsymbol{P}_1(\mathfrak{A}_l(X))} = \begin{cases} A & \text{für} \quad X \in \mathfrak{A}_2^{(i)} \\ B & \text{für} \quad X \in \mathfrak{A}_1^{(i)}. \end{cases} \qquad (15.2.9)$$

Mit den (i. allg.) gegebenen Fehlerwahrscheinlichkeiten α_1 und α_1 ist dann also gesetzt

$$A = \frac{1-\alpha_2}{\alpha_1} \qquad (15.2.10)$$

(i. allg. eine große Zahl),

$$B = \frac{\alpha_2}{1-\alpha_1}$$

(i. allg. eine positive Zahl dicht bei Null).

Die Sequentialregel und die Entscheidungsregel soll so eingerichtet werden, daß (wegen des Faktors I_{N-i}) möglichst (2.9) für das i mit $N = i$, d. h. im Augenblick des Abbrechens des Experimentierens gilt und zugleich gesichert ist, daß mit $\boldsymbol{P} = 1$ das Verfahren nach endlich vielen Schritten abbricht.

Es liegt daher nahe, das folgende, von A. WALD eingeführte Sequentialverfahren zu benützen:

1. Man beobachte X_1

$$\text{2. Wenn} \prod_{j=1}^{i} \frac{f_2(X_j)}{f_1(X_j)} \left\{ \begin{array}{l} > A \text{ ist, entscheidet man } \mathfrak{H}_2 \\ < B \text{ ist, entscheidet man } \mathfrak{H}_1 \\ \text{zwischen } B \text{ und } A \text{ liegt, beobachtet} \\ \text{man } X_{i+1} \end{array} \right\}. \qquad (15.2.11)$$

Da beim Fällen einer Entscheidung nach der i-ten Beobachtung das Produkt $\prod_{j=1}^{i-1} \frac{f_2}{f_1}$ zwischen B und A liegt, ist es plausibel, daß große Überschreitungen dieser Werte nur ziemlich unwahrscheinlich sind; um dies WALDsche Sequentialverfahren als Näherung für ein $\boldsymbol{E}_1(N)$ (und zugleich!) $\boldsymbol{E}_2(N)$ minimierendes Verfahren anzusehen, muß man sich nur überlegen, daß es mit $\boldsymbol{P} \approx 1$ zu einer Entscheidung führt. Die Situation, daß immer weiter beobachtet werden muß, bedeutet, daß für die unabhängigen Größen

$$Y_i = \log \frac{f_2(X_i)}{f_1(X_i)}$$

gelten muß:

$$b < \sum_{j=1}^{i} Y_j < a \qquad \text{(für alle } i) \qquad (15.2.12)$$

$(a = \log A\,,\, b = \log B)$.

Fassen wir so viele Summanden

$$Z_\nu = \sum_{j=1}^{r} Y_{r\nu+j}$$

zusammen, daß $\boldsymbol{P}(|Z_\nu| > |a-b|) = p > 0$ ist, so folgt aus (12) auch für die unabhängigen Z_ν

$$|Z_\nu| < |a-b| \qquad \text{(für alle } \nu);$$

die Wahrscheinlichkeit dafür ist $\prod_{\nu}(1-p)$ und strebt also gegen Null, wenn die möglichen Werte von i (und damit die von ν) hinreichend groß sind.

Ein Beispiel erläutere das allgemein beschriebene Verfahren: Bei in unbeschränkter Anzahl zur Verfügung stehenden BERNOULLI-Experimenten mit Indikatoren X_ν, $\boldsymbol{P}(X_\nu = 1) = p$, $\boldsymbol{P}(X_\nu = 0) = 1 - p$ sei zu entscheiden zwischen den Alternativen p_1 und p_2 $(p_2 > p_1)$ für p. Mit $S_i = \sum_{j=1}^{i} X_j$ ergibt sich für die Testgröße

$$\prod_{j=1}^{i} \frac{f_2(X_j)}{f_1(X_j)} = \left(\frac{1-p_2}{1-p_1}\right)^i \left(\frac{p_2(1-p_1)}{p_1(1-p_2)}\right)^{S_i}, \tag{15.2.13}$$

und durch Logarithmieren erhält man den Sequentialtest: Experimentiere (mindestens einmal und) bis der Punkt (i, S_i) außerhalb des Streifens zwischen den beiden Geraden

$$s = \frac{\log \begin{Bmatrix} A \\ B \end{Bmatrix} + i \log \dfrac{1-p_1}{1-p_2}}{\log \dfrac{p_2(1-p_1)}{p_1(1-p_2)}} \tag{15.2.14}$$

liegt. Wegen $p_2 > p_1$ steigen diese beiden Geraden nach rechts hin an.

Aus der Betrachtung für die Ungleichung (2.7) ergibt sich als Näherungswert (exakt als untere Schranke) für die Beobachtungszahlen

$$\boldsymbol{E}_2(N) \approx \frac{\alpha_2 \log \dfrac{\alpha_2}{1-\alpha_1} + (1-\alpha_2) \log \dfrac{1-\alpha_2}{\alpha_1}}{(1-p_2) \log \dfrac{1-p_2}{1-p_1} + p_2 \log \dfrac{p_2}{p_1}}, \tag{15.2.15}$$

und entsprechend

$$\boldsymbol{E}_1(N) \approx \frac{\alpha_1 \log \dfrac{\alpha_1}{1-\alpha_2} + (1-\alpha_1) \log \dfrac{1-\alpha_1}{\alpha_2}}{p_1 \log \dfrac{p_1}{p_2} + (1-p_1) \log \dfrac{1-p_1}{1-p_2}}. \tag{15.2.16}$$

Zum Vergleich mit dem gewöhnlichen Alternativtest (mit fester Beobachtungszahl n) betrachten wir den Fall

$$\alpha_1 = \alpha_2 = \alpha \ll 1$$

$$p_1 = \tfrac{1}{2} - \gamma, \quad p_2 = \tfrac{1}{2} + \gamma \qquad (\gamma \ll 1).$$

Dann ergeben die Näherungsformeln folgende Näherungen

$$\boldsymbol{E}_i(N) \approx \frac{-\log \alpha}{8\gamma^2}. \tag{15.2.17}$$

Im Vergleich dazu benötigt der gewöhnliche Alternativtest mit gleicher Fehlerwahrscheinlichkeit (Entscheidung, je ob $S_n \gtreqless n/2$ ist)

$$\boldsymbol{P}\left(S < \frac{n}{2}\right) = \boldsymbol{P}\left(\frac{S - n(\frac{1}{2} + \gamma)}{\sqrt{n(\frac{1}{2} + \gamma)(\frac{1}{2} - \gamma)}} < -\frac{\sqrt{n}\,\gamma}{\sqrt{\frac{1}{4} - \gamma^2}}\right) \approx 1 - \Phi\left(\frac{\sqrt{n}\,\gamma}{\sqrt{\frac{1}{4} - \gamma^2}}\right) = \alpha,$$

d. h. mit

$$1 - \Phi(\lambda) = \frac{1}{\sqrt{2\pi}}\, e^{-\lambda^2/2}\left(\frac{1}{\lambda} - \frac{1}{\lambda^3} \cdots\right) = \alpha$$

bei $\alpha \to 0$, $\lambda \to \infty$ also

$$\lambda \sim \sqrt{-2\log\alpha}$$

und deshalb wegen

$$\frac{-\sqrt{n}\,\gamma}{\sqrt{\frac{1}{4} - \gamma^2}} = \lambda$$

die feste Anzahl von Beobachtungen

$$n \sim \frac{-\log\alpha}{2\gamma^2}. \tag{15.2.18}$$

Als Quotient des Erwartungswertes beim (gemessen an den Fehlerwahrscheinlichkeiten) gleich guten Sequentialtest zu der sonst notwendigen Beobachtungszahl ergibt sich

$$\frac{\boldsymbol{E}_i(N)}{n} \sim \frac{1}{4}, \tag{15.2.19}$$

also eine beachtliche Einsparung an Experimentieraufwand. Allerdings schwankt N stark, denn Werte $N > n$ müssen vorkommen (wegen der Optimalität der Tests).

Die Näherungsbetrachtung anhand der Ungleichungen (2.7 u. 8) zur Gewinnung der Werte von A und B aus den Fehlerwahrscheinlichkeiten α_1, α_2 in dem WALDschen Sequentialverfahren, läßt sich präzisieren. Bildet man aus zwei Zahlen $1 > \beta_i > 0$ die Werte $A = \frac{1 - \beta_2}{\beta_1}$, $B = \frac{\beta_2}{1 - \beta_1}$, so erhält man für die Fehlerwahrscheinlichkeiten α_1, α_2 des mit diesen A, B gebildeten WALDschen Sequentialtestes folgendes:

Die Wahrscheinlichkeiten, bei $N = \nu$ Schritten zur Entscheidung $\mathfrak{H}_2$ zu kommen, sind

$$\boldsymbol{E}_2(I_{\mathfrak{H}_2} I_{N=\nu}) = \boldsymbol{E}_2\left(I\left(\prod_{i=1}^{\nu} \frac{f_2}{f_1} > A\right) I_{N=\nu}\right) = \underbrace{\int \cdots \int}_{\nu} \prod_{i=1}^{\nu} f_2(\xi_i)\, d\,\xi_i;$$

dabei ist über den Bereich zu integrieren, wo sowohl $\prod_{i=1}^{\nu} \frac{f_2}{f_1} > A$ als auch (durch $\xi_1, \ldots, \xi_\nu$ bestimmt) $N = \nu$ wird. Hier kann man $\prod_{i=1}^{\nu} f_2\, d\xi \geqq A \prod_{i=1}^{\nu} f_1$ abschätzen und erhält

$$\boldsymbol{P}_2(\mathfrak{H}_2; N = \nu) \geqq A\, \boldsymbol{P}_1(\mathfrak{H}_2; N = \nu).$$

Summation über alle ν liefert

$$1 - \alpha_2 = \boldsymbol{P}_2(\mathfrak{H}_2) \geqq A\, \boldsymbol{P}_1(\mathfrak{H}_2) = A\, \alpha_1 .$$

Aus dieser und der analogen Ungleichung

$$1 - \alpha_1 \geqq \frac{1}{B} \alpha_2$$

folgt

$$\alpha_1 \leqq \frac{\beta_1}{1-\beta_2}(1-\alpha_2)\left(\leqq \frac{\beta_1}{1-\beta_2}\right), \qquad \alpha_2 \leqq \frac{\beta_2}{1-\beta_1}(1-\alpha_1)\left(\leqq \frac{\beta_2}{1-\beta_1}\right). \tag{15.2.20}$$

Addition der mit $1-\beta_2$ bzw. $1-\beta_1$ multiplizierten Ungleichungen ergibt

$$\alpha_1 + \alpha_2 \leqq \beta_1 + \beta_2, \tag{15.2.21}$$

so daß höchstens eine der Ungleichungen $\alpha_1 \leqq \beta_1$, $\alpha_2 \leqq \beta_2$ verletzt sein kann; die bei (2.20) eingeklammerten Abschätzungen lassen erkennen, daß die Vergrößerungen $\alpha_1 - \beta_1$ bzw. $\alpha_2 - \beta_2$ nicht sehr groß sein können.

3. Bayessche Sequentialverfahren

Auch der in Ziffer 1 angebrachte Gesichtspunkt der Kostenminimierung läßt sich bei den Sequentialverfahren mit Erfolg anwenden. Wir berücksichtigen dafür Kosten („Strafgelder" oder Schaden) bei Fehlentscheidungen: $l_1 > 0$ für Fehler erster Art (d. h. $\mathfrak{H}_2$ zu eintscheiden, obgleich $\mathfrak{H}_1$ richtig ist), $l_2 > 0$ für Fehler zweiter Art und die Experimentierkosten; bei geeigneter Normierung der Währung seien die Experimentierkosten je Beobachtung 1. Bei wahrer a-priori-Verteilung $\gamma_i = \boldsymbol{P}(\mathfrak{H}_i)$ entsteht dann für den zu minimierenden Erwartungswert des Verlustes:

$$R(\gamma) = \gamma_1 \alpha_1 l_1 + \gamma_2 \alpha_2 l_2 + \gamma_1 \boldsymbol{E}_1(N) + \gamma_2 \boldsymbol{E}_2(N). \tag{15.3.1}$$

Um die Gestalt eines optimalen Testes zu erkennen, machen wir hier die Annahme, daß ein solcher Test existiert (was beweisbar ist) und daß wir dabei die (im Rahmen dieses Buches nicht erfaßbare) Beobachtungszahl unbeschränkt groß werden lassen dürfen. Dann überlegt man sich, mittels Austauschoperationen[1] nach dem Vorbild von § 14.1 (wobei die Testregeln über Entscheidungen oder Weiterexperimentieren mit den Punkten des X_1-Bereiches mit ausgetauscht werden), daß der erste

[1] Die mühevollen Überlegungen werden hier nur angedeutet; die Ergebnisse mögen als referiert angesehen werden.

Schritt des Verfahrens so aussehen muß:

$$\text{wenn}\quad \frac{f_2(X_1)}{f_1(X_1)} < B_1, \quad \text{dann } \mathfrak{H}_1 \text{ entscheiden,}$$

$$B_1 \leqq \frac{f_2(X_1)}{f_1(X_1)} \leqq A_1, \quad \text{dann weiterexperimentieren,}$$

$$\frac{f_2(X_1)}{f_1(X_2)} > A_1, \quad \text{dann } \mathfrak{H}_2 \text{ entscheiden.}$$

Von derselben Art müssen die späteren Schritte sein (eventuell andere Konstanten B_ν, A_ν). Wenn man Verfahren zuläßt, bei denen eventuell auch gar nicht experimentiert wird, was natürlich von der bekannten a-priori-Verteilung γ abhängt, so muß die Entscheidung darüber offenbar so gefällt werden:

$$\frac{\gamma_2}{\gamma_1} < B_0, \quad \text{dann } \mathfrak{H}_1 \text{ entscheiden,}$$

$$\frac{\gamma_2}{\gamma_1} > A_0, \quad \text{dann } \mathfrak{H}_2 \text{ entscheiden,}$$

$$B_0 \leqq \frac{\gamma_2}{\gamma_1} \leqq A_0, \quad \text{dann erstes Experiment machen.}$$

Da man mit $\gamma_i(X_1, \ldots, X_\nu)$ als a-posteriori-Verteilung für $\mathfrak{H}_i$ *nach* dem ν-ten Experiment offenbar erhält

$$\frac{\gamma_2(X_1 \ldots X_\nu)}{\gamma_1(X_1 \ldots X_\nu)} = \frac{\gamma_2}{\gamma_1} \frac{f_2(X_1)}{f_1(X_1)} \cdots \frac{f_2(X_\nu)}{f_1(X_\nu)}$$

und die Situation nach dem ν-ten Experiment wieder als Beginn eines Alternativproblems mit diesen Wahrscheinlichkeiten für $\mathfrak{H}_1$, $\mathfrak{H}_2$ angesehen werden kann, ist klar, daß die Testregel für den nächsten Schritt mit denselben Konstanten A_0, B_0 aussehen muß:

$$\frac{\gamma_2}{\gamma_1} \prod_{i=1}^{\nu} \frac{f_2(X_i)}{f_1(X_i)} \begin{cases} > A_0, & \text{dann } \mathfrak{H}_2 \text{ entscheiden,} \\ < B_0, & \text{dann } \mathfrak{H}_1 \text{ entscheiden,} \\ \text{zwischen } A_0,\ B_0, & \text{dann weiterexperimentieren.} \end{cases} \tag{15.3.2}$$

Das optimale BAYESsche Verfahren kommt also mit zwei Konstanten A_0, B_0 aus und ist ein WALDscher Sequentialtest.

Aus diesem Ergebnis läßt sich folgern [WALD-WOLFOWITZ, 1948, bzw. MATTES, Ann. Math. Statistics 34 (1963) 18], daß das Sequentialverfahren, das bei gegebenen Fehlerwahrscheinlichkeiten α_1, α_2 den Erwartungswert $\boldsymbol{E}_1(N)$ [und zugleich $\boldsymbol{E}_2(N)$] minimiert, ein WALDscher Test ist.

Aufgaben

1. In Analogie zu dem Hilfssatz aus Ziffer 2 berechne man für $Y = \sum_{i=1}^{N} Y_i$ (N durch eine Sequentialregel bestimmt) im Spezialfall

$\boldsymbol{E}(Y_1) = 0$ auch die Varianz! Ergebnis:

$$\operatorname{Var}(Y) = \operatorname{Var}(Y_1)\,\boldsymbol{E}(N).$$

2. Man überlege sich, daß eine Klumpenbildung, d. h. gleichzeitige Beobachtung mehrerer aufeinanderfolgender X_i keinen wesentlichen Einfluß auf die Güte und die Näherungsformeln des WALDschen Sequentialverfahrens hat, wenn nur die (möglicherweise verschieden großen) Klumpen nicht allzu groß sind.

3. Für den in Ziffer 2 behandelten Alternativtest bestimme man den Erwartungswert der Beobachtungszahl N, wenn der wahre Parameterwert p_0 ist und das p_0 so bestimmt wird, daß

$$\boldsymbol{E}_0(Y_1) \equiv p_0 \log\frac{p_2}{p_1} + (1-p_0)\log\frac{1-p_2}{1-p_1} = 0$$

wird [plausiblerweise ergibt das das größte $\boldsymbol{E}_0(N)$]. Es gilt dann also

$$p_0 = \frac{\log\dfrac{1-p_2}{1-p_1}}{\log\dfrac{(1-p_2)\,p_1}{(1-p_1)\,p_2}}$$

und

$$\operatorname{Var}(Y_1) = \boldsymbol{E}_0(Y_1^2) = \log\frac{1-p_2}{1-p_1}\log\frac{p_2}{p_1}.$$

Lösung: Unter Benutzung des Hilfssatzes des Textes und des Ergebnisses von Aufgabe 1 berechnet man dann

$$\boldsymbol{P}_0(\mathfrak{H}_2) = \frac{-b}{a-b}\,; \qquad \boldsymbol{P}_0(\mathfrak{H}_1) = \frac{a}{a-b}$$

und

$$\boldsymbol{E}_0(N) = \frac{-a\,b}{\log\dfrac{1-p_2}{1-p_1}\log\dfrac{p_2}{p_1}}.$$

4. Man stelle (durch Grenzübergang aus dem Problem für den binomischen Fall oder durch neue Begründung analog dem Text) einen Sequentialplan für die Alternative zwischen zwei POISSON-Verteilungen auf:

Die Wahrscheinlichkeit für m Treffer in der Zeit t sei $e^{-\lambda t}\dfrac{(\lambda t)^m}{m!}$ $(m = 0, 1, \ldots)$, und es soll entschieden werden zwischen $\lambda = \lambda_1$ und $\lambda = \lambda_2$ (λ_1, λ_2 gegeben).

Lösung: Man warte bis zur Zeit $T = t$, da die Anzahl S der Treffer außerhalb der parallelen Geraden

$$s = \frac{\log\begin{Bmatrix}A\\B\end{Bmatrix} + t(\lambda_2 - \lambda_1)}{\log\dfrac{\lambda_2}{\lambda_1}}$$

liegt. Es gilt

$$\boldsymbol{E}_2(T) \approx \frac{\alpha_2 \log \frac{\alpha_2}{1-\alpha_1} + (1-\alpha_2) \log \frac{1-\alpha_2}{\alpha_1}}{\lambda_1 - \lambda_2 + \lambda_2 \log \frac{\lambda_2}{\lambda_1}},$$

$$\boldsymbol{E}_1(T) \approx \frac{\alpha_1 \log \frac{\alpha_1}{1-\alpha_2} + (1-\alpha_1) \log \frac{1-\alpha_1}{\alpha_2}}{\lambda_2 - \lambda_1 + \lambda_1 \log \frac{\lambda_1}{\lambda_2}}$$

und mit dem analog Aufgabe 3 bestimmten ungünstigsten p_0 wird

$$\boldsymbol{E}_0(T) \approx \frac{\log \frac{1-\alpha_1}{\alpha_2} \log \frac{1-\alpha_2}{\alpha_1}}{(\lambda_2 - \lambda_1) \log \frac{\lambda_2}{\lambda_1}}$$

$\left(\text{die Nenner sind wegen } \log\tau \geqq 1 - \frac{1}{\tau} \text{ positiv}\right)$.

§ 16. Normalverteilung und zentraler Grenzwertsatz

1. Eindimensionale Normalverteilung

Wir sagen (vgl. § 7), eine zufällige Größe X sei normalverteilt, genauer (m, σ^2)-normalverteilt, wenn ihre Dichte

$$f(\xi) = \frac{1}{\sqrt{2\pi}\,\sigma} e^{-\frac{(\xi - m)^2}{2\sigma^2}} \tag{16.1.1}$$

ist. Wie man leicht nachrechnet, ist $\boldsymbol{E}(X) = m$, $\operatorname{Var}(X) = \sigma^2$; im Fall $m = 0$, $\sigma^2 = 1$ spricht man von normierter Normalverteilung. Da die Summe binomisch-verteilter Größen mit gleichem p wieder binomisch-verteilt ist, und nach dem DE MOIVREschen Satz die Binomialverteilung die Normalverteilung approximiert, ist es plausibel (und ließe sich auf diesem Wege beweisen), daß die Summe normalverteilter Größen wieder normalverteilt ist. Indem wir zur Vereinfachung der Rechnung verschwindende Erwartungswerte annehmen, folgt dies Additionsgesetz aus der Faltung:

$$\int_{-\infty}^{\infty} \frac{1}{\sqrt{2\pi}\,\sigma} e^{-\frac{\xi^2}{2\sigma^2}} \frac{1}{\sqrt{2\pi}\,\tau} e^{-\frac{(\eta-\xi)^2}{2\tau^2}} d\xi$$

$$= \frac{1}{\sqrt{2\pi}\,\sigma\tau} e^{-\frac{1}{2(\sigma^2+\tau^2)}\eta^2} \frac{1}{\sqrt{2\pi}} \int_{-\infty}^{+\infty} e^{-\frac{1}{2}\left(\frac{1}{\tau^2}+\frac{1}{\sigma^2}\right)(\xi-\zeta)^2} d\xi, \tag{16.1.2}$$

$$\text{wo} \quad \eta = \zeta\left(1 + \frac{\tau^2}{\sigma^2}\right) \quad \text{ist.}$$

Das letzte Integral ist (vgl. die Rechnungen in § 7) gleich $\left(\frac{1}{\sigma^2}+\frac{1}{\tau^2}\right)^{-1/2}$ so daß sich

$$\frac{1}{\sqrt{2\pi}\sqrt{\sigma^2+\tau^2}}\exp\left(-\frac{\eta^2}{2(\sigma^2+\tau^2)}\right)$$

ergibt. Wir berechnen noch die Momente der Normalverteilung.

Aus

$$\frac{1}{\sqrt{2\pi}}\int_{-\infty}^{\infty} e^{-\frac{\xi^2}{2\sigma^2}}\,d\xi=\sigma$$

folgt durch fortgesetztes Differenzieren nach σ

$$\frac{1}{\sqrt{2\pi}}\int_{-\infty}^{+\infty} e^{-\frac{1}{2\sigma^2}\xi^2}\xi^{2k}\,d\xi=1\cdot 3\cdot\cdots\cdot(2k-1)\,\sigma^{2k+1}.$$

Damit haben wir

$$\boldsymbol{E}(X^{2k})=1\cdot 3\cdot\cdots\cdot(2k-1)\,\sigma^{2k}, \tag{16.1.3}$$

während die ungeraden Momente $\boldsymbol{E}(X^{2k+1})=0$ sind. Durch partielle Integration findet man die absoluten ungeraden Momente

$$\boldsymbol{E}(|X|^{2k+1})=\frac{2^{k+1}}{\sqrt{2\pi}}\,k!\,\sigma^{2k+1}, \tag{16.1.4}$$

so daß man beides auch in der Form

$$\boldsymbol{E}(|X|^{\nu})=\frac{2^{\nu/2}}{\sqrt{\pi}}\,\Gamma\left(\frac{\nu+1}{2}\right)\sigma^{\nu} \tag{16.1.5}$$

zusammenfassen kann.

Als entartete Normalverteilung mit $\sigma^2=0$ sieht man die Konstante $X=m$ an.

2. Mehrdimensionale Normalverteilung

Die Normalverteilung wird auf s Dimensionen verallgemeinert, indem man folgendes definiert: Die zufälligen Größen $X_1,\ldots,X_S$ haben eine gemeinsame Normalverteilung, wenn für jede Konstantenwahl c_i gilt:

$$\sum_{i=1}^{s} c_i X_i$$

ist normalverteilt. Da die eindimensionale Normalverteilung durch ihre Parameter m, σ^2 d. h. durch Erwartungswert und Varianz festgelegt ist, folgt nach dem Satz von Radon und Herglotz (§ 11.7), daß die s-dimensionale Normalverteilung durch die Erwartungswerte $m_i=\boldsymbol{E}(X_i)$ und die Varianzen-Kovarianzen $\boldsymbol{E}((X_i-m_i)(X_k-m_k))=\sigma_{ik}$ eindeutig bestimmt ist. Bevor wir die Verteilungsfunktion explizit bestimmen, beachten wir, daß aus der Definition unmittelbar das Additionsgesetz folgt: Sind $X_1, \ldots, X_s$ bzw. die davon unabhängigen $Y_1, \ldots, Y_s$ jeweils normalverteilt, so gilt das auch für $X_1 + Y_1, \ldots, X_s + Y_s$. Außerdem ist aus der Definition offensichtlich, daß alle Teilsysteme von $X_1, \ldots, X_s$ wieder normalverteilt sind; d. h. alle marginalen Verteilungen sind ebenfalls normal.

Weiterhin ist aus der Definition sofort ersichtlich, daß jedes System von Linearkombinationen

$$Y_i = \sum_{j=1}^{s} c_{ij} X_j$$

wieder eine Normalverteilung besitzt.

Endlich sieht man noch ein, daß ein normalverteiltes System zufälliger Größen mit $\sigma_{ik} = 0$ für $i \neq k$ aus unabhängigen Größen besteht; denn nach dem Satz von RADON und HERGLOTZ ist die Verteilung der X dann dieselbe wie die von $Z_1, \ldots, Z_s$, wenn Z_i unabhängige Größen mit $\boldsymbol{E}(Z_i) = m_i$, $\operatorname{Var}(Z_i) = \sigma_{ii}$ sind.

Damit ergibt sich auch die nützliche Feststellung, daß durch lineare Transformation mit orthogonaler Matrix aus unabhängigen normalverteilten Größen mit gleicher Varianz wieder ein solches System entsteht.

Es soll nun gezeigt werden, daß zu jedem System m_i, σ_{ik}, das die allgemein-notwendige Bedingung erfüllt, daß $\sum_{i,k=1}^{s} \sigma_{ik} u_i u_k \geqq 0$ für alle u_i gilt (σ_{ik} positiv-semi-definit), eine Normalverteilung existiert. Zur Vereinfachung dürfen wir dabei $m_i = 0$ annehmen.

Wenn ein von Null verschiedenes u_i-System mit $\sum_{ik} \sigma_{ik} u_i u_k = 0$ existiert, so bedeutet das $\operatorname{Var}(\sum u_i X_i) = 0$, also (wegen der verschwindenden Erwartungswerte) $\sum_i u_i X_i = 0$. Nach einer geeigneten Lineartransformation bedeutet das, daß eine Größe $= 0$ ist. Nach eventuellen weiteren Reduktionen können wir dann annehmen, daß σ_{ik} eigentlich positiv-definit ist, d. h. kein System $u_i \not\equiv 0$ mit $\sum \sigma_{ik} u_i u_k = 0$ existiert.

Der Ansatz

$$X_i = \sum_{\nu} c_{i\nu} Z_\nu$$

mit unabhängigen $(0, 1)$-normierten Z_i führt auf die Gleichungen

$$\sigma_{ij} = \sum_{\nu} c_{i\nu} c_{j\nu}. \tag{16.2.1}$$

Eine derartige Darstellung einer eigentlich-positiv-definiten Matrix als Produkt einer Matrix C mit ihrer Adjungierten C^* ist sogar durch untere Dreiecksmatrizen (d. h. $c_{i\nu} = 0$ für $\nu > i$) möglich (CHOLESKY-Zerlegung), wie man durch iteratives Lösen der betreffenden Gleichungen findet; das Verfahren ist äquivalent mit der E. SCHMIDTschen Orthogonalisierung der X_i-Vektoren.

Nach dem Satz von § 11.2 über bedingte Verteilungen erkennt man jetzt auch, indem man mit $X_1 = c_{11} Z_1$ die die Bedingung ausdrückende Größe numeriert, daß alle bedingten Verteilungen normal verteilter Größen $X_1, \ldots, X_s$ (Bedingung: $X_1 = \xi_1$; oder mehrere derartige) wieder normal sind.

In dem auch eben angenommenen Fall $\sum \sigma_{ik} u_i u_k > 0$, wo also auch $\mathrm{Det}(\sigma_{ik}) \neq 0$ ist, läßt sich die Dichte leicht angeben: die Dichte der Z_ν ist

$$g(\zeta_1, \ldots, \zeta_s) = \Pi \frac{1}{\sqrt{2\pi}} e^{-\frac{\zeta_\nu^2}{2}} = \left(\frac{1}{\sqrt{2\pi}}\right)^s \exp\left(-\frac{1}{2} \sum \zeta_\nu^2\right).$$

Aus den Gleichungen

$$\xi_i = \sum c_{i\nu} \zeta_\nu,$$

deren Umkehrung

$$\zeta_\nu = \sum a_{\nu\mu} \xi_\mu$$

mit

$$\mathrm{Det}(A) = (\mathrm{Det}\, C)^{-1}$$

sei, folgt wegen

$$S = (\sigma_{ik}) = C\, C^*,$$

$$\mathrm{Det}(S) = (\mathrm{Det}\, C)^2$$

sofort

$$S^{-1} = C^{*-1} C^* = A^* A.$$

Da

$$\sum_\nu \zeta_\nu^2 = \sum_{\nu\mu} \sum_i a_{i\nu} a_{i\mu} \xi_\nu \xi_\mu$$

gilt, ergibt sich nach der Transformationsregel des § 11 als Dichte der X_i

$$f(\xi_1, \ldots, \xi_s) = \left(\frac{1}{\sqrt{2\pi}}\right)^s \frac{1}{\sqrt{\mathrm{Det}(\sigma_{ik})}} \exp\left(-\frac{1}{2} \sum \sigma^{ik} \xi_i \xi_k\right), \quad (16.2.2)$$

wenn σ^{ik} die Elemente der inversen Matrix von $S = (\sigma_{ik})$ bezeichnen. Im Spezialfall $s = 2$ schreibt sich die Dichte

$$f(\xi, \eta) = \frac{1}{2\pi \sigma_X \sigma_Y \sqrt{1 - r^2}} \exp\left(-\frac{1}{2(1 - r^2)}\left(\frac{\xi^2}{\sigma_X^2} - \frac{2r\,\xi\,\eta}{\sigma_X \sigma_Y} + \frac{\eta^2}{\sigma_Y^2}\right)\right), \quad (16.2.3)$$

wobei $\sigma_X^2 = \mathrm{Var}(X)$, $\sigma_Y^2 = \mathrm{Var}(Y)$, $r = \mathrm{Korr.}(X, Y)$ ist. Insbesondere erkennt man, daß unkorrelierte normalverteilte Größen unabhängig sind. Allgemeiner gilt, daß für ein System normalverteilter Größen mit $\mathrm{Kov}(X_i, X_j) = 0$ für $1 \leqq i \leqq r < j \leqq s$ die Unabhängigkeit von $\{X_1, X_2, \ldots, X_r\}$ und $\{X_{r+1}, \ldots, X_s\}$ folgt.

Für die spezielle zweidimensionale Normalverteilungsdichte (16.2.2) mit $\sigma_X = \sigma_Y = 1$ läßt sich die für $|\varrho| < 1$ konvergente Potenzreihenentwicklung leicht angeben. Durch Rechnung bestätigt man nämlich für die Dichte

$$f(\xi, \eta \mid \varrho) \equiv \frac{1}{2\pi\sqrt{1 - \varrho^2}} \exp\left(-\frac{1}{2(1 - \varrho^2)} [\xi^2 - 2\varrho\, \xi\, \eta + \eta^2]\right)$$
$$= \sum_{\nu=0}^{\infty} \frac{\varrho^\nu}{\nu!} f_\nu(\xi, \eta) \quad (16.2.4)$$

das Bestehen der Differentialgleichung

$$\frac{\partial f}{\partial \varrho} = \frac{\partial^2 f}{\partial \xi \, \partial \eta}. \tag{16.2.5}$$

Für die Entwicklungskoeffizienten f_ν bedeutet das

$$f_{\nu+1} = \frac{\partial^2}{\partial \xi \, \partial \eta} f_\nu .$$

Da offenbar

$$f_0(\xi, \eta) = \varphi(\xi) \, \varphi(\eta)$$

(jeder Faktor die 0, 1-Normalverteilungsdichte) gilt, folgt

$$(f\xi, \eta \mid \varrho) = \sum_{\nu=0}^{\infty} \varrho^\nu \, \tau_\nu(\xi) \, \tau_\nu(\eta) \quad \text{MEHLERsche Entwicklung)} \tag{16.2.6}$$

mit den „tetrachorischen Funktionen"

$$\tau_\nu(\xi) = \frac{H_\nu(\xi)}{\sqrt{\nu!}} \varphi(\xi) = e^{\xi^2/4} \sqrt[4]{2\pi} \, h_\nu(\xi) \, \varphi(\xi),$$

wenn H_ν die durch

$$\varphi(\xi) \, H_\nu(\xi) = \frac{d^\nu \varphi(\xi)}{d \xi^\nu}$$

definierten HERMITEschen Polynome bzw.

$$h_\nu(\xi) = \frac{1}{\sqrt{\nu! \sqrt{2\pi}}} e^{-\xi^2/4} H_\nu(\xi)$$

die HERMITEschen Funktionen [die ein vollständiges Orthogonalsystem in $(-\infty, +\infty)$ bilden] sind.

3. Zentraler Grenzwertsatz

Der in § 7 für spezielle ganzzahlige Verteilungen bewiesene Grenzwertsatz über die kumulative Verteilungsfunktion der Summe unabhängiger Größen gilt allgemeiner und wird hier, dem Beweis LINDEBERGS[1] folgend (der den Satz erstmalig unter Bedingungen bewies, die später durch FELLER[2] als notwendig nachgewiesen wurden), bewiesen.

Voraussetzungen: X_i sind unabhängige zufällige Größen mit

$$\sigma_i^2 = \operatorname{Var}(X_i), \qquad 0 < A \leqq \sigma_i^2 \leqq B; \qquad \boldsymbol{E}(|X_i - \boldsymbol{E}(X_i)|^3) < C.$$

[1] Eine neue Herleitung des Exponentialgesetzes in der Wahrscheinlichkeitsrechnung. Math. Zeitschr. 15 (1922) 211.

[2] Über den zentralen Grenzwertsatz in der Wahrscheinlichkeitsrechnung. Math. Zeitschr. 40 (1935) 521; 42 (1937) 301.

Behauptung:

$$\lim_{n\to\infty} \boldsymbol{P}\left\{\frac{\sum_{i=1}^{n} X_i - \sum_{i=1}^{n} \boldsymbol{E}(X_i)}{s_n} < h\right\} = \Phi(h) = \int_{-\infty}^{h} \frac{1}{\sqrt{2\pi}} e^{-\frac{\xi^2}{2}} d\xi, \qquad (16.3.1)$$

wobei

$$s_n^2 = \operatorname{Var}\left(\sum_{i=1}^{n} X_i\right) = \sum_{i=1}^{n} \sigma_i^2 \ (\geqq n\, A)$$

ist. Beim *Beweis* dürfen wir $\boldsymbol{E}(X_i) = 0$ annehmen. Es genügt, zu zeigen, daß für jedes $\delta > 0$ gilt:

$$\lim \boldsymbol{P}\left(\frac{\sum_{i=1}^{n} X_i}{s_n} < h - \delta\right) \leqq \Phi(h + \delta), \qquad (16.3.2)$$

da durch Anwendung dieses Ergebnisses auf die Größen $-X_i$ folgt

$$\lim \boldsymbol{P}\left(\frac{\sum_{i=1}^{n} X_i}{s_n} < h + \delta\right) \geqq \Phi(h - \delta).$$

Beide Ungleichungen zusammen ergeben offenbar die Behauptung.

Dazu wird eine von allem unabhängige zufällige Größe Y mit $|Y| \leqq \delta$ und einer symmetrischen glatten Verteilungsdichte $w(\xi) = w(-\xi)$ mit $|w''(\xi)| < \omega$ eingeführt. Damit können wir schreiben

$$\boldsymbol{P}\left(\frac{\sum_{i=1}^{n} X_i}{s_n} < h - \delta\right) \leqq \boldsymbol{P}\left(\frac{\sum_{i=1}^{n} X_i}{s_n} < h - Y\right) = \boldsymbol{P}\left(\sum_{i=1}^{n} X_i + s_n Y < h\, s_n\right) \qquad (16.3.3)$$

und für die rechte Seite der zu beweisenden Ungleichung (3.2), wenn U_i unabhängige $(0, \sigma_i^2)$-normalverteilte Größen sind,

$$\Phi(h + \delta) = \boldsymbol{P}\left(\frac{\sum_{i=1}^{n} U_i}{s_n} < h + \delta\right) \geqq \boldsymbol{P}\left(\frac{\sum_{i=1}^{n} U_i}{s_n} < h + Y\right)$$
$$= \boldsymbol{P}\left(\sum_{i=1}^{n} U_i - s_n Y < h\, s_n\right). \qquad (16.3.4)$$

Alles läuft darauf hinaus, die Gleichheit der Limites (für $n \to \infty$) der rechten Seiten von (3.3) und (3.4) nachzuweisen, wobei zu bedenken ist, daß $s_n Y$ und $-s_n Y$ dieselbe Verteilungsdichte

$$w_n(\xi) = \frac{1}{s_n} w\left(\frac{\xi}{s_n}\right)$$

mit

$$|w_n''(\xi)| \leqq \frac{1}{s_n^3}\omega$$

besitzen. Bezeichnen wir die Verteilungsdichten der X_i mit f_i, die der U_i mit φ_i und die Faltungsoperation mit $*$, so ist die Differenz

$$\begin{aligned} & f_1 * f_2 * \cdots * f_n * w_n - \varphi_1 * \varphi_2 * \cdots * \varphi_n * w_n \\ & \quad = \sum_{k=1}^{n} f_1 * \cdots * f_{k-1} * \varphi_{k+1} * \cdots * \varphi_n * (f_k - \varphi_k) * w_n \end{aligned} \tag{16.3.5}$$

zu untersuchen. Hierin ist

$$g_k(\xi) = f_k(\xi) - \varphi_k(\xi)$$

eine Funktion mit den leicht zu folgernden Eigenschaften

$$\int_{-\infty}^{\infty} g_k(\xi)\, d\xi = 0,$$

$$\int_{-\infty}^{\infty} \xi\, g_k(\xi)\, d\xi = 0,$$

$$\int_{-\infty}^{\infty} \xi^2 g_k(\xi)\, d\xi = 0,$$

$$\int_{-\infty}^{\infty} |\xi|^3 |g_k(\xi)|\, d\xi < C_1.$$

Von dem restlichen Faltungsfaktor $f_1 * \cdots * \varphi_n * w_n = a_k(\xi)$ bestätigt man zunächst, daß er (eine Verteilungsdichte!) dieselbe Schranke wie w_n für die zweite Ableitung besitzt, denn es gilt für $b \geqq 0$, $c \geqq 0$

$$a(\xi) = \int_{-\infty}^{\infty} b(\eta)\, c(\xi - \eta)\, d\eta$$

immer

$$a''(\xi) = \int_{-\infty}^{\infty} b(\eta)\, c''(\xi - \eta)\, d\eta \leqq \int b(\eta)\, d\eta \operatorname{Max}(c'').$$

Mit diesen beiden Einsichten ergibt sich eine brauchbare Abschätzung für die zu

$$l_k(\xi) = a_k * g_k$$

gehörende Stammfunktion

$$L_k(\xi) = \int_{-\infty}^{\xi} l_k(\eta)\, d\eta.$$

Es wird nämlich, wenn A_k entsprechend zu a_k gebildet wird

$$\begin{aligned} L_k(\xi) &= \int_{-\infty}^{\infty} A_k(\xi - \eta)\, g_k(\eta)\, d\eta \\ &= \int_{-\infty}^{\infty} \left[A_k(\xi) - \eta\, A_k'(\xi) + \frac{\eta^2}{2} A_k''(\xi) - \frac{\eta^3}{6} A_k'''(\cdots) \right] g_k(\eta)\, d\eta \\ &= 0 + 0 + 0 - \int_{-\infty}^{\infty} \frac{\eta^3}{3!} A_k'''(\cdots)\, g_k(\eta)\, d\eta, \end{aligned}$$

also wegen

$$|A_k'''| = |a_k''| \leqq |w_k''| < \frac{1}{s_n^3}\omega,$$

$$|L_k(\xi)| \leqq \int_{-\infty}^{+\infty} \frac{|\eta|^3}{6} \frac{1}{s_n^3} \omega\, g_k(\eta)\, d\eta \leqq \frac{\omega C_1}{6 s_n^3} < \frac{\omega C_1}{6(n A)^{3/2}}. \qquad (16.3.6)$$

Für die n Summanden in (3.5) folgt daher, daß die zugehörige Differenz der Verteilungsfunktionen absolut genommen

$$\leqq \frac{n\,\omega\, C_1}{6(n A)^{3/2}} \leqq \frac{D}{\sqrt{n}} \to 0$$

strebt. Damit ist alles bewiesen.

Wegen des sich an den Eindeutigkeitssatz von RADON und HERGLOTZ anschließenden Stetigkeitssatzes (§ 11, Aufgabe 11) folgt hieraus auch ein analoger zentraler Grenzwertsatz für s-dimensionale zufällige Größen.

Bemerkung: Satz und Beweisgang gelten auch ohne die Annahme von Dichten.

Aufgaben

1. Man berechne die durch $\gamma_1 = \mu_3/\sigma^3$ definierte Schiefe einer Verteilung bzw. deren Exzeß $\gamma_2 = \frac{\mu_4}{\sigma^4} - 3$ für die Normalverteilung.

2. X habe näherungsweise eine (m, σ^2)-Normalverteilung. Man zeige, daß für glatte Funktionen g $g(X)$ näherungsweise eine $\left(g(a) + \frac{\sigma^2}{2} g''(a), \sigma^2 g'(a)^2 + \frac{\sigma^4}{4} g''^2\right)$-Normalverteilung hat ($\sigma^2 =$ klein) (Fehlerfortpflanzung). Damit bestimme man die Funktionen g, mit denen $g(X)$ bei $X =$ POISSON verteilt mit Parameter m bzw. $X =$ binomialverteilt mit Parametern (n, p) von m bzw. p unabhängige Varianz hat!

Lösung: $g_1(\xi) = \sqrt{\xi}$, $g_2(\xi) = \arccos \sqrt{1 - \frac{\xi}{n}}$.

3. Für unabhängige (0, 1)-normalverteilte Zufallsgrößen X_n beweise man

$$\lim_{n\to\infty} \boldsymbol{P}\left(\left|\max_{1 \leqq \nu \leqq n} X_\nu - \sqrt{2 \log n}\right| < \varepsilon\right) = 1$$

(Anleitung: man verwende die Abschätzung aus der asymptotischen Reihe in § 7.2).

4. Man berechne die gemeinsame Verteilung von X/Y und $\sqrt{X^2 + Y^2}$ für unabhängige (0, 1)-normalverteilte Größen X, Y.

5. Man bestimme die Verteilungsdichte, Erwartungswert und Varianz einer logarithmisch-normalverteilten Größe Y, definiert durch $Y = \exp(X)$, wobei X eine $(0, \sigma^2)$-Normalverteilung hat.

6. Durch Berechnung des Integrals

$$\underbrace{\int\cdots\int}_{n}\left(\frac{1}{\sqrt{2\pi}}\right)^n \exp\left(-\frac{1}{2}\sum_{i=1}^{n}\xi_i^2\right) d\xi_1\ldots d\xi_n = 1$$

mittels Polarkoordinaten berechne man Volumen V_n und Oberfläche S_n der n-dimensionalen Einheitskugel zu

$$V_n = \frac{\pi^{n/2}}{\Gamma\left(\frac{n}{2}+1\right)} \quad \text{und} \quad S_n = \frac{2\pi^{n/2}}{\Gamma\left(\frac{n}{2}\right)}.$$

7. Man überlege sich, daß der Beweis des zentralen Grenzwertsatzes auch für Martingale gilt, wenn über die dabei auftretenden bedingten Wahrscheinlichkeitsdichten die entsprechenden Regularitätsvoraussetzungen gemacht werden (Satz von BILLINGSLEY):

$$\int \xi f(\xi/\xi_1,\ldots,\xi_n)\,d\xi = 0, \qquad \int \xi^2 f(\xi/\xi_1,\ldots,\xi_n)\,d\xi = \sigma_i^2,$$
$$\int |\xi|^3 f(\xi/\xi_1,\ldots,\xi_n)\,d\xi < C.$$

8a. Mittels (16.2.6) berechne man für das Integral

$$J(\varrho) = \int_0^\infty\int_0^\infty \xi\eta f(\xi,\eta\mid\varrho)\,d\xi\,d\eta$$

den Wert $J''(\varrho)$ und beweise unter Benutzung von $J(0)$ und $J'(0)$ die Darstellung

$$J(\varrho) = \frac{1}{2\pi}\left[\sqrt{1-\varrho^2} + \varrho\arccos(-\varrho)\right].$$

8b. Analog beweise man $\int_0^\infty\int_0^\infty f(\xi,\eta\mid\varrho)\,d\xi\,d\eta = \frac{1}{2\pi}\arccos\varrho$.

9. $X_1,\ldots,X_s$ haben s-dim Normalverteilung mit $\boldsymbol{E}(X_i) = 0$ und nicht-entarteter Varianz-Kovarianz-Matrix σ_{ik}.

Man beweise, daß $\sum_{i,k}\sigma^{ik}X_iX_k$ (σ^{ik} die Inverse der σ_{ik}-Matrix) dieselbe Verteilung wie $\sum_{i=1}^{s} Z_i^2$ (Z_i ein GAUSS-Punkt), d. h. eine χ^2-Verteilung hat.

10. Man entwerfe den WALDschen Sequentialtest für normalverteilte X_ν mit $m = m_1$ bzw. $m = m_2$ und bekannten m_1, m_2, σ^2.

§ 17. Allgemeine Schätztheorie

1. Maximum-Likelihood-Schätzmethode

Die Schätzprobleme, die (für große n) in diesem Paragraphen gelöst werden sollen, sind von folgender Art: Zur Verfügung stehen unabhängige zufällige Größen $X_1,\ldots,X_n$ mit derselben Verteilungsdichte $f(\xi,p)$. Dabei ist p nicht bekannt und soll durch eine Schätzfunktion

$\hat{p}(\xi_1, \ldots, \xi_n)$ „geschätzt" werden; dabei wird naturgemäß gefordert, daß $T = \hat{p}(X_1, \ldots, X_n)$ bei jedem möglichen wahren Wert von p, der ja die Verteilung der X_ν und damit die von T bestimmt, möglichst gut (was in einzelnen Fällen noch präzisiert werden kann) gegen p strebt, wenn $n \to \infty$.

Ein plausibles Verfahren besteht in folgender Ausdehnung der Entscheidungsregel für das Alternativproblem (wenn der kritische Wert für den Quotienten der Dichten gleich Eins gesetzt wird): Für jedes System möglicher Beobachtungswerte $\xi_1, \ldots, \xi_n$ wählen wir als $\hat{p}(\xi_1, \ldots, \xi_n)$ denjenigen Wert von p, der $\prod_{\nu=1}^{n} f(\xi_\nu, p)$ zum Maximum macht. Da man die Dichte als Funktion eines oder mehrerer Parameter als Likelihood bezeichnet, ist dies die sog. Maximum-Likelihoodschätzung.

Als Beispiel betrachten wir

$$f(\xi, m) = \frac{1}{\sqrt{2\pi}\,\sigma} \exp\left(-\frac{(\xi - m)^2}{2\sigma^2}\right)$$

mit zunächst bekannten σ^2, aber unbekannten m. Wegen

$$\prod_{\nu=1}^{n} f(\xi_\nu, m) = \left(\frac{1}{\sigma\sqrt{2\pi}}\right)^n \exp\left(-\frac{1}{2\sigma^2} \sum_{\nu=1}^{n} (\xi_\nu - m)^2\right) \tag{17.1.1}$$

kommt die Maximum-Likelihoodmethode auf die Methode der kleinsten Quadrate, nämlich

$$\sum_{\nu=1}^{n} (\xi_\nu - m)^2 \tag{17.1.2}$$

zu minimieren, hinaus. Das ergibt

$$\hat{m} = \frac{1}{n} \sum_{\nu=1}^{n} \xi_\nu.$$

Ist auch noch σ^2 unbekannt, so bleibt die Schätzung von m unbeeinflußt. Dann muß aber noch

$$h(\sigma) = \left(\frac{1}{\sigma\sqrt{2\pi}}\right)^n \exp\left(-\frac{Q}{2\sigma^2}\right) \tag{17.1.3}$$

mit $Q = \sum_{\nu=1}^{n} (\xi_\nu - \hat{m})^2$ als Funktion von σ maximiert werden. Behandeln wir statt dessen $k(\sigma) = \log h(\sigma)$, so folgt

$$k'(\sigma) = -\frac{n}{\sigma} + \frac{Q}{\sigma^3}.$$

Das wird nur Null für $\hat{\sigma}^2 = Q/n$, was wegen $k''(\hat{\sigma}) < 0$ einem Maximum entspricht. Da der Erwartungswert hiervon

$$\boldsymbol{E}\left(\frac{Q}{n}\right) \equiv \boldsymbol{E}\left(\frac{1}{n} \sum (X_\nu - \hat{m}(X))^2\right) = \left(1 - \frac{1}{n}\right)\sigma^2 \neq \sigma^2$$

ist, d. h. die Schätzung „verzerrt" (biased) ist, verwendet man praktisch statt dessen

$$\frac{1}{n-1}\sum_{\nu=1}^{n}(X_\nu - \hat{m}(X))^2, \tag{17.1.4}$$

als asymptotisch gleichwertige Schätzung für σ^2.

Es soll gezeigt werden, daß die Maximum-Likelihood-Schätzgrößen nach Wahrscheinlichkeit gegen p konvergieren („Konsistenz"). Dazu schreiben wir die notwendige Bedingung für

$$L(\xi_1, \ldots, \xi_n; p) \equiv \prod_{\nu=1}^{n} f(\xi_\nu, p) = \text{Maximum},$$

oder äquivalent

$$\log L = \text{Maximum},$$

nämlich das Verschwinden der ersten Ableitung auf:

$$\frac{\partial}{\partial p}\log L(X_1, \ldots, X_n; T) = 0. \tag{17.1.5}$$

Um für großes n die Existenz einer Lösung T in der Nähe von p mit Wahrscheinlichkeit ≈ 1 nachzuweisen, bedienen wir uns des Satzes über die Konvergenz des Iterationsverfahrens: Die Gleichung $y = \varphi(y)$ besitzt eine Lösung y^*, wenn in einem Bereich $|y - y_0| \leqq a$ mit einer Konstanten $q < 1$ gilt:

$$\begin{aligned} &\text{a)} \quad \frac{1}{1-q}\,|\varphi(y_0) - y_0| \leqq a, \\ &\text{b)} \quad |\varphi'(y)| \leqq q, \end{aligned} \tag{17.1.6}$$

(statt b genügt $|\varphi(y_1) - \varphi(y_2)| \leqq q\,|y_1 - y_2|$). Für die Lösung y^*, die man durch Iteration

$$y_{i+1} = \varphi(y_i) \tag{17.1.7}$$

finden kann, $y_i \to y^*$, gilt dann

$$|y^* - y_0| \leqq \frac{1}{1-q}\,|\varphi(y_0) - y_0| \leqq a \tag{17.1.8}$$

und

$$|y^* - y_1| \leqq \frac{q}{1-q}\,|y_1 - y_0| \leqq a\,q. \tag{17.1.9}$$

Dieser Satz soll auf die Unbekannte $y = T - p$ und die Funktion

$$\varphi(y) = y - \frac{\left.\frac{\partial}{\partial p}\log L(X; p)\right|_{p-y}}{\frac{\partial^2}{\partial p^2}\log L(X; p)} \tag{17.1.10}$$

mit $y_0 = p$ angewendet werden. Hier ergibt sich

$$\varphi'(y) = 1 - \frac{\frac{\partial^2}{\partial p^2}\log L(X;\, T)}{\frac{\partial^2}{\partial p^2}\log L(X;\, p)} = \frac{\frac{\partial^2}{\partial p^2}\log L(X;\, p) - \frac{\partial^2}{\partial y^2}\log L(X,\, y)}{\frac{\partial^2}{\partial p^2}\log L(X;\, p)}$$

$$= \frac{(p-y)\frac{\partial^3}{\partial p^3}\log L(X;\, p + \vartheta(y-p))}{\frac{\partial^2}{\partial p^2}\log L(X;\, p)}$$

$$= (p-y)\,\frac{\frac{1}{n}\sum_{\nu=1}^{n}\frac{\partial^3}{\partial p^3}\log f(X_\nu;\, p + \vartheta(y-p))}{\frac{1}{n}\sum_{\nu=1}^{n}\frac{\partial^2}{\partial p^2}\log f(X_\nu;\, p)}$$

$$= (p-y)\, U_n. \tag{17.1.11}$$

Hier strebt nach dem Gesetz der großen Zahlen der Nenner gegen

$$\boldsymbol{E}\left(\frac{\partial^2}{\partial p^2}\log f(X_\nu,\, p)\right) = \int \frac{\partial^2}{\partial p^2}\log f(\xi,\, p)\, f(\xi,\, p)\, d\xi$$

$$= -\int\left(\frac{\partial \log f(\xi,\, p)}{\partial p}\right)^2 f(\xi,\, p)\, d\xi = -v < 0, \tag{17.1.12}$$

wobei der (aus später ersichtlichen Gründen so bezeichnete) infinitesimale Informationsabstand

$$v \equiv v(f) = \boldsymbol{E}\left(\frac{\partial \log f(X;\, p)}{\partial p}\right)^2 \tag{17.1.13}$$

als echt positiv ($\neq 0$) vorausgesetzt wird. Mit beliebig nahe bei Eins liegender Wahrscheinlichkeit ist also der Nenner in (1.11) $< -v/2$ und, da der Zähler beschränkt bleibt, gilt mit $\boldsymbol{P} \geqq 1-\varepsilon$ und einer von n unabhängigen Konstante

$$|\varphi'(y)| \leqq |p-y|\, A. \tag{17.1.14}$$

Wenn wir den y-Bereich auf

$$|y-p| \leqq \frac{1}{2A} = a \tag{17.1.15}$$

festlegen, ist die Voraussetzung (b) mit $q \leqq \frac{1}{2}$ erfüllt. Um (a) zu überprüfen, berechnen wir

$$|\varphi(p) - p| = \frac{\left|\frac{\partial}{\partial p}\log L(X;\, p)\right|}{\left|-\frac{\partial^2}{\partial p^2}\log L(X;\, p)\right|} = \frac{\left|\frac{1}{n}\sum_{\nu=1}^{n}\frac{\partial}{\partial p}\log f(X_\nu,\, p)\right|}{\left|-\frac{1}{n}\sum_{1}^{n}\frac{\partial^2 \log f(X_\nu,\, p)}{\partial p^2}\right|} = |Z_n|. \tag{17.1.16}$$

Nach dem Gesetz der großen Zahlen strebt, wie eben schon benutzt, der Nenner gegen v, und der Zähler mit $\boldsymbol{P} \approx 1$ gegen

$$\boldsymbol{E}\left(\frac{\partial}{\partial p}\log f(X;p)\right)=\int\frac{\partial \log f}{\partial p}f\,d\xi=\int\frac{\partial}{\partial p}f\,d\xi=\frac{\partial}{\partial p}\int f=0 \tag{17.1.17}$$

und ist also bei hinreichend großem n mit $\boldsymbol{P} \geqq 1-\varepsilon$ kleiner als $2a$. Der allgemene Satz ergibt deswegen (mit $\boldsymbol{P} \geqq 1-2\varepsilon$) die Existenz einer Lösung der Maximum-Likelihoodgleichung (1.5), die der Bedingung

$$|T-p| \leqq 2|Z_n| \tag{17.1.18}$$

genügt. Wegen $Z_n \to 0$ nach Wahrscheinlichkeit, folgt $T \to p$ (nach Wahrscheinlichkeit), d. h. die Konsistenz. Aus der TAYLOR-Entwicklung um T

$$\frac{1}{n}\log \mathfrak{L}(X,T)=\frac{1}{n}\sum_1^n \log f(X_\nu,p)+(T-p)\frac{1}{n}\sum_1^n\frac{\partial}{\partial p}\log f(X_\nu,T)+ \\ +\frac{(T-p)^2}{2}\frac{1}{n}\sum_1^n\frac{\partial^2 p}{\partial p^2}\log f(X_\nu,\ldots) \tag{17.1.19}$$

erkennt man wegen des Verschwindens des linearen Gliedes, daß es sich wirklich um ein Maximum handelt.

Der allgemeine Satz ergibt eine genauere Aussage über das asymptotische Verhalten von T. Zunächst folgt aus dem zentralen Grenzwertsatz, angewendet auf den Zähler von Z_n, daß $Z_n = O_p(1/\sqrt{n})$, also, wegen (1.18) auch

$$|T-p| = O_p\left(\frac{1}{\sqrt{n}}\right) \tag{17.1.20}$$

gilt. Damit ergibt die Abschätzung $|y^*-y_1| \leqq a\,q$ des allgemeinen Satzes die Erkenntnis

$$|T-p-Z_n| \leqq \frac{q}{1-q}|Z_n| \leqq 2|p-T|A|Z_n|, \tag{17.1.21}$$

wobei die schärfere Schranke (1.14) für q benutzt wurde. Unter Verwendung von (1.20) folgt, daß auch nach Multiplikation mit $\sqrt{n}$ gilt:

$$\sqrt{n}\,(T-p)-\frac{\frac{1}{\sqrt{n}}\sum_1^n\frac{\partial}{\partial p}\log f(X_\nu,p)}{\frac{1}{n}\sum_1^n\frac{\partial^2}{\partial p^2}\log f(X_\nu,p)}=o_p(1), \tag{17.1.22}$$

d. h. $\sqrt{n}(T-p)$ ist asymptotisch normal verteilt wie der Zähler

$$\frac{1}{\sqrt{n}}\sum_1^n\frac{\partial}{\partial p}\log f(X_\nu,p) \tag{17.1.23}$$

dividiert durch den Limes v des Nenners, d. h. asymptotisch normal mit $\boldsymbol{E}=0$, $\mathrm{Var}=1/v$.

Für den Vergleich mit den Schranken, die in der nächsten Ziffer aufgestellt werden, ist es wichtig, auch das Verhalten der Ableitung $b'(p)$ der Verzerrung

$$b(p) = \boldsymbol{E}(T) - p \quad \text{bei} \quad n \to \infty \tag{17.1.24}$$

zu betrachten. Es gilt

$$\begin{aligned} 1 + b'(p) &= \frac{d}{dp} \int \cdots \int \hat{p}(\xi_1, \ldots, \xi_n)\, f(\xi_1, p) \ldots f(\xi_n, p)\, d\xi_1, \ldots, d\xi_n \\ &= \int \cdots \int \hat{p}(\xi) \left(\sum_1^n \frac{\partial}{\partial p} \log f(\xi_\nu, p) \right) \prod_{\nu=1}^n f(\xi_\nu, p)\, d\xi_\nu \\ &= \boldsymbol{E}\left(T \sum \frac{\partial}{\partial p} \log f(X_\nu, p) \right) = \boldsymbol{E}\left((T - p) \sum_1^n \frac{\partial}{\partial p} \log f(X_\nu, p) \right). \end{aligned} \tag{17.1.25}$$

Wir berücksichtigen $Z_n = O_p(1/\sqrt{n})$ in (1.21) und erhalten

$$\sqrt{n} \left| (T - p) - Z_n \right| \leqq \frac{\sqrt{n}\, |T - p|\, O_p\left(\frac{1}{\sqrt{n}}\right)}{1 - q} = O_p(|T - p|) \tag{17.1.26}$$

und deswegen für

$$1 + b'(p) = \boldsymbol{E}\left\{ \left(\frac{\frac{1}{\sqrt{n}} \sum_1^n \frac{\partial}{\partial p} \log f(X_\nu, p)}{\frac{1}{n} \sum_1^n \frac{\partial^2}{\partial p^2} \log f(X_\nu, p)} + O_p(|T - p|) \right) \left(\frac{1}{\sqrt{n}} \sum_1^n \frac{\partial}{\partial p} \log f(X_\nu, p) \right) \right\}$$

weil der zweite Faktor asymptotisch normal, also mit $P \approx 1$ beschränkt bleibt, das Ergebnis

$$\begin{aligned} 1 + b'(p) &= \boldsymbol{E}\left\{ \frac{\left(\frac{1}{\sqrt{n}} \sum_1^n \frac{\partial}{\partial p} \log f(X_\nu, p) \right)^2}{v + O_p\left(\frac{1}{\sqrt{n}} \right)} \right\} + O_p(|T - p|) \\ &= 1 + o_p(1), \end{aligned} \tag{17.1.27}$$

die strenge Unverzerrtheit der Maximum-Likelihoodschätzung.

2. Informationsungleichung (Ungleichung von Cramér und Rao)

Es ist bemerkenswert, daß es Schranken für die Varianz von Schätzfunktionen gibt, die sogar mit den asymptotischen Werten der Maximum-Likelihood-Schätzgrößen übereinstimmen. Wegen des Auftretens der infinitesimalen Informationsabstände v nennt man diese oft nach Cramér und Rao benannte Ungleichung auch Informationsungleichung.

Die Schätzgröße $T = \hat{p}(X_1, \ldots, X_n)$ habe die Verteilungsdichte $g(\tau, p)$. Für die zufällige Größe

$$Y = \frac{\partial}{\partial p} \log f^*(X; p) \tag{17.2.1}$$

folgt aus der Normierungseigenschaft leicht, daß $\boldsymbol{E}(Y) = 0$ ist. Die Varianz bezeichnen wir mit

$$v_{f^*} = \operatorname{Var}(Y) = E\left(\frac{\partial}{\partial p} \log f^*(X, p)\right)^2. \tag{17.2.2}$$

Außerdem führten wir die Abweichung des Erwartungswertes von T von dem wahren Wert p, die sog. Verzerrung („bias") $b(p)$ ein:

$$\int \hat{p}(\xi_1 \ldots \xi_n)\, f^*(\xi_1 \ldots \xi_n \mid p)\, d\,\xi_1 \ldots d\,\xi_n = \boldsymbol{E}(T) = p + b(p). \tag{17.2.3}$$

Durch Differentiation folgt

$$\int \hat{p}(\xi) \frac{d}{dp} f^*(\xi \mid p)\, d\,\xi = \boldsymbol{E}(T\,Y) = \operatorname{Kov}(T, Y) = 1 + b'(p). \tag{17.2.4}$$

Wegen der SCHWARZschen Ungleichung folgt damit also

$$|1 + b'(p)|^2 \leqq \operatorname{Var}(T) \operatorname{Var}(Y) = \operatorname{Var}(T)\, v_{f^*},$$

d. h. eine untere Schranke für die Varianz der Schätzgröße:

$$\operatorname{Var}(T) \geqq \frac{|1 + b'(p)|^2}{v_{f^*}}. \tag{17.2.5}$$

Hierbei ist

$$\begin{aligned} v_{f^*} &\equiv \int \cdots \int \left(\frac{\partial \log f^*}{\partial p}\right)^2 f^*(\xi_1, \ldots, \xi_n)\, d\,\xi_1, \ldots, d\,\xi_n \\ &= \int \cdots \int \left(\sum_{\nu=1}^{n} \frac{\partial \log f(\xi_\nu, p)}{\partial p}\right)^2 \prod_{\nu=1}^{n} f(\xi_\nu, p)\, d\,\xi_1, \ldots, d\,\xi_n, \end{aligned}$$

wegen des Verschwindens der gemischten Glieder also

$$v_{f^*} = n \int \left(\frac{\partial \log f(\xi, p)}{\partial p}\right)^2 f(\xi, p)\, d\xi = n\, v_f, \tag{17.2.6}$$

und es bleibt die Informationsungleichung (CRAMÉR-RAOsche Ungleichung)

$$\operatorname{Var}(T) \geqq \frac{|1 + b'(p)|^2}{n\, v_f}. \tag{17.2.7}$$

Für unverzerrte („unbiased") Schätzfunktionen, d. h. solche mit $b(p) \equiv 0$ ist das Ergebnis besonders einfach. Vergleicht man zwei solche unverzerrten Schätzfunktionen

$$T_i = \hat{p}_i(X_1, \ldots, X_n),$$

indem man die Varianzen zum Vergleichsmaßstab wählt, so nennt man

$$\frac{\operatorname{Var}(T_2)}{\operatorname{Var}(T_1)} \tag{17.2.8}$$

die relative Effizienz (oder „Wirksamkeit") von T_1 verglichen mit T_2. Den Wert

$$\frac{1}{\mathrm{Var}(T)\, n\, v_f} \; (\leqq 1)$$

nennt man (absolute) Effizienz[1]. Effizienzen werden meistens in Prozent angegeben. Vergleicht man analog die Limites ($n \to \infty$), so spricht man von asymptotischer Effizienz[2], und Ziffer 1 ergab, daß die Maximum-Likelihood-Schätzgrößen asymptotisch 100% effizient sind.

Eine Vertiefung der Einsicht gewinnt man, wenn man diese Ungleichung auf g anstelle der Dichte f^* anwendet (T ist ja auch eine Schätzgröße für das p in seiner eigenen Dichte)

$$\mathrm{Var}(T) \geqq \frac{|1 + b'(p)|^2}{v_g}.$$

Die jetzt zu beweisende Ungleichung $v_g \leqq v_f$ ergibt wieder (2.7).

Dazu bemerken wir zunächst folgende Darstellung von v_g, die den Namen rechtfertigt (durch Differentiation oder durch Reihenentwicklung zu bestätigen):

$$v_g = \lim_{h \to 0} \frac{2}{h^2} J\big(g(\xi; p + h), g(\xi, p)\big). \tag{17.2.9}$$

Dabei ist

$$J(g_1, g_2) = \int g_1 \log \frac{g_1}{g_2}\, d\xi$$

(vgl. § 14.2). Nun ist die Größe T mit der Dichte g durch die Abbildung $\tau = \hat{p}(\xi_1, \ldots, \xi_n)$ aus den Größen $X_1, \ldots, X_n$ mit der Dichte $f^*(\xi_1, \ldots, \xi_n) = \prod_{\nu=1}^{n} f(\xi_\nu, p)$ hervorgegangen; infolgedessen (14.2.8) gilt

$$J(g_1, g_2) \leqq J(f_1, f_2) \tag{17.2.10}$$

und dieselbe Ungleichung auch für die betreffenden infinitesimalen Informationsabstände

$$v_g \leqq v_{f^*}. \tag{17.2.11}$$

3. Erschöpfende Schätzfunktionen

Es ist interessant, die Möglichkeit des Eintretens des Gleichheitszeichens in der Informationsungleichung zu betrachten. Offensichtlich erhalten wir dabei zwei Bedingungen: Die SCHWARZsche Ungleichung geht in eine Gleichung über, wenn Proportionalität besteht, wobei der Faktor von p abhängig sein kann

$$\frac{\partial}{\partial p} \log g(\tau, p) = k(p)\,[\tau - p - b(p)], \tag{17.3.1}$$

---

[1] Es gibt besondere Fälle, wo dieser Quotient >1 wird: Supereffizienz.

[2] Dabei wird statt $b(p) = 0$ nur $\lim b'(p) = 0$ gefordert.

was eine gewisse Bedingung für die Schätzfunktion $\hat{p}$ darstellt. Außerdem muß Gleichheit der infinitesimalen Informationsabstände in (2.11) bestehen.

Mit neuer Bezeichnungsweise sei $f(\xi, p)$ (ξ mehrdimensional) die Dichte einer zufälligen Größe X, die durch $Y = \varphi(X)$ auf den η-Raum mit den zugehörigen Dichten $g(\eta, p)$ abgebildet werde. Dann gilt für $f_i(\xi) = f(\xi, p_i)$ nach § 14.2

$$J(f_2, f_1) - J(g_2, g_1) = \int \log\left(\frac{f_2 g_1}{f_1 g_2}\right) f_2(\xi)\, d\xi \geqq 0, \tag{17.3.2}$$

und die zu prüfende Voraussetzung $v_g = v_f$ bedeutet wegen des Zusammenhanges (2.5a), daß bei $p_1 = p + h$, $p_2 = p$ und $h \to 0$

$$\frac{\partial^2}{\partial h^2} \int \log\left(\frac{g_1 f_2}{g_2 f_1}\right) f_2(\xi)\, d\xi = 0 \tag{17.3.3}$$

ist. Schreiben wir

$$\frac{f(\xi, p)}{g(\varphi(\xi), p)} = q(\xi, p),$$

so gilt nun

$$\int q(\xi, p + h)\, g_2(\xi)\, d\xi = \int f_1(\xi) \frac{g_2(\xi)}{g_1(\xi)}\, d\xi = \mathbf{E}_1\left(\frac{g_2(Y)}{g_1(Y)}\right)$$

$$= \int \frac{g_2(\eta)}{g_1(\eta)} g_1(\eta)\, d\eta = \int g_2(\eta)\, d\eta = 1.$$

Durch Differentiation folgt

$$\int \frac{\partial^2}{\partial h^2} [q(\xi, p + h)]\, g_2(\xi)\, d\xi = 0.$$

Damit erschließt man aus (3.3)

$$0 = \frac{\partial^2}{\partial h^2} \int \log \frac{q(p)}{q(p + h)} f_2(\xi)\, d\xi = \int \left(\frac{\left(\frac{\partial q}{\partial h}\right)^2}{q} - \frac{\partial^2 q}{\partial h^2}\right) \frac{1}{q} f_2(\xi)\, d\xi$$

$$= \int \left(\frac{\partial q}{\partial h}\right)^2 \frac{1}{q} f_2\, d\xi,$$

daß

$$\frac{\partial q}{\partial h}(\xi, p + h) = 0;$$

d. h.

$$\frac{f(\xi, p)}{g(\varphi(\xi), p)}$$

unabhängig von p ist. Abbildungen φ mit dieser Eigenschaft, die man auch als Faktorisierbarkeit

$$f(\xi, p) = g(\varphi(\xi), p)\, q(\xi) \tag{17.3.4}$$

schreiben kann, heißen (bezüglich p) erschöpfende Abbildungen („sufficient statistics"). Offenbar bleiben dann auch alle endlichen Informationsabstände $J(f_1, f_2) = J(g_1, g_2)$ erhalten. Und das Ergebnis der Betrachtungen besagt also, daß für das Eintreten des Gleichheitszeichens außer der Bedingung (3.1) notwendig ist, daß die betreffende Schätzfunktion eine bezüglich des zu schätzenden Parameters erschöpfende Abbildung ist. Es sei betont, daß für *alle* statistischen Aufgaben die Beobachtung der erschöpfenden Schätzfunktionen genauso nützlich ist wie die der $X_1, \ldots, X_n$.

Bei der Bedingung (3.4) sollte $g(\eta, p)$ die durch die Abbildung φ aus der Dichte $f(\xi, p)$ hervorgegangene Dichte sein; diese Forderung braucht nicht gestellt zu werden; sei nämlich

$$f(\xi, p) = g_1(\varphi(\xi), p)\, q_1(\xi). \tag{17.3.5}$$

Um die Verteilungsdichte von $\varphi(X)$ zu bestimmen, bilden wir

$$\boldsymbol{P}(\varphi(X) < \lambda) = \int\limits_{\varphi(\xi) < \lambda} f(\xi, p)\, d\xi = \int\limits_{\varphi(\xi) < \lambda} g_1(\varphi(\xi), p)\, q_1(\xi)\, d\xi.$$

Denke man sich in diesem (mehrfachen) Integral andere Koordinaten eingeführt, von denen eine $\sigma = \varphi(\xi)$ ist, so bleibt nach Integration von $q_1(\xi)$ über die anderen übrig

$$\boldsymbol{P}(\varphi(X) < \lambda) = \int\limits_{\sigma < \lambda} g_1(\sigma, p)\, \tilde{q}(\sigma)\, d\sigma,$$

d. h. $g_1(\sigma, p)\, \tilde{q}(\sigma)$ ist die Dichte von $\varphi(X)$, und man erkennt die Gültigkeit einer Faktorzerlegung auch in der Form (3.4).

Kehren wir zu der ursprünglichen Aufgabe, bei der n unabhängige Größen mit derselben Verteilung gegeben waren, zurück, so ergibt die Forderung der Existenz erschöpfender Schätzfunktionen, nämlich

$$\prod_{\nu=1}^{n} f(\xi_\nu, p) = g(\varphi(\xi), p)\, q(\xi), \tag{17.3.6}$$

daß $f(\xi, p)$ von ziemlich spezieller Form sein muß (Koopman, 1939): Logarithmieren und Differenzieren nach p ergibt nämlich für

$$u(\xi, p) = \frac{\partial}{\partial p} \log f(\xi, p)$$

die Bedingung

$$\sum_{\nu=1}^{n} u(\xi_\nu, p) = \frac{\partial}{\partial p} \log g(\varphi(\xi), p) \equiv \gamma(\varphi(\xi), p).$$

Differenzieren nach ξ_μ ergibt für

$$w(\xi, p) = \frac{\partial}{\partial \xi} u(\xi, p)$$

die Gleichung

$$w(\xi_\mu, p) = \frac{\partial}{\partial \varphi} \gamma(\varphi(\xi), p)\, \frac{\partial \varphi(\xi)}{\partial \xi_\mu} \equiv \gamma_1(\varphi(\xi), p)\, \frac{\partial \varphi(\xi)}{\partial \xi_\mu},$$

aus der durch erneute logarithmische Differentiation nach p folgt

$$\frac{\partial}{\partial p}\log w(\xi_\mu, p) = \frac{\partial}{\partial p}\log\gamma_1(\varphi(\xi), p) \equiv \gamma_2(\varphi(\xi), p).$$

Solange $n > 1$ ist, kann man ein einzelnes ξ_μ ändern, ohne $\varphi(\xi)$ zu beeinflussen, und sieht so die Unabhängigkeit des $\gamma_2(\varphi(\xi), p)$ von den ξ_ν ein:

$$\frac{\partial}{\partial p}\log\gamma_1(\varphi(\xi), p) = c_1(p).$$

Hieraus ergibt sich zunächst

$$\log\gamma_1(\varphi, p) = c_2(p) + c_3(\varphi),$$

also

$$\gamma_1(\varphi, p) = \Gamma_2(p)\,\Gamma_3(\varphi)$$

und daraus

$$\gamma(\varphi, p) = \Gamma_2(p)\,\Gamma_4(\varphi) + \Gamma_5(p)$$

und weiter

$$\log g(\varphi, p) = \Gamma_2^*(p)\,\Gamma_4(\varphi) + \Gamma_5^*(p) + \Gamma_6(\varphi),$$

so daß

$$g(\varphi, p) = \alpha(\varphi)\exp(\beta(\varphi)\,\gamma(p) + \delta(p)) \tag{17.3.7}$$

gelten muß[1].

Für die 100% Wirksamkeit der Schätzfunktion $\varphi(\xi)$ ergeben sich aus (3.1) ähnliche Forderungen mit $\gamma \equiv p$.

4. Ausdehnung auf mehrere Parameter

Die Schätzung mehrerer Parameter $p_1, \ldots, p_s$ erfolgt nach demselben Prinzip, die Likelihoodfunktion zu maximieren. Die Bedingungen für das Extremum

$$\frac{\partial}{\partial p_i} L(X_1, \ldots, X_n; T_1, \ldots, T_s) = 0 \quad (i = 1, \ldots, s) \tag{17.4.1}$$

schreiben wir in der Form

$$T_i - p_i = \varphi_i(T_1 - p_1, \ldots, T_s - p_s) \equiv T_i - p_i - \sum_{k=1}^{s} B_{ik}\frac{\partial}{\partial p_k}\log L(X, T), \tag{17.4.2}$$

[1] Für die Existenz (auch r-dimensionaler) erschöpfender Schätzgrößen geben Barankin und Katz [Sankhya 21 (1959) 217] Bedingungen an, die im einfachsten Fall ($r = 1$) besagen, daß

$$\text{Rang}\left(\frac{\partial^2}{\partial\xi_i\,\partial p_j}\log f(\xi_1, \ldots, \xi_n; p)\right) = 1 \quad (i = 1, \ldots, n;\ p = p_1, \ldots, p_n)$$

sein muß.

wobei B_{ik} die inverse Matrix von $A_{ik} = \frac{\partial^2}{\partial p_i \partial p_k} \log L(X; p)$ ist, für die offenbar

$$v_{ik} = -\frac{1}{n} \boldsymbol{E}(A_{ik}) = \boldsymbol{E}\left(\frac{\partial}{\partial p_i} \log f(X, p) \frac{\partial}{\partial p_k} \log f(X, p)\right) \quad (17.4.3)$$

positiv-semidefinit ($\sum v_{ik} \xi_i \xi_k \geqq 0$) wird und als eigentlich definit angenommen werden soll: $\sum v_{ik} \xi_i \xi_k \neq 0$ für $\xi_i \not\equiv 0$.

Wegen des Gesetzes der großen Zahlen streben die $1/n\, A_{ik} \to v_{ik}$ (nach Wahrscheinlichkeit), so daß sich die Inverse B_{ik} bilden läßt. Die übrigen Überlegungen von Ziffer 1 übertragen sich leicht; die Bedingung (b) lautet

$$\sum_{k=1}^{s} \left| \frac{\partial \varphi_i(y)}{\partial p_k} \right| \leqq q,$$

und man erhält die Konsistenz $T_i \to p_i$ (nach Wahrscheinlichkeit), die asymptotische Normalverteilung der $\sqrt{n}(T_i - p_i)$ mit $\boldsymbol{E} = 0$ und Kov $= w_{ik}$, der inversen Matrix von v_{ik}, sowie die strenge Unverzerrtheit $b'(p_i) \to 0$.

Für die Informationsungleichung bei k Parametern $p_1, \ldots, p_k$, die durch irgendwelche Schätzgrößen

$$T_i = \hat{p}_i(X_1, \ldots, X_n) \quad (17.4.4)$$

geschätzt werden, deren gemeinsame Dichte

$$g(\tau_1, \ldots, \tau_k; p_1, \ldots, p_k)$$

sei, beschränken wir uns auf unverzerrte Schätzgroßen, die also

$$\boldsymbol{E}(T_i) \equiv \int \cdots \int \tau_i\, g(\tau, p)\, d\tau = p_i$$

genügen. Durch Differenzieren folgt

$$\int \cdots \int \tau_i \frac{\partial \log g(\tau, p)}{\partial p_j} g\, d\tau = \delta_{ij}.$$

Für die Varianz-Kovarianzen der T_i, nämlich

$$\sigma_{ij} = \boldsymbol{E}((T_i - p_i)(T_j - p_j)) \quad (17.4.5)$$

und die der

$$V_i = \frac{\partial \log g(T_1, \ldots, T_k, p)}{\partial p_i}, \quad (17.4.6)$$

die mit

$$v_{ij}(g) = \boldsymbol{E}\left(\frac{\partial \log g}{\partial p_i} \frac{\partial \log g}{\partial p_j}\right) \quad (17.4.7)$$

bezeichnet seien, besteht also folgende gemeinsame Varianz-Kovarianz-Matrix

$$\begin{pmatrix} \sigma_{11} & \cdots & \sigma_{1k} & 1 & & 0 \\ \vdots & & & & \ddots & \\ \sigma_{k1} & \cdots & \sigma_{kk} & 0 & & 1 \\ 1 & & 0 & v_{11}(g) & \cdots & v_{1k}(g) \\ & \ddots & & \vdots & & \\ 0 & & 1 & v_{k1}(g) & & v_{kk}(g) \end{pmatrix}, \tag{17.4.8}$$

die natürlich positiv-semi-definit sein muß. Nach dem anschließend zu beweisenden Hilfssatz über Matrizen folgt daraus, daß für die Inverse

$$(\tau_{ij}) = (\sigma_{ij})^{-1} \tag{17.4.9}$$

gilt:

$$v_{ij}(g) - \tau_{ij} = \text{positiv-semi-definit} \tag{17.4.10}$$

und (äquivalent)

$$\sigma_{ij} - w_{ij}(g) = \text{positiv-semi-definit.} \tag{17.4.11}$$

Die Sachverhalte lassen sich auch so ausdrücken: aus $\sum v_{ij}\alpha_i\alpha_j \leqq C$ folgt $\sum \tau_{ij}\alpha_i\alpha_j \leqq C$, bzw. aus $\sum \sigma_{ij}(g)\alpha_i\alpha_j \leqq C$ folgt $\sum w_{ij}\alpha_i\alpha_j \leqq C$, wofür man, wenn man z. B. $\sum \tau_{ij}\alpha_i\alpha_j \leqq 1$ als τ-Ellipsoid bezeichnet, sagen kann: das τ-Ellipsoid enthält das v-Ellipsoid, bzw. das w-Ellipsoid enthält das σ-Ellipsoid. Die Determinante von σ_{ij} (im wesentlichen das Volumen des Ellipsoides) nennt man verallgemeinerte Varianz.

Der Zusammenhang zwischen der infinitesimalen Informationsmatrix $v_{ij}(g)$ und der analog gebildeten $v_{ij}(f)$ ist offensichtlich (indem man die eindimensionale Ungleichung für $\sum p_i\alpha_i$ anschreibt) oder $2\frac{\partial}{\partial h^2} J(f(p_i), f(p_i + h\alpha_i) = \sum v_{ij}\alpha_i\alpha_j$ bedenkt:

$$n\, v_{ij}(f) - v_{ij}(g) = \text{positiv-semi-definit,} \tag{17.4.12}$$

wobei die Gleichheit

$$n\, v_{ij}(f) = v_{ij}(g)$$

nur bestehen kann, wenn die Abbildung $\xi_1, \ldots, \xi_n \to p_1(\xi), \ldots, p_k(\xi)$ erschöpfend ist. Man sieht, daß die Maximum-Likelihood-Schätzgrößen wieder asymptotisch die bestmöglichen Werte haben; ein Maß für die Effizienz kann man durch das Verhältnis der Volumina der Ellipsoide einführen.

Die Betrachtung über erschöpfende Schätzfunktionen in Ziffer 3 überträgt sich fast wörtlich, solange $s < n$ ist.

Der benutzte Hilfssatz über s-reihige symmetrische positiv-definite Matrizen $A = A^* \geqq 0$, $B = B^* \geqq 0$, $\mathrm{Det}(B) \neq 0$ läßt sich so formulieren:

Die Positiv-Definitheit von

$$\mathfrak{M} = \begin{pmatrix} A & 1 \\ 1 & B \end{pmatrix}$$

ist äquivalent mit $A - B^{-1} \geqq 0$ (oder auch mit $B - A^{-1} \geqq 0$). Dabei bedeuten die 1 in der sich aus Matrizen aufbauenden Gesamtmatrix die betreffenden Einheitsmatrizen.

Zum Beweis benutzen wir die Darstellung der zu der Gesamtmatrix gehörenden Vektoren als Paar je s-reihiger Vektoren: $\mathfrak{x} = \{x, y\}$.

Dann gilt für die zu $\mathfrak{M}$ gehörige quadratische Form

$$(\mathfrak{x}', \mathfrak{M}\,\mathfrak{x}) = (x, A\,x) + 2(x, y) + (y, B\,y),$$

mit $z = A\,x$ also

$$\begin{aligned} &= (z, A^{-1} z) + 2(A^{-1} z, y) + (y, A^{-1} y) + (y, (B - A^{-1})\,y) \\ &= ((z + y), A^{-1}(z + y)) + (y, (B - A^{-1})\,y). \end{aligned}$$

Da der erste Summand auf der rechten Seite immer $\geqq 0$ ist, und für jedes y durch passende Wahl von z, also x, zu Null gemacht werden kann, ist die Behauptung evident.

5. Bayessche Schätzung und andere Gesichtspunkte

Ähnlich den Überlegungen in § 15 läßt sich auch das Schätzproblem bei Berücksichtigung eines Vorherwissens über den zu schätzenden Parameter p durch Benutzung einer Verlustfunktion fassen.

Dazu beschreibe die Verlustfunktion

$$L(p, t)$$

den Schaden, den der Statistiker erleidet, wenn er den Wert p des Parameters durch den Schätzwert t schätzt. Benutzt er für diese Schätzung die Schätzfunktion $\hat{p}$, so hängt bei festem p der Erwartungswert dieses Verlustes von $\hat{p}$ ab und wird als Risiko bezeichnet:

$$R(p, \hat{p}) = \boldsymbol{E}(L(p, \hat{p}(X)) \mid p) = \int L(p, \hat{p}(\xi))\, f(\xi \mid p)\, d\xi, \quad (17.5.1)$$

wenn $f(\xi \mid p)$ die Dichte von X bezeichnet. Hat man statt eines festen Wertes p eine „a-priori-Verteilung" $\gamma(p)$, so entsteht daraus die allgemeinere Risikofunktion

$$\begin{aligned} R(\gamma, \hat{p}) &= \boldsymbol{E}(R(p, \hat{p})) = \int R(p, \hat{p})\, \gamma(p)\, dp \\ &= \int\int L(p, \hat{p}(\xi))\, f(\xi \mid p)\, \gamma(p)\, d\xi\, dp, \end{aligned} \quad (17.5.2)$$

die die bisherige als Spezialfall (a-priori-Verteilung ergibt: p = fester Wert) umfaßt. Es läßt sich jetzt (bei gegebenem $\gamma(p)$) die sinnvolle Aufgabe formulieren, dieses Risiko durch Auswahl einer geeigneten Schätzfunktion $\hat{p}$ zu minimieren. Diese Schätzfunktion nennt man wieder die Bayessche Schätzung.

Wir betrachten insbesondere den Fall einer quadratischen Verlustfunktion

$$L(p, t) = (p - t)^2. \quad (17.5.3)$$

Für das Risiko ergibt sich dann, wenn P die zufällige Größe mit Dichte $\gamma(p)$ bezeichnet

$$\begin{aligned} R(\gamma, \hat{p}) &= \boldsymbol{E}(\boldsymbol{E}[\langle \hat{p}(X) - P\rangle^2 \mid X]) \\ &= \boldsymbol{E}(\boldsymbol{E}[\langle \hat{p}(X) - \boldsymbol{E}(P \mid X)\rangle^2 + \operatorname{Var}(P \mid X) \mid X]). \end{aligned}$$

Weil $\boldsymbol{E}(\hat{p}(X) - \boldsymbol{E}(P \mid X))^2 \geqq 0$ ist, also immer

$$R(\gamma, \hat{p}) \geqq \boldsymbol{E}(\operatorname{Var}(P \mid X)) \equiv R_0(\gamma), \tag{17.5.4}$$

wobei diese rechte Seite eine von $\hat{p}$ unabhängige Schranke darstellt, die nur dann erreicht werden kann, wenn für alle x

$$\hat{p}(X) - \boldsymbol{E}(P \mid X) = 0 \tag{17.5.5}$$

ist, d. h. wenn die BAYESsche Schätzfunktion

$$\hat{p}(\xi) = \boldsymbol{E}(P \mid X = \xi) = \frac{\int p\, f(\xi \mid p)\, \gamma(p)\, dp}{\int f(\xi \mid p)\, \gamma(p)\, dp} = \int p\, \gamma(p \mid \xi)\, dp \tag{17.5.6}$$

mit der a-posteriori-Dichte für p nach Beobachtung des Wertes $X = \xi$ verwendet wird[1].

Wir studieren noch die Möglichkeit von Abbildungen $y = \varphi(x)$ und Verwendung von Y bei diesem Schätzverfahren:

Offenbar gilt

$$\boldsymbol{E}(\operatorname{Var}(P \mid X)) = \operatorname*{Min}_{\hat{p}} \boldsymbol{E}(\hat{p}(X) - P)^2 \leqq \operatorname*{Min}_{\hat{q}} \boldsymbol{E}(\hat{q}(Y) - P)^2, \tag{17.5.7}$$

wobei das Gleichheitszeichen nach der allgemeinen Feststellung (5.4) dann gilt und nur gelten kann, wenn

$$\hat{p}(X) = \hat{q}(Y),$$

d. h.

$$\frac{\int p\, f(\xi)\, p \mid \gamma(p)\, dp}{\int f(\xi \mid p)\, \gamma(p)\, dp} = \frac{\int p\, g(\varphi(\xi) \mid p)\, \gamma(p)\, dp}{\int g(\varphi(\xi) \mid q)\, \gamma(q)\, dq} \tag{17.5.8}$$

gilt, wobei $g(y \mid p)$ die Dichte von Y ist. Setzt man

$$g(\varphi(\xi) \mid p) = f(\xi \mid p)\, \lambda(\xi \mid p),$$

so gilt (5.8) sicherlich, wenn λ von p unabhängig ist, d. h. φ eine bezüglich p erschöpfende Abbildung ist. Fordert man (5.8) für alle a-priori-Verteilungen $\gamma(p)$, so ist das auch notwendig, denn daraus folgt

$$\iint p[\lambda(\xi \mid q) - \lambda(\xi \mid p)]\, f(\xi \mid p)\, f(\xi \mid q)\, \gamma(p)\, \gamma(q)\, dp\, dq = 0.$$

---

[1] Die a-posteriori-Dichte für in natürlicher Weise ausgezeichnete $\gamma(p)$ heißt oft Fiduzialwahrscheinlichkeit.

Setzt man für $\gamma(p)$ eine Funktionenfolge ein, die nur an den Stellen p_1, p_2 ungleich Null sind (vgl. die Überlegungen in der Variationsrechnung), z. B.

$$\gamma(p) = \begin{cases} \sqrt{n}[1 + \cos n(p - p_i)] & \text{für } |p - p_i| \leqq \frac{\pi}{n}, \\ 0 & \text{sonst,} \end{cases}$$

so bleibt übrig

$$(p_2 - p_1)[\lambda(\xi \mid p_1) - \lambda(\xi \mid p_2)] = 0,$$

d. h.

$$\lambda(\xi \mid p_1) = \lambda(\xi \mid p_2).$$

Als Musterbeispiel BAYESscher Schätzung betrachten wir (jetzt diskretwertige zufällige Größe N statt X) die Binomialverteilung

$$\boldsymbol{P}(N = \nu) = \binom{n}{\nu} p^{\nu}(1-p)^{n-\nu} \quad (\nu = 0, 1, \ldots, n) \tag{17.5.9}$$

(oder, was wegen der letzten Überlegung das gleiche Problem liefert: n unabhängige Ereignisse mit $\boldsymbol{P}(A_\nu) = p$) mit

$$\gamma(p) = \frac{1}{B(\alpha, \beta)} p^{\alpha-1}(1-p)^{\beta-1} \quad (0 \leqq p \leqq 1; \alpha > 0, \beta > 0). \tag{17.5.10}$$

Es ergibt sich als a-posteriori-Dichte

$$\gamma_n(p \mid \nu) = \frac{p^{\nu+\alpha-1}(1-p)^{n-\nu+\beta-1}}{B(\nu+\alpha, n-\nu+\beta)} \tag{17.5.11}$$

(für ganzzahlige α und β ist dies die Dichte der $\nu + \alpha$-ten geordneten Stichprobe von $n + \alpha + \beta - 1$ konstant-verteilten Größen in $0 \ldots 1$), woraus sich die BAYESsche Schätzfunktion

$$\hat{p}_n(\nu) = \boldsymbol{E}(\boldsymbol{P} \mid \nu) = \int_0^1 p\, \gamma_n(p \mid \nu)\, dp = \frac{\nu + \alpha}{n + \alpha + \beta} \tag{17.5.12}$$

ergibt. Als zugehörigen Wert des Risikos ergibt sich für diese Schätzfunktion nach etwas Rechnerei zunächst

$$R(p, \hat{p}) = \boldsymbol{E}\left(\left(\frac{\nu+\alpha}{n+\alpha+\beta} - p\right)^2 \middle| p\right) = \frac{n p(1-p) + [\alpha(1-p) - p\beta]}{(n+\alpha+\beta)^2}, \tag{17.5.13}$$

woraus man den Minimalwert der BAYESschen Schätzung

$$R_0(\alpha, \beta) = \frac{\alpha\beta}{(n+\alpha+\beta)(\alpha+\beta)(\alpha+\beta+1)} \tag{17.5.14}$$

erhält.

Das Maximum von $R_0(\alpha, \beta)$ wird bei $\alpha = \beta = \frac{1}{2}\sqrt{n}$ angenommen; diese spezielle Wahl $\alpha = \beta = \frac{1}{2}\sqrt{n}$, also (H. RUBIN)

$$\hat{p}(\nu) = \frac{1}{1+\sqrt{n}}\left(\frac{\nu}{\sqrt{n}} + \frac{1}{2}\right) \tag{17.5.15}$$

ergibt
$$R(p,\hat{p}) = \frac{1}{4(1+\sqrt{n})^2}, \tag{17.5.16}$$
so daß für jede a-priori-Verteilung $\gamma(p)$ gilt
$$R(\gamma,\hat{p}) = \frac{1}{4(1+\sqrt{n})^2} = R_0. \tag{17.5.17}$$
Andererseits ist für die spezielle a-priori-Verteilung (5.10) mit $\alpha=\beta=\frac{1}{2}\sqrt{n}$ das benutzte $\hat{p}$ als BAYESsche Schätzfunktion optimal, d. h., es gilt für jede andere Schätzfunktion
$$R(\gamma_0,\hat{q}) > R(\gamma_0,\hat{p}). \tag{17.5.18}$$
Die Schätzfunktion (5.15) minimiert also den bei allen $\gamma(p)$ maximalen Verlust
$$R_1(\hat{q}) = \operatorname*{Max}_{\gamma} R(\gamma,\hat{q}), \tag{17.5.19}$$
denn es gilt
$$R_1(\hat{p}) = \operatorname*{Max}_{\gamma} R(\gamma,\hat{p}) = R_0 = R(\gamma_0,\hat{p}) < R(\gamma_0,\hat{q}) \leqq \operatorname*{Max}_{\gamma} R(\gamma,\hat{q}). \tag{17.5.20}$$
Derartige Minimax-Schätzfunktionen sind sinnvoll bei völliger Unkenntnis der a-priori-Dichte $\gamma(p)$.[1]

In Abhängigkeit von n läßt sich das Verhalten der für die BAYESsche Schätzung herangezogenen a-posteriori-Verteilung
$$\gamma_n(p\mid\nu) = \binom{n}{\nu} p^\nu (1-p)^{n-\nu}\gamma(p)\, C_{n,\nu} \tag{17.5.21}$$
($C_{n,\nu}$ ein Normierungsfaktor) genauer bestimmen. Es gilt nach dem zentralen Grenzwertsatz für die Binomialverteilung mit $\nu/n \approx \alpha$ und $p = \alpha + v/\sqrt{n}$
$$\binom{n}{\nu} p^\nu (1-p)^{n-\nu} \sim \frac{1}{\sqrt{2\pi n\alpha(1-\alpha)}} \exp\left(-\frac{v^2}{2\alpha(1-\alpha)}\right),$$
so daß mit $v = u\sqrt{\alpha(1-\alpha)}$ und wegen der passenden Normierung bei $n\to\infty$, $\nu/n\to\alpha$ gelten muß
$$\gamma_n(p\mid\nu) \sim \frac{1}{\sqrt{2\pi}} e^{-\frac{u^2}{2}} \tag{17.5.22}$$
(v. MISESscher zweiter Grenzwertsatz).

Aufgaben

1. Man überlege sich, daß die Sätze über die Maximum-Likelihoodschätzung auch bei mehrdimensionalen Verteilungen gültig sind und betrachte die unabhängigen Paare $\{X_\nu, Y_\nu\}$ $(\nu = 1,\ldots,n)$ mit
$$f_\nu(\xi,\eta) = \frac{1}{2\pi}\sqrt{ac-b^2}\exp\left\{-\frac{1}{2}(a\xi^2 + 2b\xi\eta + c\eta^2)\right\},$$

[1] Eine Ausdehnung auf weitere Benutzung „prästatischer Information" findet sich bei D. BIERLEIN: Einheitliche Prinzipien für die Beurteilung statistischer Verfahren [Bl. dtsch. Ges. Vers. Math. 6 (1963) 2].

wo a, b und c geschätzt werden sollen; welches sind die asymptotischen Varianzen und Kovarianzen?

2. Von den zu schätzenden Anzahlen n_{ik} $(i = 1, \ldots, r;\ k = 1, \ldots, s)$, die man sich in einer Kontingenztafel aufgeschrieben denken kann, sind nur die marginalen Summen $\sum_k n_{ik} = n_{i.}$ bzw. $\sum_i n_{ik} = n_{.k}$ bekannt. Die einzelnen n_{ik} sollen aus einer Stichprobe vom Umfang m (Polynomialverteilung mit Parametern n_{ik}/n) geschätzt werden[1]!

3. Der Parameter α der Γ-Verteilung $f(x, \alpha) = \frac{\alpha^p}{\Gamma(p)} e^{-\alpha x} x^{p-1}$ $(x \geqq 0)$ (p bekannt) soll aus n unabhängigen Beobachtungen bestimmt werden! Wie groß ist die Effizienz für endliches n?

4. a) Man weise nach, daß $T = \sum_{\nu=1}^{n} X_\nu^2$ erschöpfend ist bezüglich der Varianz σ^2 von n unabhängigen $(0, \sigma^2)$-normalverteilten Größen.

b) Man weise nach, daß $N = \sum_{\nu=1}^{n} X_\nu$ erschöpfend ist bezüglich des Parameters p der unabhängigen Indikatorgrößen $X_\nu = I_{A_\nu}$ mit $\boldsymbol{P}(A_\nu) = p$. Vergleich mit Binomialverteilung!

5. Für unabhängige X_ν mit Konstantverteilung in $p - \frac{1}{2}$, $p + \frac{1}{2}$ vergleiche man die Schätzung $T = \frac{1}{2}(\operatorname{Max} X_\nu + \operatorname{Min} X_\nu)$ mit $\frac{1}{n} \sum X_\nu$.

6. Unter Benutzung des Hilfssatzes aus § 15.2 stelle man eine Informationsgleichung für Sequentialschätzverfahren auf (Ungleichung von Wolfowitz)! Wann tritt das Gleichheitszeichen ein?

7. Der Parameter p von unabhängigen Ereignissen A_ν mit $\boldsymbol{P}(A_\nu) = p$ werde dadurch bestimmt, daß man beobachtet, bis $\sum_{\nu=1}^{N} I_{A_\nu} = m$ (gegebener Wert) ist (invers binomial sampling). Als unverzerrte Schätzfunktion verwendet man $T = \frac{m-1}{N-1}$. Man schätze die Varianz ab $\left(\leqq \frac{p^2}{m-2}\right)$ und vergleiche mit den Schranken von Aufgabe 6. Für welche Werte von p und m ist dies Schätzverfahren geeignet?

8. Man gebe die Bayes-Schätzung für den Parameter λ von n unabhängigen Poisson-verteilten Größen N_i an, wenn die a-priori-Verteilung $\gamma(\lambda) = \frac{1}{a} e^{-\frac{\lambda}{a}}$ $(\lambda \geqq 0)$ (a bekannt) ist!

9. Gibt es eine a-priori-Verteilung $\gamma(p)$ für den Parameter einer Binomialverteilung, für die die Bayes-Schätzung N/n ergibt?

[1] Für die rechnerische Behandlung der auftretenden Gleichungen vgl. K. Weichselberger: Über die Parameterschätzung bei Kontingenztafeln, deren Randsummen vorgegeben sind. [Metrika 2 (1959) 100 und 198.]

10. Man berechne die Schätzung kleinsten Risikos, wenn die Verlustfunktion $L(p, t) = \frac{(p-t)^2}{p(1-p)}$ ist und weise nach, daß die zu $\gamma(p) = 1$ gehörige Schätzung die Minimaxschätzung ist!

11. Man betrachte analog dem Text den $\lim \gamma_n(p \mid v)$ bei $p = u/n$ (u, v fest, $n \to \infty$) (POLLACZEK-GEIRINGERsches Gesetz der seltenen Ereignisse) und veranschauliche sich das Ergebnis!

12. Man bestätige die Gültigkeit folgenden allgemeinen Sachverhaltes: Ist die Maximum-Likelihood-Schätzfunktion für den Parameter p der Verteilung $f(\xi, p)$ der unabhängigen Größen X_i $(i = 1, \ldots, n)$ gleich

$$\hat{p}(\xi_1, \ldots, \xi_n),$$

so ist die entsprechende Schätzfunktion für die durch eine feste Abbildung φ aus den X_i entstehenden Größen $Y_i = \varphi(X_i)$ gleich

$$\hat{p}(\varphi^{-1}(\eta_1), \ldots, \varphi^{-1}(\eta_n)).$$

Damit bestimme man die Schätzfunktionen für die Parameter der Logarithmischen Normalverteilung!

13. Man übertrage die allgemeine Konstruktion des Konfidenzbereiches für den Parameter der Binomialverteilung (§ 8.1) auf beliebige Parameter, die durch (asymptotisch streng) unverzerrte Schätzfunktionen geschätzt werden!

14. Man vergleiche die Schätzung $\hat{p} = \frac{3}{2}\xi$ für den Parameter der Verteilungsdichte

$$f(\xi) = \frac{2\xi}{p^2} \qquad (0 \leqq \xi \leqq p)$$

mit der Schranke von CRAMÉR-RAO (Bemerkung: Zu den benutzten Voraussetzungen gehört dort auch der gemeinsame Nicht-Null-Bereich der Dichte-Funktionen).

§ 18. Schätzungen bei linearen Modellen

1. Fragestellung, Methode und allgemeine Eigenschaften der Schätzfunktionen

Die zu schätzenden, unbekannten Parameter sollen linear in den Erwartungswerten beobachtbarer unabhängiger normalverteilter Größen mit gleicher Varianz auftreten:

$$Y_\nu = c_{0\nu} + \sum_{i=1}^{s} c_{i\nu} p_i + Z_\nu \quad (\nu = 1, \ldots, n). \tag{18.1.1}$$

Dabei sind Z_ν unabhängige $(0, \sigma^2)$-normalverteilte Größen, die $c_{i\nu}$ bekannte Konstante und die p_i unbekannt. Die Y_ν werden beobachtet. Die Varianz σ^2 kann bekannt oder unbekannt sein; zunächst gelten die Betrachtungen für beide Fälle.

Zur Schätzung der p_i wird die Maximum-Likelihoodmethode verwendet, von der für den hier vorliegenden Fall auch bei kleinen Beobachtungszahlen gute Eigenschaften festgestellt werden (man beachte, daß wir es hier auch gar nicht mit unabhängigen Größen gleicher Verteilung zu tun haben). Die Likelihoodfunktion ist

$$\left(\frac{1}{\sqrt{2\pi}\,\sigma}\right)^n \exp\left(-\frac{1}{2\sigma^2}\sum_{\nu=1}^{n}\left(y_\nu - c_{0\nu} - \sum_{i=1}^{s} c_{i\nu}\,p_i\right)^2\right), \tag{18.1.2}$$

und die Aufgabe, diesen Ausdruck zu maximieren, führt auf die Forderung, die Quadratsumme im Zähler des Exponenten

$$\sum_{\nu=1}^{n} (y_\nu - c_{0\nu} - \sum c_{i\nu}\,p_i)^2 \tag{18.1.3}$$

zu minimieren: „Methode der kleinsten Quadrate".

Deuten wir $\xi_\nu = c_{0\nu} + \sum_{i=1}^{s} c_{i\nu}\,p_i$ (p_i variabel) als lineares Gebilde $\mathfrak{L}$ in einem n-dimensionalen euklidischen Raum, so wird also derjenige Punkt von $\mathfrak{L}$ gesucht, der vom Punkt y_ν den kleinsten Abstand hat; das ist bekanntlich der Fußpunkt des Lotes von y_ν auf $\mathfrak{L}$. Zur rechnerischen Behandlung beachten wir die selbstverständliche Forderung der linearen Unabhängigkeit der s Vektoren $\{c_{i1}, \ldots, c_{in}\}$ (wir hätten sonst überzählige Parameter). Daraus folgt, daß die Determinante der Matrix

$$C_{ik} = \sum_{\nu=1}^{n} c_{i\nu}\,c_{k\nu} \tag{18.1.4}$$

von Null verschieden ist; denn andernfalls bestünde eine lineare Abhängigkeit zwischen ihren Spalten:

$$\sum_{k=1}^{s} C_{ik}\,\lambda_k = 0$$

(λ_k nicht alle Null). Durch Multiplizieren mit λ_i und Addition folgte dann

$$0 = \sum_{i,k} C_{ik}\,\lambda_i\,\lambda_k = \sum_\nu \left(\sum_i c_{i\nu}\,\lambda_i\right)\left(\sum_k c_{k\nu}\,\lambda_k\right) = \sum_\nu \left(\sum_i c_{i\nu}\,\lambda_i\right)^2,$$

also $\sum_i c_{i\nu}\,\lambda_i = 0$, im Widerspruch zur Voraussetzung.

Die Minimumsforderung (1.3) ergibt die notwendigen und hinreichenden Gleichungen (in der Ausgleichungsrechnung der Geodäten als „Normalgleichungen" bezeichnet)

$$\sum_{\nu} c_{k\nu}\Big(c_{0\nu} + \sum_{i=1}^{s} c_{i\nu} p_i - y_\nu\Big) = 0,$$

d. h.

$$\sum_{i=1}^{s} C_{ki} p_i = \sum_{\nu} c_{k\nu}(y_\nu - c_{0\nu}). \tag{18.1.5}$$

Diese lassen sich mittels der inversen Matrix C^{ij} von C_{ik} eindeutig lösen; die Lösungen $\hat{p}_i$ als Funktionen der zufälligen Größen Y_ν werden mit $T_i = \hat{p}_i(Y)$ bezeichnet. Wir stellen zunächst fest, daß deren Erwartungswerte $\boldsymbol{E}(T_i) = t_i$ wegen $\boldsymbol{E}(Y_\nu) = c_{0\nu} + \sum_{i=1}^{s} c_{i\nu} p_i$ den Gleichungen

$$\sum_i C_{ki} t_i = \sum_\nu c_{k\nu}\Big(\sum_i c_{i\nu} p_i\Big) = \sum_i C_{ki} p_i$$

genügen, so daß wegen $\mathrm{Det}(C_{ik}) \neq 0$ folgt $t_i = p_i$, d. h., die gefundenen Schätzfunktionen sind erwartungsgetreu. Es sollen auch die Varianzen und Kovarianzen berechnet werden; aus

$$T_k = \sum_{j\nu} C^{kj} c_{j\nu}(Y_\nu - c_{0\nu}) \tag{18.1.6}$$

folgt

$$\begin{aligned}
\mathrm{Kov}(T_k, T_l) &= \sum_{ji\nu\mu} C^{kj} c_{j\nu} C^{li} c_{i\mu} \,\mathrm{Kov}(Y_\nu, Y_\mu)\\
&= \sum_{ji\nu\mu} C^{kj} c_{j\nu} C^{li} c_{i\mu} \,\mathrm{Kov}(Z_\nu, Z_\mu)\\
&= \sum_{ji\nu\mu} C^{kj} C^{li} c_{j\nu} c_{i\mu} \sigma^2 \delta_{\mu\nu}\\
&= \sum_{ij} C^{kj} C^{li} C_{ji} \sigma^2 = \sigma^2 C^{kl} \quad (\text{auch für } k = l).
\end{aligned} \tag{18.1.7}$$

Wir vergleichen diese Werte mit den Schranken der CRAMÉR-RAOschen Ungleichung im s-dimensionalen Fall: es ergibt sich

$$\begin{aligned}
v_{ik} &= \boldsymbol{E}\Big(\frac{\partial \log f}{\partial p_i}\,\frac{\partial \log f}{\partial p_k}\Big)\\
&= \boldsymbol{E}\Big\{\frac{1}{\sigma^2}\Big[\sum_\nu c_{i\nu}\Big(Y_\nu - c_{0\nu} - \sum_j c_{j\nu} p_j\Big)\Big] \times\\
&\quad \times \frac{1}{\sigma^2}\Big[\sum_\mu c_{k\mu}\Big(Y_\mu - c_{0\mu} - \sum_l c_{l\mu} p_l\Big)\Big]\Big\}\\
&= \frac{1}{\sigma^4}\boldsymbol{E}\Big\{\Big(\sum_\nu c_{i\nu} Z_\nu\Big)\Big(\sum_\mu c_{k\mu} Z_\mu\Big)\Big\} = \frac{1}{\sigma^4}\sum_{\nu\mu} c_{i\nu} c_{k\mu} \sigma^2 \delta_{\nu\mu}\\
&= \frac{1}{\sigma^2} C_{ik}.
\end{aligned} \tag{18.1.8}$$

Die inverse Matrix ist also

$$w_{ik} = \sigma^2 C^{ik} \tag{18.1.9}$$

und zeigt, daß die gefundenen Schätzfunktionen unter allen erwartungstreuen kleinste Streuungen haben; das gilt wegen der Form der CRAMÉR-RAOschen Ungleichung $\sum \sigma_{ik} u_i u_k \geqq \sum w_{ik} u_i u_k$ auch für die erwartungstreue Schätzfunktion $T = \sum_{i=1}^{s} u_i T_i$ für $\sum_{i=1}^{s} u_i p_i$ (u_i bekannt), die die Varianz $\sigma^2 \sum u_i u_k C^{ik}$ hat.

Um im Fall unbekannter Varianz σ^2 diese zu schätzen, kann man nach der Maximum-Likelihoodmethode verfahren. Mit dem kleinsten Wert Q_0 der Quadratsumme bleibt

$$\left(\frac{1}{\sigma\sqrt{2\pi}}\right)^n \exp\left(-\frac{Q_0}{2\sigma^2}\right)$$

zu maximieren; das ergibt durch einfache Rechnung

$$\hat{\sigma}^2 = \frac{Q_0}{n}. \tag{18.1.10}$$

Es soll der Erwartungswert berechnet werden. Dazu bedenken wir, daß Q_0 das Abstandsquadrat des Punktes Y_ν von dem linearen Gebilde $\mathfrak{L}$ ist. Führt man ein neues achsenparalleles Koordinatensystem mit demjenigen Punkt von $\mathfrak{L}$, der durch die wahren Parameter dargestellt wird, als Ursprung ein, so ist das Lot von dem Punkt Z_ν auf das s-dimensionale lineare Gebilde

$$\xi_\nu = \sum_{i=1}^{s} c_{i\nu} p_i$$

zu fällen. Geht man durch Drehung zu einem angepaßten Koordinatensystem über, in dem sich $\mathfrak{L}$ durch $\zeta_{s+1} = 0, \ldots, \zeta_n = 0$ ausdrückt, so ist der Fußpunkt des Lotes von $\zeta_1, \ldots, \zeta_n$ darauf offenbar $\{\zeta_1, \ldots, \zeta_s; 0, \ldots, 0\}$, das Lot selbst hat also die Komponenten $\{0, \ldots, 0; \zeta_{s+1}, \ldots, \zeta_n\}$. Wie sich in § 16.2 ergab, sind die Koordinaten eines Punktes Z_ν mit unabhängig $(0, \sigma^2)$-normalverteilten Koordinaten, in einem anderen rechtwinkligen Koordinatensystem auch wieder $(0, \sigma^2)$-normalverteilt, so daß sich als Erwartungswert von $\hat{\sigma}^2$ ergibt

$$\boldsymbol{E}(\hat{\sigma}^2) = \frac{\sigma^2}{n}(n - s),$$

und man verwendet deshalb als erwartungstreue Schätzung für σ^2

$$\hat{\sigma}_1^2 = \frac{Q_0}{n - s}. \tag{18.1.11}$$

Im übrigen läßt sich auch die Verteilung von Q_0 leicht erkennen: Q_0/σ^2 hat die Verteilung der Summe von $n - s$ Quadraten unabhängiger $(0, 1)$-normalverteilter Größen.

Zur Beurteilung der Schätzung aller Parameter wird oft die verallgemeinerte Varianz herangezogen:

$$\operatorname{Det}(\operatorname{Kov}(T_i, T_k)) = \sigma^{2s} \operatorname{Det}(C^{ik}) = \frac{\sigma^{2s}}{\operatorname{Det}(C_{ik})}.$$

2. Einfache lineare Regression

Die allgemeine Überlegung der Ziffer 1 soll an einem einfachen, häufig vorkommenden Fall durchgeführt werden.

$$Y_\nu = a + b x_\nu + Z_\nu \quad (\nu = 1, \ldots, n) \quad Z_\nu = (0, \sigma^2)\text{-normal, unabhängig.} \tag{18.2.1}$$

Die unbekannten Parameter sind a, b; die bekannten x_ν entsprechen etwa beobachteten Zeiten.

Die Forderung, die Quadratsumme

$$\sum_{\nu=1}^{n} (y_\nu - a - b x_\nu)^2$$

zu minimieren, führt zu den Normalgleichungen

$$\begin{aligned} \sum_\nu (y_\nu - a - b x_\nu) &= 0, \\ \sum_\nu x_\nu (y_\nu - a - b x_\nu) &= 0. \end{aligned} \tag{18.2.2}$$

Aus diesen ergeben sich, unter Benutzung der Abkürzungen

$$\left.\begin{aligned} \bar{x} &= \frac{1}{n} \sum x_\nu, & \bar{y} &= \frac{1}{n} \sum y_\nu, \\ \sigma_x^2 &= \frac{1}{n} \sum (x_\nu - \bar{x})^2, & \sigma_y^2 &= \frac{1}{n} \sum (y_\nu - \bar{y})^2, \\ \sigma_{xy} &= \frac{1}{n} \sum (x_\nu - \bar{x})(y_\nu - \bar{y}) \end{aligned}\right\} \tag{18.2.3}$$

als Schätzfunktionen

$$\hat{b} = \frac{\sigma_{xy}}{\sigma_x^2} = \frac{\frac{1}{n} \sum_\nu (x_\nu - \xi)(y_\nu - \eta) - (\bar{x} - \xi)(\bar{y} - \eta)}{\frac{1}{n} \sum_\nu (x_\nu - \bar{x})^2} \quad (\xi, \eta \text{ beliebig}) \tag{18.2.4}$$

und

$$\hat{a} = \bar{y} - \hat{b}\,\bar{x}.$$

Die zweite Gleichung drückt den geometrisch einfachen Sachverhalt aus, daß die „Regressionsgerade“

$$y = \hat{a} + \hat{b}\,x$$

durch den Schwerpunkt der n Punkte (x_ν, y_ν) geht, aus. Dieser Sachverhalt gilt (ACOVITZ, 1954 u. 1957) auch für andere als gleiche Gewichtung: Man kann als Gewicht des Punktes (x_ν, y_ν) die Masse $m_\nu = x_\nu$ nehmen. Dann ergibt sich als Schwerpunkt

$$\tilde{x} = \frac{\sum x_\nu m_\nu}{\sum m_\nu} = \frac{\sigma_x^2 + \bar{x}^2}{\bar{x}} = \frac{\sigma_x^2}{\bar{x}} + \bar{x},$$

$$\tilde{y} = \frac{\sum y_\nu m_\nu}{\sum m_\nu} = \frac{\sigma_{xy} + \bar{x}\bar{y}}{\bar{x}} = \frac{\sigma_{xy}}{\bar{x}} + \bar{y},$$

und man bestätigt leicht

$$\tilde{y} = \hat{a} + \hat{b}\,\tilde{x}.$$

In dem besonderen Fall äquidistanter x_ν-Werte, o.B.d.A. $x_\nu = \nu$ ergibt sich daraus (nach ACOVITZ) eine einfache geometrische Konstruktion des Punktes $\tilde{x}$, $\tilde{y}$ der Regressionsgeraden, wenn man daran denkt, daß der Schwerpunkt von n Punkten sich als Schwerpunkt des letzten Punktes und des Schwerpunktes der ersten $(n - 1)$ Punkte ergibt, insbesondere also auf deren Verbindungsgerade liegt. Die x-Koordinate des Schwerpunktes der μ ersten Punkte $x_1, \ldots, x_\mu$ mit Massen $m_\nu = x_\nu = \nu$ ergeben sich dafür als

$$\tilde{x}_{(\mu)} = \frac{\sum_{\nu=1}^{\mu} \nu^2}{\sum_{\nu=1}^{\mu} \nu} = \frac{\frac{1}{6}(2\mu+1)(\mu+1)\mu}{\frac{1}{2}(\mu+1)\mu} = \frac{1}{3}(2\mu + 1) = 1 + \frac{2}{3}(\mu - 1). \tag{18.2.5}$$

Damit ergibt sich die in der Figur angegebene Konstruktion (Nummer der Punkte geben die Reihenfolge der Konstruktion). Dieselbe Konstruktion von rechts nach links ergibt einen zweiten (immer verschiedenen!) Punkt, und damit ist die Regressionsgerade bestimmt!

Die so durch die Methode der kleinsten Quadrate gefundene Regressionsgerade ist geometrisch charakterisiert als diejenige, für die die Quadratsumme der in y-Richtung gemessenen Abstände am kleinsten wird. Die beiden Koordinatenrichtungen haben also, wie auch durch die Ausgangsgleichung (2.1) ersichtlich, verschiedene Bedeutung. Vertauschung der beiden Achsen führt deshalb i. allg. zu einer anderen Regressionsgeraden. Eine dritte Art von Regressionsgeraden, bei der beide Achsen gleiche Rollen spielen, erhält man durch die geometrische Forderung, die Summe der Abstandsquadrate der Punkte von der Geraden, jeder senkrecht zu dieser Geraden gemessen, zu minimieren;

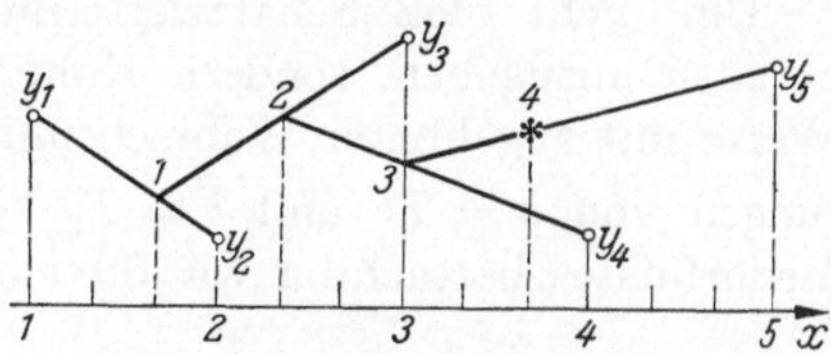

Abb. 6. Konstruktion eines Punktes (*) der Regressionsgeraden bei äquidistanten x-Werten

das entspricht der Modellgleichung[1]:

$$\begin{aligned} X_\nu &= a + t_\nu \cos\varphi + U_\nu, \\ Y_\nu &= b + t_\nu \sin\varphi + V_\nu \end{aligned} \tag{18.2.6}$$

mit unabhängigen $(0, \sigma^2)$-normalverteilten U_ν, V_ν. Dabei wird zur eindeutigen Bestimmtheit $\sum t_\nu = 0$ gefordert.

Die Minimierung der Quadratsumme

$$\sum_\nu (x_\nu - a - t_\nu \cos\varphi)^2 + \sum_\nu (y_\nu - b - t_\nu \sin\varphi)^2$$

ergibt

$$\hat{a} = \bar{x}, \quad \hat{b} = \bar{y}, \quad \hat{t}_\nu = (x_\nu - \bar{x}) \cos\varphi + (y_\nu - \bar{y}) \sin\varphi,$$

und $\hat{\varphi}$ ergibt sich durch Minimierung des verbleibenden Ausdrucks:

$$\sum [(x_\nu - \bar{x}) \sin\varphi - (y_\nu - \bar{y}) \cos\varphi]^2,$$

dessen Ableitung nach φ ergibt

$$[\sum (y_\nu - \bar{y})^2 - (x_\nu - \bar{x})^2] \cos\varphi \sin\varphi +$$
$$+ \sum (x_\nu - \bar{x}) (y_\nu - \bar{y}) \{(\cos\varphi)^2 - (\sin\varphi)^2\} = 0.$$

Also

$$\tan 2\varphi = \frac{2\sigma_{xy}}{\sigma_x^2 - \sigma_y^2} \tag{18.2.7}$$

und für den Anstieg selbst

$$\tan\varphi = \frac{\sigma_y^2 - \sigma_x^2 \pm \sqrt{(\sigma_y^2 - \sigma_x^2) + 4\sigma_{xy}^2}}{2\sigma_{xy}}.$$

Die Werte t_ν bezeichnet man als Faktorladungen.

3. Konfidenzbereiche bei bekannter und unbekannter Varianz

Um nicht bloß Schätzwerte für die Parameter der Regressionsgeraden anzugeben, sondern Konfidenzbereiche, in denen die wahren Werte mit angebbarer Wahrscheinlichkeit liegen, muß man die Verteilungen von $\hat{a} = T_1$ und $\hat{b} = T_2$ heranziehen. Wegen des praktischen Bedürfnisses betrachten wir für einen festen Wert x den Wert

$$L(x) = \hat{a} + \hat{b}\, x.$$

[1] Dies ist der einfachste Fall eines Modells der „Faktor-Analyse"; eine Verallgemeinerung besteht für s-dimensionale Beobachtungen (hier ist $s = 2$) in der Minimierung der Abstandsquadratsumme von einem festzulegenden r-dimensionalen Teilraum (r = Anzahl der Faktoren).

Da sich $\hat{a}$ und $\hat{b}$ linear aus den normalverteilten Größen $Y_1, \ldots, Y_n$ zusammensetzen, ist auch $L(x)$ normalverteilt und zur Festlegung der Verteilung benötigen wir nur den Erwartungswert

$$\boldsymbol{E}(L(x)) = a + b\,x$$

und die Varianz

$$\operatorname{Var}(L(x)) = \operatorname{Var}(\hat{a}) + 2x \operatorname{Kov}(\hat{a}, \hat{b}) + x^2 \operatorname{Var}(\hat{b}).$$

Aus den allgemeinen Formeln von Ziffer 1 ergeben sich mit $a = p_1$, $b = p_2$ zunächst

$$C_{11} = n; \quad C_{12} = C_{21} = n\,\bar{x}; \quad C_{22} = n\,\overline{x^2}.$$

Daraus

$$C^{11} = \frac{1}{n}\,\frac{\overline{x^2}}{\sigma_x^2}; \quad C^{12} = C^{21} = -\frac{1}{n}\,\frac{\bar{x}}{\sigma_x^2}; \quad C^{22} = \frac{1}{n}\,\frac{1}{\sigma_x^2} \tag{18.3.1}$$

und damit die bei bekanntem σ^2 brauchbare Formel

$$\operatorname{Var}(L(x)) = \frac{\sigma^2}{n}\left[1 + \frac{(\bar{x} - x)^2}{\sigma_x^2}\right]. \tag{18.3.2}$$

Es gilt dann also

$$\boldsymbol{P}\left(|L(x) - (a + x b)| < h \sqrt{\operatorname{Var}(L(x))}\right) = \Phi(h) - \Phi(-h).$$

Die Deutung als Konfidenzbereich ist: mit $\boldsymbol{P} = \Phi(h) - \Phi(-h)$ liegt der wahre Wert $a + b\,x$ zwischen den Schranken

$$L(x) \pm h\,\sigma(L(x)) = \bar{Y} + (x - \bar{x})\,\frac{\sigma_{xy}}{\sigma_x^2} \pm h\,\frac{\sigma}{\sqrt{n}}\sqrt{1 + \frac{(\bar{x} - x)^2}{\sigma_x^2}}. \tag{18.3.3}$$

Für jedes System von Y_i-Werten sind das Hyperbeläste, die diesen „Konfidenzgürtel" für die wahren Werte $a + b\,x$ bilden[1]. Interessiert man sich für den zu diesem x zugehörigen Beobachtungswert Y, so ergibt sich ein Summand σ^2 in der Varianz und analoge Formeln.

Wenn die Varianz σ^2 unbekannt ist, kann man mit deren Schätzfunktion $\hat{\sigma}^2 = \frac{1}{n - s} Q_0$ operieren[2] (bei dieser Regressionsaufgabe $s = 2$). Durch die Betrachtung in dem angepaßten Koordinatensystem von Ziffer 1 wird klar, daß in Q_0 bzw. in den Schätzgrößen $T_1, \ldots, T_s$ verschiedene der unabhängigen Größen auftreten, so daß Q_0 unabhängig

[1] Man beachte: hier bezeichnet x einen einzigen, beliebigen Wert! Eine Simultanaussage für alle x findet sich in Ziffer 4.

[2] Den Übergang von bekannter zu unbekannter Varianz nach diesem Vorbild bezeichnet man als „studentisieren".

von der gemeinsamen Normalverteilung der $T_1, \ldots, T_s$ ist. Sei nun $T = \sum_{i=1}^{s} u_i T_i$ eine erwartungstreue Schätzfunktion für $p = \sum_{i=1}^{s} u_i p_i$, die auf Varianz σ^2 normiert sei (was ohne Kenntnis von σ^2 möglich ist!). Dann hat $\frac{T-p}{\sigma}$ eine $(0,1)$-Normalverteilung, unabhängig von der χ^2-Verteilung ($n-s$ Freiheitsgrade) von $\frac{1}{\sigma^2} Q_0$. Also hat $\frac{T-p}{\sqrt{Q_0}}$ eine Verteilung, die unabhängig von σ^2 ist.

Es ist üblich,

$$S = \frac{T-p}{\sqrt{\frac{Q_0}{n-s}}}$$

zu verwenden. Die Verteilung von S ergibt sich nach den Rechenverfahren von § 11.3: Die Dichte von Q_0 ist bei $\sigma^2 = 1$

$$\frac{1}{2^{\frac{l}{2}} \Gamma\left(\frac{l}{2}\right)} e^{-\frac{\xi}{2}} \xi^{\frac{l}{2}-1} \qquad (\xi > 0),$$

wenn die Anzahl der Freiheitsgrade $n-s$ mit l bezeichnet wird. Die Dichte von Q_0/l ist dann

$$\frac{1}{2^{\frac{l}{2}} \Gamma\left(\frac{l}{2}\right)} e^{-\frac{\xi l}{2}} \xi^{\frac{l}{2}-1} l^{\frac{l}{2}} \qquad (\xi > 0), \qquad (18.3.4)$$

und die Nennerdichte $\sqrt{Q_0/l}$ ist

$$\frac{l^{\frac{l}{2}}}{2^{\frac{l}{2}-1} \Gamma\left(\frac{l}{2}\right)} e^{-\frac{\xi^2 l}{2}} \xi^{l-1} \qquad (\xi > 0).$$

Die Quotientenregel ergibt für die Dichte von S

$$\int_0^\infty \frac{1}{\sqrt{2\pi}} e^{-\frac{h^2 \eta^2}{2}} \frac{l^{\frac{l}{2}}}{2^{\frac{l}{2}-1} \Gamma\left(\frac{l}{2}\right)} e^{-\frac{\eta^2 l}{2}} \eta^{l-1} \eta \, d\eta$$

mit $\eta = \sqrt{\frac{2\zeta}{l+h^2}}$ wird daraus

$$\frac{l^{\frac{l}{2}}}{\sqrt{\pi}\, \Gamma\left(\frac{l}{2}\right) (l+h^2)^{\frac{l+1}{2}}} \int_0^\infty e^{-\zeta} \zeta^{\frac{l+1}{2}-1} d\zeta = \frac{1}{\sqrt{l}\left(1+\frac{h^2}{l}\right)^{\frac{l+1}{2}}} \frac{\Gamma\left(\frac{l+1}{2}\right)}{\sqrt{\pi}\, \Gamma\left(\frac{l}{2}\right)}.$$

Nach einfachen Eigenschaften der Γ-Funktion (oder wegen der Normierungsbedingung) erhalten wir damit die Dichte von S, die sog. t-Verteilung (STUDENTsche Verteilung) mit l Freiheitsgraden:

$$f_l(h) = \frac{1}{\mathrm{B}\left(\frac{1}{2}, \frac{l}{2}\right)\sqrt{l}\left(1 + \frac{h^2}{l}\right)^{\frac{l+1}{2}}} \qquad (-\infty < h < \infty). \qquad (18.3.5)$$

Bezeichnen wir ihre kumulative Verteilungsfunktion mit $F_l(h)$, so gilt für eine durch $\operatorname{Var}(T) = \sigma^2$ normierte Schätzfunktion T

$$\boldsymbol{P}\left(-h < \frac{T - p}{\sqrt{\frac{Q_0}{n - s}}} < h\right) = F_l(h) - F_l(-h),$$

was man auch als Angabe eines Konfidenzbereiches[1] für p schreiben kann:

$$\boldsymbol{P}\left(T - h\sqrt{\frac{Q_0}{n - s}} < p < T + h\sqrt{\frac{Q_0}{n - s}}\right) = F_l(h) - F_l(-h) = \alpha$$

$$(\alpha = \text{Konfidenzwahrscheinlichkeit}). \qquad (18.3.6)$$

Als Beispiel betrachten wir das Regressionsproblem von Ziffer 2, wo wir einen Konfidenzbereich für b angeben wollen. Es ist

$$\operatorname{Var}(\hat{b}) = \sigma^2 C^{22} = \frac{\sigma^2}{n\,\sigma_x^2},$$

und als

$$Q_0 = \min_{a,\,b} \sum_{\nu} (y_\nu - (a + b\,x_\nu))^2 = \sum_{\nu} (y_\nu - (\hat{a} + \hat{b}\,x_\nu))^2$$

ergibt sich

$$Q_0 = n\,\frac{\sigma_x^2\,\sigma_y^2 - \sigma_{xy}^2}{\sigma_x^2}.$$

Das eben gefundene allgemeine Ergebnis besagt also in diesem Fall:

$$\frac{\hat{b}\sqrt{n}\,\sigma_x}{\sqrt{\frac{n}{n-2}\,\frac{\sigma_x^2\,\sigma_y^2 - \sigma_{xy}^2}{\sigma_x^2}}} \equiv \frac{\hat{r}}{\sqrt{\frac{1}{n-2}(1 - \hat{r}^2)}} \qquad (18.3.7)$$

mit $\hat{r} = \frac{\sigma_{xy}}{\sigma_x\,\sigma_y}$ hat eine t-Verteilung mit $n - 2$ Freiheitsgraden

Dies Ergebnis läßt noch eine nützliche allgemeine Einsicht erkennen: Sind die Y_ν unabhängige $(0, \sigma^2)$-normalverteilte Größen, so ist das Regressionsmodell mit $a = b = 0$ richtig; die Verteilung von $\frac{\hat{r}}{\sqrt{\frac{1}{n-2}(1 - \hat{r}^2)}}$

[1] Im Vergleich mit dem entsprechenden Konfidenzbereich bei bekannter Varianz spricht man von „studentisieren".

ist eine t-Verteilung; da das für alle x_ν-Systeme gilt, gilt es auch für unabhängige $(0, \sigma^2)$-normalverteilte Größen, und wir stellen fest: der „empirische Korrelationskoeffizient" $\hat{r}$ von unabhängigen normalverteilten Größen X_ν, Y_ν hat eine derartige Verteilung, daß $\dfrac{\hat{r}}{\sqrt{\frac{1}{n-2}(1-\hat{r}^2)}}$ eine t-Verteilung hat.

4. Gleichzeitige Schätzung mehrerer Parameter

Will man für zwei beliebige Parameter p_1 und p_2 gleichzeitig Konfidenzbereiche angeben, so ist zu bedenken, daß i. allg. die Ereignisse

$$T_i - h\sqrt{\frac{Q_0}{n-s}} < p_i < T_i + h\sqrt{\frac{Q_0}{n-s}}$$

nicht unabhängig sind, so daß man über das gleichzeitige Gelten beider Ungleichungen nach der allgemeinen Regel über das Rechnen mit Ausnahmewahrscheinlichkeiten nur behaupten kann:

$$\boldsymbol{P}\left(T_1 - h\sqrt{\frac{Q_0}{n-s}} < p_1 < T_1 + h\sqrt{\frac{Q_0}{n-s}} \quad \text{und} \quad T_2 - h\sqrt{\frac{Q_0}{n-s}} < \right.$$

$$\left. < p_2 < T_2 + h\sqrt{\frac{Q_0}{n-s}}\right) \geqq 2\alpha - 1 = 2\big(F_{n-s}(h) - F_{n-s}(-h)\big) - 1 \,. \tag{18.4.1}$$

Bei r gleichzeitigen Konfidenzbereichen ergäbe sich analog die Konfidenzwahrscheinlichkeit $\geqq r\alpha - (r-1)$.

Eine andere Möglichkeit besteht in der Einführung einer anderen Abstandsmessung zwischen dem wahren Parametersystem $p_1, \ldots, p_s$ und deren Schätzwerten $T_1, \ldots, T_s$. Wir bilden[1]

$$Z = \sum_{i,k=1}^{s} C_{ik}(T_i - p_i)\,(T_k - p_k) \tag{18.4.2}$$

und stellen zunächst fest, daß Z/σ^2 eine χ^2-Verteilung mit s Freiheitsgraden hat (nach dem Hilfssatz von § 16, Aufgabe 9).
Da Z nur durch die von Q_0 unabhängigen T_i gebildet wird, ist die Verteilung von Z unabhängig von Q_0; für die Verteilung des von σ^2 nicht abhängenden Quotienten

$$\frac{\frac{Z}{s}}{\frac{Q_0}{l}}$$

[1] Dies ist die mathematisch bequemste unter allen Möglichkeiten; sie zeichnet sich auch durch gewisse Invarianzeigenschaften aus.

ergibt sich deswegen eine leicht zu berechnende Verteilungsdichte, die sog. F-Verteilung mit (s, l) Freiheitsgraden. Aus den Dichten für Zähler und Nenner ergibt sich nach der Quotientenregel als Dichte der F-Verteilung

$$\int_0^\infty \frac{1}{2^{\frac{s}{2}}\Gamma\left(\frac{s}{2}\right)} e^{-\frac{h\eta s}{2}} (h\eta)^{\frac{s}{2}-1} s^{\frac{s}{2}} \frac{1}{2^{\frac{l}{2}}\Gamma\left(\frac{l}{2}\right)} e^{-\frac{\eta l}{2}} \eta^{\frac{l}{2}-1} \eta\, l^{\frac{l}{2}}\, d\eta$$

$$= s^{\frac{s}{2}} l^{\frac{l}{2}} \frac{\Gamma\left(\frac{s+l}{2}\right)}{\Gamma\left(\frac{s}{2}\right)\Gamma\left(\frac{l}{2}\right)} \frac{h^{\frac{s}{2}-1}}{(h\,s+l)^{\frac{s+l}{2}}} \equiv \frac{1}{\mathrm{B}\left(\frac{s}{2};\frac{l}{2}\right)} \left(\frac{s}{l}\right)^{\frac{s}{2}} \frac{h^{\frac{s}{2}-1}}{\left(1+\frac{h\,s}{l}\right)^{\frac{s+l}{2}}} \quad (h \geqq 0). \tag{18.4.3}$$

Mit Hilfe der kumulativen Verteilungsfunktion $F_{s,l}(h)$ ergibt sich dann die zur gleichzeitigen Schätzung der Parameter p_i brauchbare Aussage:

$$\boldsymbol{P}\left(\sum_{i,k} C_{ik}(T_i - p_i)(T_k - p_n) < h\frac{s}{l} Q_0\right) = F_{s,l}(h). \tag{18.4.4}$$

Es ergibt sich für jede Beobachtung ein Ellipsoid im p_i-Raum als Konfidenzbereich.

Für das Regressionsbeispiel von Ziffer 2 ergibt sich nach diesen Überlegungen, wenn zur Vereinfachung $\bar{x} = 0$ angenommen wird,

$$\boldsymbol{P}\left((\hat{a} - a)^2 + \sigma_x^2(\hat{b} - b)^2 < h\frac{2}{n-2} Q_0\right) = F_{2,n-2}(h). \tag{18.4.5}$$

Weil für alle x gleichzeitig

$$|(\hat{a} + \hat{b}\,x) - (a + b\,x)| \leqq \sqrt{(\hat{a} - a)^2 + \sigma_x^2(\hat{b} - b)^2}\sqrt{1 + \frac{x^2}{\sigma_x^2}}.$$

gilt (SCHWARZsche Ungleichung), folgt daraus [vgl. (3.3)]

$$\boldsymbol{P}\left(|(\hat{a} + \hat{b}\,x) - (a + b\,x)| \leqq \sqrt{h}\sqrt{1 + \frac{x^2}{\sigma_x^2}}\sqrt{\frac{2}{n-2} Q_0}\right) = F_{2,n-2}(h). \quad \text{für alle } x \tag{18.4.6}$$

Dabei ist, wie früher berechnet (Ziffer 3)

$$Q_0 = n\left(\sigma_y^2 - \frac{\sigma_{xy}^2}{\sigma_x^2}\right).$$

Es sei darauf hingewiesen, daß man die Betrachtungen (4.2) bis (4.4) auch für einen Teil der Parameter p_i durchführen kann, wobei statt der C_{ik} die inverse Matrix der durch σ^2 dividierten Kovarianzen der benutzten T_i eingesetzt werden müssen und der erste Freiheitsgrad entsprechend kleiner wird.

Statt dessen kann (vgl. § 20.2) Z [(4.2) bzw. jetzt für $p_1, \ldots, p_r$] durch die geometrisch einsichtige Bildung berechnet werden $Z = Q_1^* - Q_0$ mit $Q_1^* = \underset{p_{r+1}=0\ldots=p_s=0}{\text{Min}} \sum_{\nu=1}^{n} (Y_\nu - (c_{\nu 0} + \sum c_{\nu i} p_i))^2$.

5. Andere Regressionsmodelle und Korrelationsmaße

Als Beispiel eines anderen Regressionsmodells betrachten wir

$$Y_\nu = a + b\,x_\nu + c\,z_\nu + U_\nu \tag{18.5.1}$$

mit unabhängigen $(0, \sigma^2)$-normalverteilten U_ν. Die Aufgabe, die Koeffizienten b, c zu schätzen, führt auf die Aufgabe,

$$\sum_{\nu=1}^{n} (y_\nu - a - b\,x_\nu - c\,z_\nu)^2 \tag{18.5.2}$$

zu minimieren. Entsprechendes gilt für komplizierte Modelle. Die Schätzung der additiv auftretenden Konstanten, in diesem Fall a, ist immer einfach: Nach Festlegung der anderen Koeffizienten braucht man die y_ν, z_ν usw. in (5.1) nur durch ihre Mittelwerte und U_ν durch Null zu ersetzen; in diesem Fall:

$$\bar{y} = \hat{a} + \hat{b}\,\bar{x} + \hat{c}\,\bar{z}.$$

In Verallgemeinerung dessen betrachten wir jetzt die Aufgaben in der Form:

$$\boldsymbol{E}(Y - a - \sum b_\nu X_\nu)^2 = \text{Min}. \tag{18.5.3}$$

Wegen der leichten Bestimmbarkeit der additiven Konstanten kann man auch

$$\text{Var}(Y - \sum b_\nu X_\nu) = \text{Min}$$

fordern. Bei beobachtbaren X_ν und vorherzusagendem Y ist dann $\sum b_\nu X_\nu$ die im Varianzmaß beste lineare Vorhersagefunktion.

Direktes Auflösen der auftretenden Normalgleichung ergibt für (5.3) mit den Bezeichnungen

$$\sigma_{\mu\nu} = \text{Kov}(X_\nu, X_\mu), \qquad \sigma_\mu = \text{Kov}(X_\mu, Y), \qquad \sigma = \text{Var}(Y),$$

wobei $\text{Det}(\sigma_{\mu\nu}) \neq 0$ vorausgesetzt werden kann, die nach YULE als

$$\hat{b}_i = \beta_{y x_i \cdot x_1 \ldots x_{i-1} x_{i+1}, \ldots, x_n},$$

bezeichneten Werte

$$\hat{b}_\mu = \sum_\nu \tau_{\mu\nu} \sigma_\nu, \tag{18.5.4}$$

mit $\tau_{\mu\nu}$ als Inverse von $\sigma_{\mu\nu}$ ist, wobei es auf die Reihenfolge der ersten beiden Indices ankommt. Den Minimalwert von (5.3) bezeichnet man als Residualstreuung

$$\sigma^2_{y\cdot x_1\ldots x_n}$$

und erhält für ihn den Wert

$$\frac{\begin{vmatrix} \sigma & \sigma_1 & \ldots & \sigma_n \\ \sigma_1 & \sigma_{11} & \ldots & \sigma_{1n} \\ \vdots & \vdots & & \\ \sigma_n & \sigma_{n1} & \ldots & \sigma_{nn} \end{vmatrix}}{\mathrm{Det}(\sigma_{\mu\nu})} \tag{18.5.5}$$

Den Wert $\sqrt{1-\frac{\sigma^2_{y x_1\ldots x_n}}{\sigma^2_y}}$ bezeichnet man als Maximal-Korrelationskoeffizienten; er ist wegen

$$\sigma^2_y(1-\varrho^2_{yx}) = \underset{a,\,b}{\mathrm{Min}}\,\boldsymbol{E}(Y-a-b\,X)^2$$

offenbar

$$\varrho_{y\cdot x_1\ldots x_n} = \underset{a_1\ldots a_n}{\mathrm{Max}}\ \mathrm{Korr}\,(Y,\ \textstyle\sum a_\nu\, X_\nu)\,.$$

Eine andere wichtige Bildung, die die Residualstreuung verallgemeinert, ist die bereinigte (oder partielle) Kovarianz:

$$\sigma_{yzx_1\ldots x_n} = \mathrm{Kov}\Big(Y-\sum_\nu \beta_{yx_\nu}\ldots X_\nu;\ Z-\sum_\nu \beta_{zx_{\nu j}}\, X_\nu\Big) \tag{18.5.6}$$

bzw. die zugehörige bereinigte (oder partielle) Korrelation

$$\varrho_{yz\cdot x_1\ldots x_n}.$$

Wenn $\tau_\nu = \mathrm{Kov}(Z, X_\nu)$ ist, erhält man die zu (5.5) gehörige Polarform

$$\frac{\begin{vmatrix} \sigma & \sigma_1 & \ldots & \sigma_n \\ \tau_1 & \tau_{11} & \ldots & \sigma_{1n} \\ \vdots & \vdots & & \\ \tau_n & \sigma_{n1} & \ldots & \sigma_{nn} \end{vmatrix}}{\mathrm{Det}(\sigma_{\mu\nu})}$$

Im einfachsten Fall einer einzigen Größe X ergibt sich

$$\varrho_{yz\cdot x} = \frac{\varrho_{yz}-\varrho_{xy}\,\varrho_{zx}}{\sqrt{(1-\varrho^2_{yx})\,(1-\varrho^2_{zx})}}\,.$$

Der Begriff des Maximal-Korrelationskoeffizienten läßt sich leicht auf zwei Reihen von zufälligen Größen ausdehnen:

$$R = \underset{a,\,b}{\mathrm{Max}}\ \mathrm{Korr}\Big(\sum_\mu a_\mu\, X_\mu \sum_\nu b_\nu\ Y_\nu\Big)\,.$$

Um die das Maximum gebenden Linearkombinationen[1], die kanonischen Größen, zu finden, bedenken wir, daß

$$\frac{\operatorname{Kov}(\sum a_\mu X_\mu, \sum b_\nu Y_\nu)}{\sqrt{\operatorname{Var}(\sum a_\mu X_\mu)\operatorname{Var}(\sum b_\nu Y_\nu)}}$$

zu maximieren ist, wobei es auf die gleichzeitige Ersetzung von a_μ durch $\zeta\, a_\mu$ und b_ν durch $\frac{1}{\zeta} b_\nu$ nicht ankommt. Weil nun

$$\operatorname*{Min}_{\zeta}\left\{\zeta^2 \operatorname{Var}(X) + \frac{1}{\zeta^2}\operatorname{Var}(Y)\right\} = 2\sqrt{\operatorname{Var}(X)\operatorname{Var}(Y)}$$

ist, erhalten wir den gesuchten Maximalwert auch durch

$$R = \operatorname*{Max}_{a,b} \frac{\operatorname{Kov}(\sum a_\mu X_\mu, \sum b_\nu Y_\nu)}{\frac{1}{2}[\operatorname{Var}(\sum a_\mu X_\mu) + \operatorname{Var}(\sum b_\nu Y_\nu)]}.$$

Wegen der Homogenität von Zähler und Nenner in den a_μ, b_ν können wir auch den Nenner festhalten

$$\operatorname{Var}(\sum a_\mu X_\mu) + \operatorname{Var}(\sum b_\nu Y_\nu) = 2$$

und erhalten bei dieser Nebenbedingung

$$R = \operatorname*{Max}_{a,b} \operatorname{Kov}(\sum a_\mu X_\mu, \sum b_\nu Y_\nu).$$

Die übliche Regel zur Bestimmung eines Maximums mit Nebenbedingung (beides quadratische Ausdrücke in den Unbekannten a_μ, b_ν) ergibt die Gleichungen:

$$\sum_\mu a_\mu \operatorname{Kov}(X_\mu, Y_\nu) = \lambda \sum_\lambda b_\lambda \operatorname{Kov}(Y_\nu, Y_\lambda)$$

$$\sum_\nu b_\nu \operatorname{Kov}(X_\mu, Y_\nu) = \lambda \sum_k a_k \operatorname{Kov}(X_\mu, X_k),$$

wobei, wie man leicht bestätigt, λ den Wert R ergibt. Mit den Matrizen

$$R_{\mu\varkappa} = \operatorname{Kov}(X_\mu, X_\varkappa), \quad S_{\mu\nu} = \operatorname{Kov}(X_\mu, Y_\nu), \quad T_{\mu\nu} = \operatorname{Kov}(Y_\mu, Y_\nu)$$

ist das Eigenwertproblem auch als

$$\operatorname{Det}(\lambda^2 \mathfrak{R} - \mathfrak{S}\,\mathfrak{T}^{-1}\mathfrak{S}^*) = 0$$

oder

$$\operatorname{Det}(\lambda^2 \mathfrak{T} - \mathfrak{S}^*\,\mathfrak{R}^{-1}\mathfrak{S}) = 0$$

zu schreiben. Auch die höheren Eigenwerte und ihre Eigenvektoren haben Bedeutung.

Eine ähnliche Bildung ist die der Hauptkomponenten eines Systems zufälliger Größen $X_1, \ldots, X_n$ durch die Forderung,

$$\operatorname{Var}(\sum a_\nu X_\nu)$$

bei der Nebenbedingung $\sum a_\nu^2 = 1$ zu maximieren.

---

[1] Bei beliebigen Funktionen entsteht der GEBELEINsche Maximalkorrelationskoeffizient [Z. angew. Math. Mech. 21 (1941) 364].

Aufgaben

1. Man berechne die Regressionsgeraden für die Dichte

$$f(x, y) = \tfrac{1}{4}(1 - x y) \quad \text{in} \quad -1 \leqq x, y \leqq 1.$$

2. Welchen Anstieg (Trend) hat die Regressionsgerade durch

1920	1925	1930	1935	1940	1945	1950	1955	1960
860	870	891	1006	1020	1032	1050	1064	1091

3. Analog 18.2 entwickle man die allgemeinen Formeln für „quadratische Regression":

$$Y_\nu = a + b\, x_\nu + c\, x_\nu^2 + Z_\nu \qquad (\nu = 1, \ldots, n)$$

mit unabhängigen $(0, \sigma^2)$-normalverteilten Z_ν.

4. Man löse folgendes Regressionsproblem:

$$Y_\nu = a + b\, \xi_\nu + c\, \eta_\nu + Z_\nu \qquad (\nu = 1, \ldots, n)$$

(mit denselben Bedingungen für Z_ν).

5. Man untersuche das folgendermaßen definierte Korrelationsverhältnis

$$\Theta_X(Y) = \operatorname*{Max}_{f} \operatorname{Korr}(Y, f(X)).$$

Das Maximum wird erreicht für $f(\xi) = \boldsymbol{E}(Y/X = \xi) + b$; für die Werte von Θ gilt $0 \leqq \Theta \leqq 1$, wobei die Grenzen nur für $\boldsymbol{E}(Y/X) = \text{const}$ bzw. $Y = g(X)$ angenommen werden.

6. Die Erwartungswerte $m_i = E(X_{ij})$ $(j = 1, \ldots, n_i;\ i = 1, \ldots, s)$ von unabhängigen Größen mit gleicher Varianz sollen in dem Sinne am besten geschätzt werden, daß die Summe der Varianzen der Schätzwerte minimiert wird; wie müssen die Beobachtungszahlen n_i gewählt werden, wenn deren Summe vorgeschrieben ist? Desgl., wenn das Produkt der Varianzen (in diesem Fall die verallgemeinerte Varianz) minimiert werden soll!

7. Für $X_1, \ldots, X_n, Y$ mit gemeinsamer Normalverteilung und verschwindenden Erwartungswerten gilt

$$\boldsymbol{E}(Y/X_1 \ldots X_n) = \sum \beta_i X_i$$

mit den Regressionskoeffizienten β_i. Beweis!

8. Man berechne die Varianz der Schätzgröße für die Varianz im linearen Modell und vergleiche sie mit den Cramér-Raoschen Schranken!

9. Man weise die Unverzerrtheit der Schätzung

$$\hat{\sigma}_{xy} = \frac{1}{n-1} \sum_{i=1}^{n} (X_i - \bar{X})(Y_i - \bar{Y})$$

für unabhängige normalverteilte X_i, Y_i $(i = 1 \ldots n)$ nach!

10. Mit Hilfe der Aussage (18.4.6) gebe man für das Modell (18.2.1) einen Konfidenzbereich für den Schnittpunkt der wahren Regressionsgeraden $y = a + b\,x$ mit $y = \eta$ an![1]

§ 19. Allgemeine Testtheorie

1. Testen eines Parameters

Bei der allgemeinen Testtheorie sollen wie bei der allgemeinen Schätztheorie, auf die öfter Bezug genommen wird, folgende Voraussetzungen gemacht werden: Es steht eine (große) Anzahl von unabhängigen zufälligen Größen $X_1, \ldots, X_n$ zur Verfügung, die dieselbe Verteilungsdichte $f(\xi; p_1, \ldots, p_k)$ besitzen, deren Parameter $p_1, \ldots, p_k$ unbekannt sind. Es soll geprüft werden, ob diese Parameter gleich gewissen hypothetischen Parameterwerten $p_1^{(0)}, \ldots, p_k^{(0)}$ sind (einfache Hypothesen), oder ob diese Parameter einer gewissen l-dimensionalen ($l < k$) Mannigfaltigkeit, gegeben etwa in der Form $p_i = p_i(q_1, \ldots, q_l)$ (zusammengesetzte Hypothese), angehören. Der zu entwickelnde Test[2] besteht natürlich in Angabe eines gewissen Teilbereiches („kritischen Bereiches" oder „Ablehnungsbereiches") des n-dimensionalen Raumes, der Ablehnung bei Hineintreffen des Beobachtungsresultats $X_1, \ldots, X_n$ bedeutet; das Komplement ist der „Annahmebereich", dessen Treffen entsprechend bedeutet, daß keine Einwände gegen die zu prüfende Hypothese über die Parameter der Verteilung erhoben werden. Die Größe des Annahmebereiches wird durch die Wahrscheinlichkeit Fehler erster Art zu begehen[2] (die Hypothese abzulehnen, obgleich sie richtig ist) bestimmt: das Komplement die statistische Sicherheit[3].

Die Qualität eines solchen Tests läßt sich natürlich nur bei Betrachtung auch der Ablehnungswahrscheinlichkeiten im Fall, daß die Hypothese falsch ist, beurteilen.

Ein allgemeines Rezept zur Aufstellung solcher Hypothesenteste besteht in der Betrachtung des Likelihoodquotienten, im Falle eines Parameters:

$$\lambda(\xi_1, \ldots, \xi_n) = \frac{\prod_{\nu=1}^{n} f(\xi_\nu, p^{(0)})}{\operatorname*{Max}_{p} \prod_{\nu=1}^{n} f(\xi_\nu, p)} \qquad (\geqq 0, \leqq 1). \quad (19.1.1)$$

Eine Transformation durch erschöpfende Abbildung hat also keinen Einfluß.

[1] Ein anderes Verfahren für dieselbe Frage stammt von E. C. Fieller [Quart. J. Pharm. Pharmacol. 17 (1944) 117]; vgl. Verallg. bei B. M. Bennet und J. Roy: Stat. Soc. B 21 (1959) 59—62.

[2] Auch Prüfverfahren genannt.

[3] Durch Gewohnheit, Gesetz und Aberglauben üblich gewordene Werte sind 0,95; 0,99; 0,995.

Der kritische Bereich besteht aus denjenigen $\xi_1, \ldots, \xi_n$ mit

$$\lambda(\xi_1, \ldots, \xi_n) < \lambda_0. \tag{19.1.2}$$

Dabei wird die Konstante λ_0 etwa durch die Fehlerwahrscheinlichkeit für Fehler erster Art festgelegt:

$$\alpha = \boldsymbol{P}^{(0)}(\lambda(X_1, \ldots, X_n) < \lambda_0), \tag{19.1.3}$$

wobei der Index (0) bei $\boldsymbol{P}$ die Berechnung der Wahrscheinlichkeiten unter Benutzung der Dichten $f(\xi, p^{(0)})$ andeutet.

Um λ_0 aus α zu bestimmen, soll die asymptotische Verteilung von $\lambda(X_1, \ldots, X_n)$ bei $n \to \infty$ bestimmt werden, oder, was äquivalent ist, die Verteilung von

$$M \equiv \mu(X_1, \ldots, X_n) = -2\log\lambda(X_1, \ldots, X_n) \quad (\geqq 0). \tag{19.1.4}$$

Zur Vereinfachung der Schreibweise werde $p^{(0)} = 0$ gesetzt. Dann gilt unter Benutzung der Eigenschaften der im Nenner von λ offenbar auftretenden Maximum-Likelihood-Schätzgrößen $T = \hat{p}(X_1, \ldots, X_n)$ bei Entwicklung nach TAYLOR um $p = T$, da die ersten Ableitungen verschwinden:

$$\begin{aligned} M &= 2\log\prod_{\nu=1}^{n} f(X_\nu, T) - 2\log\prod_{\nu=1}^{n} f(X_\nu, 0) \\ &= -T^2 \frac{\partial^2}{\partial p^2}\left[\log\prod_{\nu=1}^{n} f(X_\nu, p)\right]_{p=\vartheta T} \quad (0 < \vartheta < 1) \\ &= -n\,T^2\left[\frac{1}{n}\sum_{\nu=1}^{n}\frac{\partial^2}{\partial p^2}\log f(X_\nu, p)\right]_{p=\vartheta T}. \end{aligned} \tag{19.1.5}$$

Die Klammer unterscheidet sich, weil T von der Größenordnung $1/\sqrt{n}$ ist, asymptotisch nicht von dem analogen Ausdruck mit $p = 0$, also

$$\frac{1}{n}\sum_{\nu=1}^{n}\frac{\partial^2}{\partial p^2}\log f(X_\nu, p)_{p=0},$$

der nach dem Gesetz großer Zahlen gegen den gemeinsamen Erwartungswert

$$\boldsymbol{E}\left(\frac{\partial^2}{\partial p^2}\log f(X, p)\right)_{p=0} = -\boldsymbol{E}\left(\frac{\partial}{\partial p}\log f(X_\nu, p)\right)^2 = -v$$

(vgl. § 17.1.13) strebt. Der andere Faktor, $-n\,T^2$, verhält sich asymptotisch wie das Quadrat einer normalverteilten Größe mit $\boldsymbol{E} = 0$, $\sigma^2 = 1/v$, so daß wir das übersichtliche Ergebnis feststellen: Wenn die Hypothese gilt, ist die Testgröße M asymptotisch χ^2-verteilt (Freiheitsgrad $= 1$).

Wir untersuchen das asymptotische Verhalten von M, im Falle, daß der wahre Parameter $p = p^{(0)} + \frac{a}{\sqrt{n}}$ ist, bei unserer vereinfachenden Annahme also $p = \frac{a}{\sqrt{n}}$ gilt. Dieselbe Rechnung gilt wieder, ergibt für den zweiten Faktor dasselbe Resultat, während der Faktor $n\,T^2$ jetzt, da T jetzt asymptotisch eine Normalverteilung mit $\boldsymbol{E} = a/\sqrt{n}$ und

$\sigma^2 = \frac{1}{n v}$ besitzt, der Verteilung von $\left(a + \frac{Z}{\sqrt{v}}\right)^2$ mit normiert-normalem Z zustrebt. Die Testgröße hat also asymptotisch eine sog. „nichtzentrale χ^2-Verteilung" mit einem Freiheitsgrad und Nichtzentralitätsparameter

$$\delta^2 = v\, a^2.$$

Allgemein definiert man die nichtzentrale χ^2-Verteilung (im Gegensatz zu den bisherigen „zentralen χ^2-Verteilungen") mittels unabhängiger normierter normalverteilter Z_i durch

$$U = \sum_{i=1}^{s} (Z_i + a_i)^2. \tag{19.1.6}$$

$s =$ Freiheitsgrad, $\sum_{i=1}^{s} a_i^2 = \delta^2 =$ Nichtzentralitätsparameter. Berechnet man die kumulative Verteilungsfunktion als das entsprechende, s-dimensionale Integral, so erkennt man wegen der Abhängigkeit des Integranden (Produkt der Dichten der Z_i) nur von dem Radius, daß das Integral nicht von den einzelnen a_i, sondern nur von dem Abstandsquadrat des Mittelpunktes der Integrationskugel, $\sum_{i=1}^{s} a_i^2$ abhängig ist.

Beim Vergleich mit dem entsprechenden Integral über eine gleich große Kugel um den Ursprungspunkt ($a_i = 0$) erkennt man übrigens auch sofort, daß die Werte der kumulativen Verteilungsfunktion der nichtzentralen χ^2-Verteilung immer kleiner sind als die entsprechenden der zentralen χ^2-Verteilung.

2. Testen mehrerer Parameter

Im Falle einer mehrparametrigen Schar übertragen sich die Rechnungen und Ergebnisse des einfachen Falles fast wörtlich:

Mit

$$\lambda(\xi_1, \ldots, \xi_n) = \frac{\prod_{\nu=1}^{n} f(\xi_\nu; p_1^{(0)} \ldots p_k^{(0)})}{\operatorname*{Max}_{p_1 p_k} \prod_{\nu=1}^{n} f(\xi_\nu; p_1 \ldots p_k)} \tag{19.2.1}$$

ergibt sich für die Testgröße

$$M = \mu(X_1, \ldots, X_n) = -2 \log \lambda(X_1, \ldots, X_n) \tag{19.2.2}$$

das asymptotische Verhalten ($p_i^{(0)} = 0$) aus der Darstellung

$$M = \mu(X_1, \ldots, X_n) = \sum_{ij} n\, T_i\, T_j \left[-\frac{1}{n} \sum_{\nu=1}^{n} \frac{\partial^2}{\partial p_i \partial p_j} \log f(X_\nu; p \ldots)\right]_{p_i = \vartheta T_i}$$

Die zweiten Faktoren streben nach den obigen Überlegungen nach Wahrscheinlichkeit gegen

$$\boldsymbol{E}\left(-\frac{\partial^2}{\partial p_i \partial p_j} \log f(X_\nu, 0)\right) = \boldsymbol{E}\left[\left(\frac{\partial}{\partial p_i} \log f(X, 0)\right)\left(\frac{\partial}{\partial p_j} \log f(X, 0)\right)\right] = v_{ik}.$$

Die Größen $\sqrt{n}\,(T_i - p_i)$ haben gemeinsame asymptotische Normalverteilung mit Erwartungswert 0 und der Varianz-Kovarianz-Matrix $(\sigma_{ik}) = (v_{ik})^{-1}$. Da wir uns, ohne das Ergebnis zu beeinflussen, solche Parameter mit $v_{ik} = \delta_{ik}$ eingeführt denken können, sehen wir, daß wir als asymptotische Verteilung im Falle der Hypothese eine χ^2-Quadratverteilung mit k Freiheitsgraden, im Falle, daß die wahren Parameter $p_i = p_i^{(0)} + \frac{a_i}{\sqrt{n}}$ sind, eine nichtzentrale χ^2-Verteilung erhalten. Der Nichtzentralitätsparameter ergibt sich (Umrechnung der Parameter!) leicht zu

$$\delta^2 = \sum_{ij} v_{ij}\, a_i\, a_j. \tag{19.2.3}$$

3. Anwendung auf die Polynomialverteilung (χ^2-Test)

Vorweg sei daran erinnert, daß alle Betrachtungen von 1 und 2 wie bei der Schätztheorie, auch für diskrete Wahrscheinlichkeiten gelten. Dann betrachten wir den Fall, daß bei jedem der unabhängigen Experimente $(\nu = 1, \ldots, n)$ eines der sich ausschließenden Ergebnisse $A_1^{(\nu)}, \ldots, A_s^{(\nu)}$ eintreten kann, wobei

$$\boldsymbol{P}(A_i^{(\nu)}) = p_i \qquad \left(\sum_{i=1}^{s} p_i = 1\right)$$

gelte. Dann ist die Likelihoodfunktion offenbar

$$L = \prod_{i=1}^{s} p_i^{N_i}, \tag{19.3.1}$$

wenn $N_i \left(\sum_{i=1}^{s} N_i = n\right)$ (vgl. § 9.1) die Anzahl der Experimente mit Ergebnissen A_i bezeichnet[1]. Eine Hypothese über die p_i-Werte, $p_i = p_i^{(0)}$ fällt dann unter die bisher behandelten Aufgaben $(k = s - 1)$ und wird getestet mittels der Größe

$$\lambda = \frac{\prod_{i=1}^{s} p_i^{(0)\,N_i}}{\operatorname{Max}_{p_i} \prod_{i=1}^{s} p_i^{N_i}}. \tag{19.3.2}$$

Wegen der Maximum-Likelihood-Schätzfunktionen $\hat{p}_i = N_i/n$ ergibt sich

$$\lambda = \prod_{i=1}^{s} \left(\frac{n\, p_i^{(0)}}{N_i}\right)^{N_i} \tag{19.3.3}$$

und daraus die Testgröße

$$M = 2 \sum_{i=1}^{s} N_i \log\left(\frac{N_i}{n\, p_i^{(0)}}\right), \tag{19.3.4}$$

[1] Der χ^2-Test dient auch als Anpassungstest für die Frage, ob die unabhängigen X_i mit derselben Verteilung F eine bekannte Verteilung F_0 haben, indem man die x-Achse in Teile teilt und die Treffer (X-Werte) darin mit den Erwartungswerten vergleicht. Vgl. auch H. Witting: Archiv Math. 10 (1959) 468.

deren asymptotische Verteilung eine (zentrale bzw. nichtzentrale) χ^2-Verteilung mit $k = s - 1$ Freiheitsgraden ist. Statt dieser Testgröße kann man eine bequemer zu berechnende verwenden, die, wie wir von § 9.3 schon wissen, dieselbe asymptotische Verteilung hat:

Gilt nämlich $N_i = n\,p_i^{(0)} + \sqrt{n}\,R_i$ mit bis auf beliebig kleine Ausnahmewahrscheinlichkeiten beschränktem $|R_i| < \Omega$, so berechnet man

$$\begin{aligned} 2\sum_{i=1}^{s} N_i \log \frac{N_i}{n\,p_i^{(0)}} &= 2\sum_{i=1}^{s}\left(n\,p_i^{(0)} + \sqrt{n}\,R_i\right)\log\left(1 + \frac{R_i}{p_i^{(0)}\sqrt{n}}\right) \\ &= 2\sum_{i=1}^{s}\left(n\,p_i^{(0)} + \sqrt{n}\,R_i\right)\left(\frac{R_i}{p_i^{(0)}\sqrt{n}} - \frac{R_i^2}{2p_i^{(0)}\,n} + o\left(\frac{1}{n^{3/2}}\right)\right) \\ &= \sum_{i=1}^{s}\frac{R_i^2}{p_i^{(0)}} + o\left(\frac{1}{\sqrt{n}}\right), \end{aligned} \tag{19.3.5}$$

d. h. im wesentlichen

$$\sum_{i=1}^{s}\frac{(N_i - n\,p_i^{(0)})^2}{n\,p_i^{(0)}}. \tag{19.3.6}$$

Diese Umrechnung gilt sowohl im Falle der Hypothese $p_i = p_i^{(0)}$ als auch bei den betrachteten Alternativen $p_i = p_i^{(0)} + \frac{a_i}{\sqrt{n}}$ und läßt also erkennen, daß man statt der Testgröße (3.4) auch die Testgröße (3.6) verwenden kann. Der Nichtzentralitätsparameter für die nichtzentrale χ^2-Verteilung beider Testgrößen ergibt sich nach der allgemeinen Formel (2.3) leicht aus

$$v_{ij} = \frac{1}{p_s} + \frac{\delta_{ij}}{p_i} \qquad (i, j = 1, \ldots, s-1) \tag{19.3.7}$$

(aus der Varianz-Kovarianz-Matrix der Polynomialverteilung, die ja dieselben Werte bis auf den Faktor n geben muß, zu berechnen!) zu

$$\delta^2 = \sum_{ij=1}^{s-1}\left(\frac{1}{p_s} + \frac{\delta_{ij}}{p_i}\right) a_i\,a_j = \sum_{i=1}^{s}\frac{a_i^2}{p_i}. \tag{19.3.8}$$

4. Zusammengesetzte Hypothesen

Das allgemeine Rezept zur Prüfung einer zusammengesetzten Hypothese $p_i = p_i(q_1, \ldots, q_l)$ besteht in Betrachtung des Likelihoodquotienten

$$\lambda(\xi_1, \ldots, \xi_n) = \frac{\operatorname{Max}_q \prod_{\nu=1}^{n} f(\xi_\nu;\, p_1(q) \ldots p_k(q))}{\operatorname{Max}_p \prod_{\nu=1}^{n} f(\xi_\nu;\, p_1, \ldots, p_k)} \quad (\leqq 1) \tag{19.4.1}$$

bzw. von

$$\mu(\xi) = -2\log\lambda(\xi). \tag{19.4.2}$$

Dabei gilt wieder, daß erschöpfende Abbildungen keinen Einfluß haben.

Zunächst läßt sich der Ausdruck ähnlich den früheren Rechnungen umwandeln; dabei treten außer den Likelihood-Schätzgrößen $T_i = \hat{p}_i$ für die p_i im Rahmen der allgemeinen Voraussetzung über die Dichte der X_ν in der Gestalt $f(\xi; p_1, \ldots, p_k)$ noch die Likelihood-Schätzgrößen $T_i^* = p_i(\hat{Q}_j)$ auf, die aus der speziellen Annahme, daß die Dichten die Form $f(\xi; p_1(q), \ldots, p_k(q) = g(\xi; q))$ haben, entstammen und analoge Eigenschaften haben. Es ergibt sich damit, wenn zur Vereinfachung wieder $p_i^{(0)} = 0$ gesetzt wird,

$$M = \mu(X_1, \ldots, X_n)$$

$$= \left\{ \begin{matrix} -2 \sum\limits_{\nu=1}^{n} \log g(X_\nu; T_1^*, \ldots, T_k^*) \\ +2 \sum\limits_{\nu=1}^{n} \log g(X_\nu; 0, \ldots, 0) \end{matrix} \right\} + \left\{ \begin{matrix} +2 \sum\limits_{\nu=1}^{n} \log f(X_\nu, T_1, \ldots, T_k) \\ -2 \sum\limits_{\nu=1}^{n} \log f(X_\nu, 0, \ldots, 0). \end{matrix} \right\}$$

Entwickelt man beide Differenzen nach TAYLOR, so erhält man

$$M = \sum_{ij=1}^{k} n\, T_i^*\, T_j^* \left[-\frac{1}{n} \sum_{\nu=1}^{n} \frac{\partial^2}{\partial p_i\, \partial p_j} \log g(X_\nu; p_1, \ldots, p_n) \right]_{p = \vartheta^* T^*} +$$

$$+ \sum_{ij=1}^{k} n\, T_i\, T_j \left[-\frac{1}{n} \sum_{\nu=1}^{n} \frac{\partial^2}{\partial p_i\, \partial p_j} \log f(X_\nu, p) \right]_{p = \vartheta T}. \qquad (19.4.3)$$

Wie bei den früheren Betrachtungen streben die jeweils zweiten Faktoren gegen die Erwartungswerte v_{ij} bzw. gegen die analog aus g bestimmten v_{ij}^*. Zur weiteren Vereinfachung denken wir uns die Parameter in der Umgebung des Nullpunktes so gewählt, daß $v_{ij} = \delta_{ij}$ ist und außerdem die l-dimensionale Teilmannigfaltigkeit durch $p_i = q_i$ $(i = 1, \ldots, l)$ $p_{l+1} = \cdots = p_k = 0$ beschrieben wird. Dann haben nicht nur, nach den allgemeinen Sätzen über Schätzgrößen die $\sqrt{n}\, T_i$ und die $\sqrt{n}\, T_i^*$ asymptotische normierte unabhängige Normalverteilungen, sondern asymptotisch sind T_i und T_i^* für $i = 1, \ldots, l$ einander gleich, da für beide, nach § 17.4 dieselbe asymptotische Darstellung

$$T_i \approx \frac{1}{\sqrt{n}} \sum_{\nu=1}^{n} \frac{\partial}{\partial p_i} \log f(X_\nu, p) \Big|_{p=0}$$

und $v_{ij}^* = v_{ij}$ $(i, j = 1, \ldots, l)$ sonst $v_{ij}^* = 0$ gilt[1].

Daher bleibt für M eine Quadratsumme von $k - l$ normierten unabhängigen normalverteilten Größen übrig. M hat also eine χ^2-Verteilung mit $k - l$ Freiheitsgraden. Der Wert des Nichtzentralitätsparameters bei den wahren Parametern $p_i = p_i^{(0)} + \frac{a_i}{\sqrt{n}}$ (wobei natürlich

[1] Man beachte die vereinfachte Annahme $v_{ik} = \delta_{ik}$.

$p_i^{(0)} = p_i(q_1^{(0)}, \ldots, q_l^{(0)})$ möglich ist) ergibt sich als

$$\delta^2 = \underset{b_1, \ldots, b_l}{\mathrm{Min}} \sum_{ij=1}^{k} v_{ij} \left(a_i - \sum_{\varrho} \frac{\partial p_i}{\partial q_\varrho} b_\varrho\right)\left(a_j - \sum_{\varrho} \frac{\partial p_j}{\partial q_\varrho} b_\varrho\right). \qquad (19.4.4)$$

5. Anwendungen auf den χ^2-Test und auf die Kontingenztafel

Als Beispiel betrachten wir wieder den Fall von Ziffer 3, d. h. die Polynomialverteilung. Zu prüfen sei die zusammengesetzte Hypothese

$$p_i = p_i(q_1, \ldots, q_l) \qquad (l < s-1).$$

Die benötigten Maximum-Likelihood-Schätzgrößen $\hat{p}_i$ für den Zähler von λ ergeben sich aus den Gleichungen

$$\sum_{i=1}^{s} \frac{N_i}{p_i} \frac{\partial p_i}{\partial q_\alpha} = 0$$

Dann bleibt

$$M = 2 \sum_{i=1}^{s} N_i \log \frac{N_i}{n \hat{p}_i}. \qquad (19.5.1)$$

Hier sind die Voraussetzungen der Umwandlung von Ziffer 3 erfüllt, und wir können die asymptotisch äquivalente Testgröße

$$Q = \sum_{i=1}^{s} \frac{(N_i - n\hat{p}_i)^2}{n\hat{p}_i} \qquad (19.5.2)$$

verwenden; die asymptotischen χ^2-Verteilungen haben $s-1-l$ Freiheitsgrade. Die Regel für die Gewinnung der $\hat{p}_i$-Werte läßt sich so merken, daß man bei Differentiation dieses Ausdrucks Q den Nenner als konstant ansieht: „modifizierte Minimum-χ^2-Methode".

Daneben kann man auch die „Minimum-χ^2-Methode" stellen, bei der die Schätzwerte aus der Forderung gewonnen werden, den Ausdruck Q zu minimieren.

Ein wichtiger Fall zu prüfender zusammengesetzter Hypothesen ist das schon in § 9.4 behandelte Problem der Unabhängigkeit in einer Kontingenztafel. Es handelt sich um eine Polynomialverteilung mit Parametern p_{ij} $(\sum p_{ij} = 1,\ i = 1, \ldots, r;\ j = 1, \ldots, s)$, für die die Hypothese

$$p_{ij} = p_i q_j \qquad (\sum p_i = 1,\ \sum q_j = 1)$$

zu prüfen ist. Es ergeben sich

$$\hat{p}_{ij} = \frac{N_{i.} N_{.j}}{n^2}$$

(wenn $N_{i.} = \sum_j N_{ij}$ und $N_{.j} = \sum_i N_{ij}$ ist) und die Testgröße

$$M = 2 \sum_{ij} N_{ij} \log \frac{N_{ij}}{\frac{N_{i.} N_{.j}}{n}}. \qquad (19.5.3)$$

Da N_{ij} asymptotisch normal mit $\boldsymbol{E} = n p_i q_j$, $\sigma^2 = n p_i q_j (1 - p_i q_j)$ und analog $N_{i.}$ asymptotisch normal mit $\boldsymbol{E} = n p_i$, $\sigma^2 = n p_i (1 - p_i)$ usw. gilt, sind wieder die Voraussetzungen der Umformung von Ziffer 3 erfüllt, und wir können auch die asymptotisch äquivalente Testgröße

$$Q = \sum_{ij} \frac{\left(N_{ij} - \frac{N_{i.} N_{.j}}{n}\right)^2}{\frac{N_{i.} N_{.j}}{n}} \tag{19.5.4}$$

verwenden, die also eine χ^2-Verteilung mit $r s - 1 - (r - 1 + s - 1) = (r - 1)(s - 1)$ Freiheitsgraden hat.

Für den Nichtzentralitätsparameter erhält man aus (19.4.4), wenn $p_{ij} = p_i q_j + \frac{a_{ij}}{\sqrt{n}}$ ist, den Wert

$$\delta^2 = \sum_{ij} \frac{\left(a_{ij} - p_i \sum_k a_{kj} - q_j \sum_k a_{\cdot k}\right)^2}{p_i q_j}.$$

Aufgaben

1. Gegeben n unabhängige (m, σ^2)-normalverteilte Größen X_ν (m, σ^2 unbekannt). Man stelle einen Test zur Prüfung der Hypothese $\sigma^2 = \sigma_0^2$ (σ_0^2 gegeben) auf.

2. Man beweise das Additionsgesetz für nichtzentral-χ^2-verteilte unabhängige Größen: die Summe hat wieder eine nichtzentrale χ^2-Verteilung, wobei sich Freiheitsgrade und Nichtzentralitätsparameter addieren.

3. Aus der Dichte von $(X - \psi)^2$ ($X = (0, 1)$-normalverteilt)

$$\frac{1}{2\sqrt{2\pi x}} e^{-\frac{x}{2} - \frac{\psi^2}{2}} \left(e^{\sqrt{x}\psi} + e^{-\sqrt{x}\psi}\right) = \frac{1}{\sqrt{2\pi x}} e^{-\frac{x}{2} - \frac{\psi^2}{2}} \sum_{\nu=0}^{\infty} \frac{(\sqrt{x}\,\psi)^{2\nu}}{(2\nu)!}$$

gewinne man durch Faltung mit (zentraler) χ^2-Verteilung für die Dichte der nichtzentralen χ^2-Verteilung die Integraldarstellung

$$f_{s,\psi^2}(x) = \frac{1}{2^{\frac{s}{2}} \Gamma\left(\frac{s-1}{2}\right) \sqrt{\pi}} e^{-\frac{x}{2} - \frac{\psi^2}{2}} x^{\frac{s-2}{2}} \int_0^{\pi} (\sin\varphi)^{s-2} e^{\sqrt{x}(\cos\varphi)\psi} \, d\varphi$$

und die Reihenentwicklung (mit zentraler χ^2-Verteilung f_ν)

$$f_{s,\psi^2}(x) = e^{-\frac{\psi^2}{2}} \sum_{\nu=0}^{\infty} \frac{\left(\frac{\psi^2}{2}\right)^\nu}{\nu!} f_{2\nu+s}(x),$$

so daß gilt

$$F_{s,\psi^2}(x) = \boldsymbol{P}\left(U \geqq V + \frac{s}{2}\right),$$

wenn U, V unabhängige POISSON-verteilte Größen mit Parametern $x/2$ bzw. $\psi^2/2$ sind.

4. Die Größen $X_\nu^{(i)}$ ($\nu = 1, \ldots, n_i$; $i = 1, \ldots, k$) haben unabhängige (m_i, σ_i^2)-Normalverteilungen (m_i, σ_i^2 unbekannt); man entwickle einen Test zur Prüfung der Hypothese $\sigma_i^2 = \sigma^2$ (unbekannt)!

Lösung: Die Testgröße

$$\mu(X) = n \log \frac{\sum n_i \hat{\sigma}_i^{*2}}{n} - \sum n_i \log \hat{\sigma}_i^{*2}$$

hat asymptotisch eine χ^2-Verteilung mit $k-1$ Freiheitsgraden.

Bemerkung: Ein genauerer Test von BARTLETT verwendet

$$\frac{n \log \left(\frac{1}{n} \sum \frac{n_i}{n_i - 1} \sum (x_i^{(\nu)} - \bar{x})^2 \right) - \sum n_i \log \frac{1}{n_i - 1} \sum (x_\nu^{(i)} - \bar{x}_i)^2}{1 + \frac{1}{3(k-1)} \left\{ \sum \frac{1}{n_i} - \frac{1}{n} \right\}}.$$

5. Man bestätige, daß die Inverse der (beim χ^2-Test auftretenden) Matrix

$$v_{ik} = \frac{\delta_{ik}}{p_i} + \frac{1}{p_s} \qquad (i, k = 1, \ldots, s-1)$$

die Matrix

$$w_{ik} = \delta_{ik} p_i - p_i p_k$$

ist.

6. Nach einer gewissen Erbvorstellung ergeben sich die Wahrscheinlichkeiten für die Blutgruppen aus gewissen Gen-Wahrscheinlichkeiten p, q, r $(p + q + r = 1)$ so:

0	r^2
A	$p^2 + 2pr$
B	$q^2 + 2qr$
AB	$2pq$

Man prüfe, ob die Beobachtungszahlen

0 (180), A (192), B (62), AB (18)

mit dieser Theorie im Einklang stehen!

7. (Dreidimensionale Kontingenztafel.) Man entwerfe einen Test zur Prüfung der Hypothesen $p_{ijk} = p_i q_j r_k$ (p_i, q_j, r_k unbekannt) für die Parameter einer Polynomialverteilung! Vgl. § 9, Aufg. 13.

8. Man übertrage die Konstruktion von § 8.1, asymptotische Schätzung durch Konfidenzbereiche für beliebige Parameter unabhängiger Größen mit gleicher Verteilung!

9. Symmetrie in einer Quadrattafel. Beobachtet werden N_{ij} mit einer (n, p_{ij})-Polynomialverteilung ($i, j = 1, \ldots, r$). Mit welchem Test

prüft man die Hypothese $p_{ij} = p_{ji}$?

Lösung: $T = \sum_{i<j} \frac{(N_{ij} - N_{ji})^2}{N_{ij} + N_{ji}} = 2 \sum_{i,j} \frac{N_{ij}^2}{N_{ij} + N_{ji}} - n.$

Anzahl der Freiheitsgrade $= \frac{r(r-1)}{2}$.

10. Vergleich zweier Polynomialverteilungen. Für $N_1, \ldots, N_s$ mit $(n, p_1 \ldots p_s)$ bzw. $M_1, \ldots, M_s$ mit $(m, q_1 \ldots q_s)$-Polynomialverteilung entwickle man einen Test zur Prüfung der Hypothese $p_i = q_i$ $(i = 1 \ldots s)$.

Lösung: Die Minimum-χ^2-Methode ergibt

$$T = \left\{ \sum_{i=1}^{s} \sqrt{\frac{N_i^2}{n} + \frac{M_i^2}{m}} \right\}^2 - (n+m).$$

Die Maximum-Likelihood-Quotienten-Methode ergibt

$$T^* = \frac{m+n}{m\,n} \sum_{i=1}^{s} \frac{m\,N_i + n\,M_i^2}{N_i + M_i} - (n+m),$$

was sich im Fall $m = n$ als

$$T^* = \sum_{i=1}^{s} \frac{(N_i - M_i)^2}{N_i + M_i}$$

schreiben läßt. Anzahl der Freiheitsgrade $= s - 1$.

§ 20. Testtheorie bei linearen Modellen

1. Fragestellung und einfaches Beispiel

Das zugrunde liegende mathematische Modell sei wie in § 18.1 von der Art

$$Y_\nu = c_{0\nu} + \sum_{i=1}^{s} c_{i\nu}\, p_i + Z_\nu \qquad (\nu = 1, \ldots, n) \qquad (20.1.1)$$

mit unabhängigen $(0, \sigma^2)$-normalverteilten Z_ν und gegebenen $c_{i\nu}$ und unbekannten p_i und σ^2. Zu prüfen ist, ob gewisse Linearkombinationen der unbekannten p_i gleich gegebenen (hypothetischen) Werten sind:

$$(\mathfrak{H}) \quad \sum_{i=1}^{s} a_{i\mu}\, p_i = r_\mu \qquad (\mu = 1, \ldots, r). \qquad (20.1.2)$$

Es ist plausibel, daß man die in § 18.3 und § 18.4 angegebenen Konfidenzbereiche zur Schätzung der Werte von $\sum_{i=1}^{s} a_{i\mu}\, p_i$ zur Lösung dieses Testproblems heranziehen kann: liegt der hypothetische Wert r_μ in dem Konfidenzbereich, so soll die Hypothese $(\mathfrak{H})$ angenommen werden, wenn nicht, wird sie verworfen. Die Fehlerwahrscheinlichkeit für Fehler erster Art, d. h. die Hypothese zu verwerfen, obgleich sie richtig ist, ist dann offenbar gleich $1-\alpha$. Die Güte des so allgemein beschriebenen Verfahrens soll auf Grund der Fehlerwahrscheinlichkeiten zweiter Art in Ziffer 3 betrachtet werden.

Als Beispiel betrachten wir n unabhängige (m, σ^2)-normalverteilte Größen Y_ν (m und σ^2 unbekannt), für die die Hypothese $m = m_0$ geprüft werden soll. Als Schätzfunktion für m ergibt sich offenbar

$$T_1 = \frac{1}{n} \sum_{\nu=1}^{n} Y_\nu \equiv \overline{Y},$$

wobei $\boldsymbol{E}(T_1) = m$ und $\operatorname{Var}(T) = \frac{1}{n}\sigma^2$ gilt. Als Schätzfunktion für σ^2 verwenden wir

$$\hat{\sigma}^2 = \frac{1}{n-1} \sum_{\nu=1}^{n} (Y_\nu - \overline{Y})^2.$$

Nach den allgemeinen Überlegungen aus § 18.4 ist dann der Konfidenzbereich für m ($s = 1$; $l = n-1$; $C_{11} = n$):

$$\boldsymbol{P}\left\{n(T_1 - m)^2 < h \frac{1}{n-1} \sum_{\nu=1}^{n} (Y_\nu - \overline{Y})^2\right\} = F_{1,n-1}(h).$$

Den kritischen Bereich für das Verwerfen der Hypothese $m = m_0$ können wir dann also so schreiben:

$$\boldsymbol{P}\left(\frac{|\overline{Y} - m_0|}{\sqrt{\frac{1}{n(n-1)} \sum_{\nu=1}^{n} (Y_\nu - \overline{Y})^2}} \geqq \sqrt{h}\right) = 1 - F_{1,n-1}(h). \qquad (20.1.3)$$

Da das Quadrat einer t-verteilten Größe offenbar eine F-Verteilung mit $(1, l)$ Freiheitsgraden besitzt, ist dies natürlich äquivalent dem aus (18.3.6) folgenden kritischen Bereich

$$\boldsymbol{P}\left(\frac{|\overline{Y} - m_0|}{\sqrt{\frac{1}{n(n-1)} \sum_{\nu=1}^{n} (Y_\nu - \overline{Y})^2}} \geqq h\right) = 1 - (F_{n-1}(h) - F_{n-1}(-h))$$

(F = kumulative Verteilungsfunktion der t-Verteilung).

2. Die allgemeine Methode

Das in Ziffer 1 geschilderte Verfahren, die Verwendung der Konfidenzbereiche aus § 18.4 zur Aufstellung von Testverfahren, scheint im allgemeinen Fall sehr kompliziert. Man kann den Schwierigkeiten bietenden Zähler in (18.4) aber durch einfach zu bildende Minima charakterisieren. Dazu führen wir (vgl. § 18.1) zunächst ein passendes orthogonales Koordinatensystem ein[1]:

Die $\zeta_{s+1}, \ldots, \zeta_n$-Achsen sollen so liegen, daß sich das lineare Gebilde $(\mathfrak{L})\ \xi_\nu = c_{0\nu} + \sum_{i=1}^{s} c_{i\nu} p_i$ durch $\zeta_{s+1} = \cdots = \zeta_n = 0$ beschreiben läßt. Die $\zeta_1, \ldots, \zeta_s$-Achsen, die also in $\mathfrak{L}_s$ liegen, sollen so festgelegt werden, daß die Punkte, die $(\mathfrak{H})\ \sum_{i=1}^{s} a_{i\mu} p_i = r_\mu\ (\mu = 1, \ldots, r)$ erfüllen, durch

$$\zeta_1 = \zeta_1^{(0)}, \ldots, \zeta_r = \zeta_r^{(0)}$$

erfaßt werden. Aus dem Beobachtungspunkt $y_1, \ldots, y_n$, der in dem neuen Koordinatensystem der Einfachheit wegen genauso bezeichnet werde, ergeben sich dann nach § 18 die Schätzwerte für die Parameter durch Minimierungen des Abstandsquadrates

$$\operatorname*{Min}_{\zeta} \sum_{i=1}^{n} (y_i - \zeta_i)^2 \quad \text{mit} \quad \zeta_{s+1} = \cdots = \zeta_n = 0,$$

d.h. durch Minimierung von $\sum_{i=1}^{s} (y_i - \zeta_i)^2$; d.h. durch $\zeta_i = y_i\ (i = 1, \ldots, s)$, während der Minimalwert selbst (für die Schätzung von σ^2) dann offenbar

$$Q_0 = \sum_{i=s+1}^{n} y_i^2$$

ist. Die im Zähler der F-verteilten Größe (§ 18.4) auftretende quadratische Form in den Schätzgrößen für die jetzt interessierenden $\zeta_1, \ldots, \zeta_r$ ist (wegen des orthogonalen Koordinatensystems!)

$$Z = \sum_{i=1}^{r} (y_i - \zeta_i^{(0)})^2,$$

die sich als

$$\operatorname*{Min}_{\zeta \in \mathfrak{H}} \sum_{1}^{n} (y_i - \zeta_i)^2 - \operatorname*{Min}_{\zeta \in \mathfrak{L}} \sum_{i=1}^{n} (y_i - \zeta_i)^2$$

schreiben läßt, wobei $\zeta \in \mathfrak{L}$ wie bisher bedeutet: $\zeta_{s+1} = \cdots = \zeta_n = 0$ und $\zeta \in \mathfrak{H}$ bedeutet: $\zeta_1 = \zeta_1^{(0)}, \ldots, \zeta_r = \zeta_r^{(0)}, \zeta_{r+1} = \cdots = \zeta_n = 0$. Beide Minima sind also Abstandsquadrate des Beobachtungspunktes y_i von linearen Gebilden, und lassen sich als solche in dem ursprünglichen Koordinatensystem leicht angeben:

$$Z = Q_1 - Q_0$$

mit

$$\begin{aligned} Q_1 &= \operatorname*{Min}_{\sum a_{i\mu} p_i = r_\mu} \sum_{\nu=1}^{n} \Big(y_\nu - c_{0\nu} - \sum_{i=1}^{s} c_{i\nu} p_i\Big)^2, \\ Q_0 &= \operatorname*{Min}_{p_i} \sum_{\nu=1}^{n} \Big(y_\nu - c_{0\nu} - \sum_{i=1}^{s} c_{i\nu} p_i\Big)^2, \end{aligned} \tag{20.2.1}$$

[1] Dies entspricht genau dem Vorgehen in § 18.4.

und der kritische Bereich ist

$$\boldsymbol{P}\left\{\frac{\frac{Z}{r}}{\frac{Q_0}{l}} \geqq h\right\} = 1 - F_{r,l}(h) \qquad (l = n - s). \quad (20.2.2)$$

Man kann durch einen anderen Gesichtspunkt zur Erzeugung des kritischen Bereiches aus der Größe Z/Q_0 geführt werden. Die Verteilungsdichte der Z_ν ist

$$\left(\frac{1}{\sqrt{2\pi}\,\sigma}\right)^n \exp\left(-\frac{1}{2\sigma^2}\sum_{\nu=1}^{n}\left(y_\nu - c_{0\nu} - \sum_{i=1}^{s} c_{i\nu}\,p_i\right)^2\right),$$

wobei sich der Exponent in dem eben benutzten Koordinatensystem so schreibt:

$$-\frac{1}{2\sigma^2}\left\{\sum_{\nu=1}^{r}(y_\nu - \zeta_\nu^{(0)})^2 + \sum_{\nu=r+1}^{s}(y_\nu - \zeta_\nu^{(0)})^2 + \sum_{\nu=s+1}^{n} y_\nu^2\right\}.$$

Hieraus liest man ab: das Problem ist invariant solchen Transformationen der y_i gegenüber, die

a) $y_{s+1}, \ldots, y_n$ orthogonal untereinander transformieren,
b) $y_1 - \zeta_1^{(0)}, \ldots, y_r - \zeta_r^{(0)}$ orthogonal untereinander transformieren,
c) $y_{r+1}, \ldots, y_s$ beliebig verändern (wenn man nur die $\zeta_{r+1}^{(0)}, \ldots, \zeta_s^{(0)}$, auf die es nicht ankommt, entsprechend mittransformiert).

Es bleiben bei diesen das Problem nicht beeinflussenden Transformationen nur $Z = \sum_{i=1}^{r}(y_i - \zeta_i^{(0)})^2$ und $Q_0 = \sum_{i=s+1}^{n} y_i^2$ invariant. Wenn man noch bedenkt, daß auch die Ersetzung aller y_i durch $c\,y_i$ bei gleichzeitiger Ersetzung von σ durch $c\,\sigma$, das Problem nicht ändert, bleibt als einzige invariante Größe der Quotient Z/Q_0 übrig. Wenn ein invarianter Test existiert, dann muß sein kritischer Bereich hiermit definiert werden.

Übrigens entsteht dieser Test auch aus dem allgemeinen Verfahren des Maximum-Likelihoodtestes von § 19. Für Zähler und Nenner der Testgröße λ ergeben sich nämlich:

$$\begin{aligned}
\text{Nenner} &= \operatorname*{Max}_{p_i,\sigma}\left(\frac{1}{\sqrt{2\pi}\,\sigma}\right)^n \exp\left(-\frac{1}{2\sigma^2}\sum_{\nu=1}^{n}(y_\nu - c_{0\nu} - \textstyle\sum c_{i\nu}\,p_i)^2\right)\\
&= \operatorname*{Max}_{\sigma}\left(\frac{1}{\sqrt{2\pi}\,\sigma}\right)^n \exp\left(-\frac{1}{2\sigma^2}\operatorname*{Min}_{p_i}\textstyle\sum\right)\\
&= \operatorname*{Max}_{\sigma}\left(\frac{1}{\sqrt{2\pi}\,\sigma}\right)^n \exp\left(-\frac{1}{2\sigma^2}Q_0\right)\\
&= \left(\frac{\sqrt{n}}{\sqrt{2\pi Q_0}}\right)^n \exp\left(-\frac{n}{2}\right)
\end{aligned}$$

(die letzte Gleichung nach der für die Schätzung von σ^2 durchgeführten Rechnung in § 18.1). Entsprechend ist der Zähler

$$= \left(\frac{\sqrt{n}}{\sqrt{2\pi Q_1}}\right)^n \exp\left(-\frac{n}{2}\right).$$

Damit wird

$$\lambda(y_1, \ldots, y_n) = \left(\frac{Q_0}{Q_1}\right)^{n/2}$$

und

$$\mu = n \log \frac{Q_1}{Q_0}.$$

Der hiermit definierte kritische Bereich $Q_0/Q_1 < k$ ist offenbar einem durch $\frac{Q_1 - Q_0}{Q_0} > \frac{1}{k} - 1$ definierten, d. h. dem früher hier gewonnenen, äquivalent.

3. Verhalten der Testgröße bei Gültigkeit und Nichtgültigkeit der Hypothese

Die Testgröße, durch deren Zu-groß-sein der kritische Bereich definiert wurde, hatte nach den allgemeinen Untersuchungen die F-Verteilung mit Freiheitsgraden r, l definiert durch

$$R = \frac{\frac{1}{r}\sum_{i=1}^{r} X_i^2}{\frac{1}{l}\sum_{j=1}^{l} Y_j^2}, \tag{20.3.1}$$

wobei X_i, Y_j unabhängige (0, 1)-normalverteilte Größen sind. Aus der früher berechneten Dichte

$$f_{r,l}(h) = \frac{r^{\frac{r}{2}} l^{\frac{l}{2}}}{B\left(\frac{r}{2}, \frac{l}{2}\right)} \frac{h^{\frac{r}{2}-1}}{(l + r h)^{\frac{r+l}{2}}} \qquad (h \geqq 0) \tag{20.3.2}$$

berechnet man leicht

$$\begin{aligned} E(R) &= \frac{l}{l-2} \qquad (\text{für } l > 2), \\ \operatorname{Var}(R) &= \frac{2 l^2 (l + r - 2)}{r (l-2)^2 (l-4)} \quad (\text{für } l > 4). \end{aligned} \tag{20.3.3}$$

Für theoretische Betrachtungen ist oft die durch

$$R^* = \frac{r}{l} R = \frac{\sum_{i=1}^{r} X_i^2}{\sum_{j=1}^{l} Y_j^2} \tag{20.3.4}$$

definierte „nichtreduzierte F-Verteilung" übersichtlicher. Ihre Dichte ist

$$f^*_{r,l}(h) = \frac{1}{B\left(\frac{r}{2}, \frac{l}{2}\right)} \frac{h^{\frac{r}{2}-1}}{(1+h)^{\frac{r+l}{2}}} \qquad (h \geqq 0), \qquad (20.3.5)$$

und sie hat

$$\begin{aligned} \boldsymbol{E}(R^*) &= \frac{r}{l-2} \qquad (\text{für } l > 2), \\ \operatorname{Var}(R^*) &= \frac{2r(l+r-2)}{(l-2)^2(l-4)} \qquad (\text{für } l > 4). \end{aligned} \qquad (20.3.6)$$

Die hieraus abgeleitete Größe

$$S^* = \frac{R^*}{1+R^*} = \frac{\sum_{i=1}^{r} X_i^2}{\sum_{i=1}^{r} X_i^2 + \sum_{j=1}^{l} Y_j^2} \qquad (20.3.7)$$

liegt in $0 \leqq S^* \leqq 1$ und hat, wie man leicht findet, als sog. B-Verteilung, die Dichte

$$g_{r,l}(\xi) = \frac{1}{B\left(\frac{r}{2}, \frac{l}{2}\right)} \xi^{\frac{r}{2}-1}(1-\xi)^{\frac{l}{2}-1} \qquad (0 \leqq \xi \leqq 1). \qquad (20.3.8)$$

Für gerade Werte von r und l steht diese Verteilung in einem einfachen Zusammenhang mit der Binomialverteilung, deren kumulative Verteilungsfunktion so aus den Tabellen der F-Verteilung abgelesen werden kann. Sei $r = 2a$, $l = 2b$ (a, b ganz). Dann fassen wir nach Erweitern mit 2 in Zähler und Nenner des die B-Verteilung definierenden Quotienten je zwei Summanden zusammen, die dann eine Größe U mit Dichte $e^{-\xi}$ ergeben:

$$S^* = \frac{\sum_{i=1}^{a} U_i}{\sum_{i=1}^{a+b} U_i}$$

(U_i unabhängig, je Dichte $e^{-\xi}$ in $\xi \geqq 0$). Dies ist aber nach § 13.2 gerade die Darstellung für die Verteilung des a-ten kleinsten Wertes von $a+b-1$ unabhängigen in $(0, 1)$ konstant-verteilten Größen. Deshalb gilt

$$\begin{aligned} F^*_{2a,2b}\left(\frac{p}{1-p}\right) &= G_{2a,2b}(p) = \boldsymbol{P}(S^* \leqq p) \\ &= \boldsymbol{P}\left\{\begin{matrix}\text{mindestens } a \text{ Treffer in } (0, p) \text{ von} \\ a+b-1 \text{ unabhängigen Größen mit} \\ \text{konstanter Dichte in } (0, 1)\end{matrix}\right\} \\ &= \sum_{\nu=a}^{a+b-1} \binom{a+b-1}{\nu} p^\nu (1-p)^{a+b-1-\nu} \\ &= (\text{nach § 6, Aufg. 7}) = \sum_{\nu=0}^{b-1} \binom{a+\nu-1}{\nu} p^a q^\nu, \end{aligned} \qquad (20.3.9)$$

eine Beziehung, die man ziemlich mühevoll auch durch partielle Integrationen des Integrals links bestätigen kann[1].

Für die Untersuchung der Güte des besprochenen Tests ist die Betrachtung der Fehler zweiter Art wichtig, d. h. die Berechnung der Wahrscheinlichkeit für das Nichthineinfallen der Testgröße in den kritischen Bereich, wenn die zu prüfende Hypothese (über die Gültigkeit $\left.\sum_{i=1}^{s} a_{i\mu} p_i = r_\mu\right)$ nicht stimmt. Durch dieselben Betrachtungen wie bisher, Einführung geeigneter Koordinaten, sieht man, daß jetzt die Darstellung gilt

$$R = \frac{\frac{1}{r}\sum_{i=1}^{r} X_i^2}{\frac{1}{l}\sum_{j=1}^{l} Y_j^2},$$

wobei Y_j unabhängige $(0, \sigma^2)$-normalverteilte Größen sind, während die X_i unabhängige $(\zeta_i - \zeta_i^{(0)}, \sigma^2)$-normalverteilte Größen sind. Der Zähler von R^* besitzt also unabhängig von dem Nenner, jetzt eine *nichtzentrale* χ^2-Verteilung, mit Nichtzentralitätsparameter

$$\frac{1}{\sigma^2}\sum_{i=1}^{r}(\zeta_i - \zeta_i^{(0)})^2.$$

Für die kumulative Verteilungsfunktion F_n des Zählers gilt, wie früher bemerkt,

$$F_n(h) \leqq F_z(h)$$

(F_z = zentrale χ^2-Verteilung), und aus der Formel für die kumulative Verteilungsfunktion des Quotienten

$$F_{R^*}(h) = \int_0^\infty F_n(h\,\eta)\, g(\eta)\, d\eta$$

$\left(\right.$da Zähler und Nenner $\geqq 0$ sind, fehlt das analoge Integral $\left.\int_{-\infty}^{0}\right)$ läßt sich erkennen, daß für die so definierte nichtzentrale F-Verteilung (R bzw. nichtreduziert bei R^*) mit Nichtzentralitätsparameter

$$\psi^2 = \frac{1}{\sigma^2}\sum_{i=1}^{r}(\zeta_i - \zeta_i^{(0)})^2$$

gilt

$$F_n(h) \leqq F_z(h)$$

[1] Mit den tabellierten Werten der F-Verteilung dient diese Beziehung zur bequemen Bestimmung der exakten Werte der kumulativen Binomialverteilung.

(F_n nichtzentral, F_z zentrale F-Verteilung). Das zeigt, daß die Wahrscheinlichkeit, in den kritischen Bereich zu kommen, bei $\zeta_i \neq \zeta_i^{(0)}$ größer ist, als wenn die Hypothese gilt: der Test ist unverfälscht.

Der für den Nichtzentralitätsparameter wesentliche Ausdruck $\sum_{i=1}^{r} (\zeta_i - \zeta_i^{(0)})^2$ ist als kürzester Abstand des Punktes mit den wahren Parameterwerten $p_i^{(0)}$ von der Mannigfaltigkeit der durch die spezielle Hypothese gegebenen leicht als Quadratsummenminimum zu finden.

$$\sum_{i=1}^{r} (\zeta_i - \zeta_i^{(0)})^2 = \min_{\sum a_{i\mu} p_i = r_\mu} \sum_{\nu} \left(\sum c_{i\nu} (p_i - p_i^{(0)})\right)^2.$$

4. Beispiele von Varianzanalysen

Zur Erläuterung der allgemeinen Überlegungen und wegen des häufigen Auftretens sollen einige Beispiele behandelt werden:

Ein-Faktor-Analysis oder „einfache Streuungsanalyse".

Die Beobachtungen werden beschrieben durch

$$X_{ij} = a_i + Z_{ij} \quad (j = 1, \ldots, n_i;\ i = 1, \ldots, k) \qquad (20.4.1)$$

mit unabhängigen $(0, \sigma^2)$-normalverteilten Z_{ij}. Zu prüfen ist die Hypothese

$$a_i = a \qquad (i = 1, \ldots, k).$$

Nach der allgemeinen Betrachtung haben wir zu bilden:

$$Q_0 = \min_{a_1, \ldots, a_k} \sum_{ij} (X_{ij} - a_i)^2 = \sum_i \sum_{j=1}^{n_i} (X_{ij} - \overline{X}_{i.})^2,$$

wenn mit

$$\overline{X}_{i.} = \frac{1}{n_i} \sum_{j=1}^{n_i} X_{ij}$$

bezeichnet wird. Außerdem

$$Q_1 = \min_a \sum_{ij} (X_{ij} - a)^2 = \sum_{ij} (X_{ij} - \overline{X})^2,$$

wobei

$$\overline{X} = \frac{1}{n} \sum_{ij} X_{ij} \qquad \left(n = \sum_{i=1}^{k} n_i\right)$$

ist. Für die Differenz $Z = Q_1 - Q_0$ erhalten wir nach Zusammenfassung

$$Z = \sum_i n_i (\overline{X}_{i.} - \overline{X})^2,$$

so daß der kritische Bereich so lautet:

$$P\left\{\frac{\frac{1}{k-1}\sum_{i=1}^{k} n_i(\bar{X}_{i.}-\bar{X})^2}{\frac{1}{n-k}\sum_{ij}(X_{ij}-\bar{X}_{i.})^2} \geqq h\right\} = 1 - F_{k-1,n-k}(h). \qquad (20.4.2)$$

Im Fall der Nichtgültigkeit der zu prüfenden Hypothese erhält man den Nichtzentralitätsparameter aus

$$\psi^2 = \frac{1}{\sigma^2}\sum_{i=1}^{k} n_i(a_i - \bar{a})^2$$

mit

$$\bar{a} = \frac{1}{n}\sum_{i=1}^{k} n_i a_i .$$

Wegen der Beziehung

$$Q_1 = \sum_{ij}(X_{ij} - \bar{X})^2 = Q_0 + Z,$$

wobei man Q_0 als Varianz innerhalb der durch jeweils festen Index i beschriebenen Klassen ansieht, und Z als Varianz zwischen den Klassen bezeichnet, wird diese lineare Testtheorie auch als Varianzanalyse bezeichnet.

Im Spezialfall $k = 2$ vereinfachen sich die Formeln. Mit neuer Bezeichnungsweise seien die Modellgleichungen

$$\begin{aligned} X_i &= a + Z_i' \qquad (i = 1, \ldots, m), \\ Y_j &= b + Z_j'' \qquad (j = 1, \ldots, n) \end{aligned} \qquad (20.4.3)$$

und die Hypothese $a = b$.

Aus den allgemeinen Formeln wird

$$Q_0 = \sum_{i=1}^{m}(X_i - \bar{X})^2 + \sum_{j=1}^{n}(Y_j - \bar{Y})^2$$

mit

$$\bar{X} = \frac{1}{m}\sum_{i=1}^{m} X_i \quad \text{und} \quad \bar{Y} = \frac{1}{n}\sum_{j=1}^{n} Y_j$$

und

$$Z = \frac{n\,m}{n+m}(\bar{X} - \bar{Y})^2.$$

Der kritische Bereich ist

$$P\left\{\frac{\frac{n\,m}{n+m}(\bar{X}-\bar{Y})^2}{\frac{1}{m+n-2}\left[\sum_{i=1}^{m}(X_i-\bar{X})^2+\sum_{j=1}^{n}(Y_j-\bar{Y})^2\right]} \geqq h\right\} = 1 - F_{1,n+m-2}(h). \qquad (20.4.4)$$

Durch Wurzelziehen kann man zu der t-Verteilung übergehen. Der Nichtzentralitätsparameter ist

$$\psi^2 = \frac{1}{\sigma^2} \frac{m\,n(a-b)^2}{m+n}.$$

Zwei-Faktor-Analysis (doppelte Varianzanalyse) (gleiche Anzahl $t > 1$ von Beobachtungen für jedes Indexpaar i, j)

Hier ist das Modell

$$X_{ijk} = m + a_i + b_j + c_{ij} + Z_{ijk}$$
$$(i = 1, \ldots, r; j = 1, \ldots, s; k = 1, \ldots, t), \tag{20.4.5}$$

und, um Unbestimmtheiten auszuschalten, soll

$$\sum_i a_i = \sum_j b_j = \sum_{i.} c_{ij} = \sum_j c_{ij} = 0$$

sein.

Hier kommen verschiedene Fragestellungen vor:

a) $a_i = a$,

b) $b_j = b$,

c) $c_{ij} = 0$.

Die Fragestellungen a) und b) fallen unter die bereits behandelte Ein-Faktor-Analysis. Für c) ergibt die allgemeine Theorie:

$$Q_0 = \sum_{ijk} (X_{ijk} - \overline{X}_{ij.})^2 \tag{20.4.6}$$

und

$$Z = t \sum_{ij} (\overline{X}_{ij.} - \overline{X}_{i..} - \overline{X}_{.j.} + \overline{X})^2,$$

während die zugehörigen Freiheitsgrade (für Z) $(r-1)(s-1)$ bzw. (für Q_0) $r\,s\,(t-1)$ sind.

Bei diesen Modellen (und erst recht bei komplizierteren) tritt eine neue Fragestellung auf, wenn die Anzahl der Beobachtungen $t(i, j)$ für jedes Indexpaar i, j nicht vorgeschrieben ist, aber gewisse Nebenbedingungen erfüllen muß. Der häufigste Fall ist der, daß nur die Werte $t(i, j) = 0$ oder $= 1$ in Betracht kommen, aber die Summen $\sum_i t(i, j) = b$, $\sum_j t(i, j) = v$ vorgeschrieben sind.

Die Aufstellung und Auswahl von Indexsystemen, für die bei den gegebenen Bedingungen der Wirklichkeit eine Beobachtung möglich sein soll, wobei sowohl die Gesichtspunkte der guten mathematischen Auswertbarkeit als auch der Kosten des Experimentes als auch der Qualität des Testes [gemessen an der (verallgemeinerten) Varianz der interessierenden Schätzgrößen oder durch die Fehlerwahrscheinlichkeit für Fehler zweiter Art] berücksichtigt werden sollen, ist Aufgabe der Versuchsplanung[1], die von manchen Statistikern als der Hauptaufgabenbereich der mathematischen Statistik angesehen wird.

Lateinische Quadrate. Bei Sortierung der Beobachtungswerte durch drei Sorten Indizes gibt es eine wichtige Aufgabenstellung dieser Art; man denke an Apparate (erster Index i), die durch verschiedenes Personal (zweiter Index j) in verschiedenen Zeitabschnitten (dritter Index k) benutzt werden. Bei gleichen Anzahlen der drei Indizes kann man erreichen, daß für jedes Paar $i\,j$ genau ein $k = k(i,j)$ existiert, so daß X_{ijk} beobachtet werden kann. Schreibt man diesen Wert in das durch i und j numerierte Feld einer Matrix, so erhält man ein „Lateinisches Quadrat", bei dem in jeder Zeile und jeder Spalte jede Zahl genau einmal vorkommt.

Setzen wir als Modelle Gleichungen an

$$X_{ij,k(i,j)} = m + a_i + b_j + c_k + Z_{ijk} \tag{20.4.7}$$

mit $\sum a_i = \sum b_j = \sum c_k = 0$, so erhält man nach der allgemeinen Theorie zur Prüfung, ob $a_i = 0$, d. h. in dem Beispiel, ob die Apparate gleichartig sind, als Testgröße

$$\frac{\frac{1}{m-1}\sum_k (\bar{X}_{(k)} - \bar{X})^2}{\frac{1}{m^2-3m+2}\sum_{ij} (X_{ijk} - \bar{X}_{i.} - \bar{X}_{.j} - X_{(k)} + 2\bar{X})^2}, \tag{20.4.8}$$

wobei bei $\bar{X}_{(k)}$ das Mittel aller derjenigen X_{ij} zu nehmen ist, die dasselbe $k = k(i,j)$ ergeben.

Kovarianzanalyse. Mit diesem abschreckenden Namen werden die Spezialfälle der allgemeinen Theorie von § 19 bezeichnet, die Regressionsmodelle betreffen; z. B.

$$X_{ij} = a_i + b_i\,t_{ij} + Z_{ij} \quad (i = 1, \ldots, k;\ j = 1, \ldots, l) \tag{20.4.9}$$

t_{ij} = bekannt. Fragestellungen über a_i oder b_i.

5. Andere lineare Modelle

Es gibt Situationen, die man durch Modelle beschreibt, die zwar große Ähnlichkeit mit den hier behandelten linearen Modellen haben, für die aber die hier entwickelte Theorie nicht zutrifft. Dies soll an einem Beispiel erläutert werden.

$$X_{ij} = a + A_i + Z_{ij} \quad (i = 1, \ldots, k;\ j = 1, \ldots, m). \tag{20.5.1}$$

[1] Englisch: design of experiments.

Dabei sollen wieder die Z_{ij} unabhängige $(0, \sigma^2)$-normalverteilte Größen sein (die etwa die Beobachtungsfehler repräsentieren), während die A_i im Gegensatz zu der Ein-Faktor-Analyse unabhängige $(0, \tau^2)$-normalverteilte Größen sein sollen. Das entspricht etwa der Vorstellung, daß die früheren a_i ersetzt werden durch zufällig gezogene Werte aus einer Gesamtheit, die aus mathematischen Gründen in dieser Form angesetzt wird. Die zu prüfende Frage ist, ob $\tau^2 = \mathrm{Var}(A_i) = 0$ ist.

Es liegt nahe, mit derselben Testgröße wie bei der einfachen Streuungsanalyse zu operieren:

$$T = \frac{\frac{m}{k-1} \sum_{i=1}^{k} (\bar{X}_{i.} - \bar{X})^2}{\frac{1}{k(m-1)} \sum_{ij} (X_{ij} - \bar{X}_{i.})^2}. \qquad (20.5.2)$$

Um die Verteilung von T zu bestimmen, setzen wir (5.1) ein und erhalten für die wesentlichen Bestandteile in Zähler bzw. Nenner:

$$\frac{1}{\sigma^2} \sum_{i=1}^{k} (\bar{Z}_{i.} + A_i - \bar{Z} - \bar{A})^2$$

bzw.

$$\frac{1}{\sigma^2} \sum_{ij} (Z_{ij} - \bar{Z}_{i.})^2.$$

Die Verteilung der letzten Quadratsumme ist nach den Überlegungen der einfachen Streuungsanalyse eine χ^2-Verteilung mit $k(m-1)$ Freiheitsgraden. Da $Z_{ij} - Z_{i.}$ die Koordinaten des Lotes des zufälligen Punktes Z_{ij} auf die Linearmannigfaltigkeit L, definiert durch $\zeta_{ik} = a_i$ ist, sind nach den allgemeinen Betrachtungen in Ziffer 2 die Koordinaten des Fußpunktes $\bar{Z}_{i.}$ unabhängig von allen $Z_{ij} - \bar{Z}_{i.}$ normalverteilt. Damit sind auch die $\bar{Z}_{i.} + A_i$ unabhängige normalverteilte Größen mit Varianz $= \frac{\sigma^2}{m} + \tau^2$ und ihre empirische Varianz

$$\frac{m}{m\tau^2 + \sigma^2} \sum_{i} (\bar{Z}_{i.} - A_i - \bar{Z} - \bar{A})^2$$

hat eine χ^2-Verteilung mit $k - 1$-Freiheitsgraden. Die Testgröße hat also in allen Fällen ($\tau^2 = 0$ oder $\tau^2 \neq 0$) eine gewöhnliche F-Verteilung

$$\begin{aligned} \boldsymbol{P}\{T \geqq h\} &= 1 - F_{k-1, k(m-1)}(h) \qquad (\text{bei } \tau^2 = 0) \\ &= 1 - F_{k-1, k(m-1)}\left(\frac{h}{1 + m\frac{\tau^2}{\sigma^2}}\right). \qquad (20.5.3) \end{aligned}$$

Man bemerkt, daß dieser Sachverhalt nicht mehr gilt, wenn die n_i (vgl. einfache Streuungsanalyse) nicht den gemeinsamen Wert m haben.

Diese Modelle bezeichnet man als Modelle zweiter Art; ihre Theorie ist weniger ausgearbeitet. Treten unbekannte Parameter in Linearform und zufällige Größen mit unbekannten Streuungen auf, spricht man von gemischten Modellen.

Aufgaben

1. Die Y_{ijk} $(i=1,\ldots,r;\ j=1,\ldots,s,\ k=1,\ldots,t)$ haben unabhängige Normalverteilungen mit gleichen Varianzen und $\boldsymbol{E}(Y_{ijk}) = a + b_i + c_j + d_{ij}$. Man entwickle Teste zur Prüfung der Hypothesen

a) $b_i = 0$ für alle i,

b) $d_{ij} = 0$ für alle i, j.

2. Man berechne Erwartungswert und Varianz der B-Verteilung!

3. Aus der Reihenentwicklung der nichtzentralen χ^2-Verteilung oder deren Darstellung in § 19, Aufgabe 3, in Verbindung mit der Beziehung (§ 6, Aufg. 7 oder 20.3.9) weise man die Gültigkeit folgender Darstellung (N. L. Johnson) nach:

$$F_{s,l;\psi^2}(x) = \boldsymbol{P}\left(A \geqq N + \frac{s}{2}\right) = \boldsymbol{P}\left(M < N + \frac{s+l}{2}\right),$$

wobei A eine binomisch-verteilte Größe mit $p = \frac{x}{1+x}$, $n = \frac{s+l}{2} - 1$ und N eine Poisson-verteilte Größe mit Parameter $\psi^2/2$ und M eine Pascal-verteilte Größe mit $p = \frac{x}{1+x}$, $r = \frac{l}{2}$ ist (s = Zähler-, l = Nenner-Freiheitsgrad).

4. Liegen die linearen Teilräume $\mathfrak{H}_1$, $\mathfrak{H}_2$, die zu zwei Hypothesen bei demselben linearen Modell (20.1) gehören, senkrecht zueinander, so spricht man von „orthogonalen Hypothesen"; die zugehörigen Testgrößen sind dann — auch bei Nichtgültigkeit der Hypothesen — unabhängig voneinander. Man zeige, daß die Hypothesen $b_i = 0$ bzw. $c_j = 0$ bei Aufgabe 1 orthogonal sind!

5. Das Analogon für (20.2.2) im Fall bekannter Varianz σ^2 ist $\boldsymbol{P}(Z \geqq h\,\sigma^2) = 1 - F_r(h)$ (mit χ^2-Verteilung). Man überlege sich, daß man auf diesen Fall näherungsweise kommt, wenn N binomisch (n, p) verteilt ist durch $Y = \sqrt{n}\arcsin\sqrt{\frac{N}{n}}$ und, wenn N eine Poisson-Verteilung hat, durch $Y = \sqrt{N}$.

6. Man beweise, daß der reziproke Wert der verallgemeinerten Varianz der Schätzgrößen für $p_1 \ldots p_s$ bis auf eine Potenz von σ^2 gleich ist der Determinante der quadratischen Form in den $p_i - p_i^{(0)}$ $(i = 1,\ldots,s)$, die den Nichtzentralitätsparameter beim Test auf $p_i = p_i^{(0)}$ ausdrückt.

Anhang

Theorie und Anwendungen der Extreme mit Ungleichungen als Nebenbedingungen

1. Die Multiplikatorregel für lineare Funktionen

In der Wahrscheinlichkeitsrechnung und mathematischen Statistik treten ebenso wie bei manchen anderen Fragestellungen, die dem Statistiker begegnen, oft Extremwertaufgaben auf, die in ihrem Aufbau zwar übersichtlich sind (insbesondere linear in den Unbekannten sind), zu deren Eigenart es aber gehört, daß die Nebenbedingungen in Form von Ungleichungen auftreten, so daß die aus der Analysis bekannte Multiplikatorregel — zu begründen durch Elimination einiger Variabler oder durch einen Hilfssatz analog dem hier zu beweisenden Lemma von FARKAS — nicht ohne weiteres anwendbar scheint. Tatsächlich ist der Sachverhalt aber auch in diesem Fall ganz ähnlich; es gilt nämlich — mit einigen Regularitätsbedingungen und Auflösbarkeitsbedingungen, die an dieser Stelle nicht wichtig sind — folgende

Multiplikatorregel:

Hat die Funktion $f(x_1, \ldots, x_n)$ unter den Nebenbedingungen

$$g^{(\nu)}(x_1, \ldots, x_n) \geqq 0 \quad (\nu = 1, \ldots, s)$$

an einer Stelle ein Minimum, so existieren nichtnegative Konstanten λ_ν, die LAGRANGEschen Multiplikatoren, mit denen die Funktion

$$F(x_1, \ldots, x_n) \equiv f(x_1, \ldots, x_n) - \sum_{\nu=1}^{s} \lambda_\nu \, g^{(\nu)}(x_1, \ldots, x_n)$$

an dieser Stelle stationär wird, d. h., alle ihre Ableitungen erster Ordnung verschwinden dort:

$$\frac{\partial}{\partial x_k} F(x_1, \ldots, x_n) = 0.$$

Der Satz soll hier zunächst nur für lineare Funktionen f und $g^{(\nu)}$ bewiesen werden.

Die Numerierung der $g^{(\nu)}$ sei so gewählt, daß in dem Punkt des Minimums

$$g^{(\nu)}(x) = 0 \ (\nu = 1 \ldots r) \quad \text{und} \quad g^{(\nu)}(x) > 0 \ (\nu = r+1, \ldots, s).$$

Dann muß also, indem man einen Nachbarpunkt mit Koordinaten $x_i + y_i$ betrachtet, für jeden Vektor (wegen der Homogenität ist die Voraussetzung der Kleinheit, die es erlaubt, die Bedingungen $\nu = r+1, \ldots, s$ zu vernachlässigen, unwesentlich) $y = \{y_i\}$ aus

$$(g^{(\nu)}, y) \equiv \sum_{i=1}^{n} g_i^{(\nu)} y_i \geqq 0 \ (\nu = 1 \ldots r) \tag{1.1}$$

folgen

$$(f, y) \equiv \sum_{i=1}^{n} f_i y_i \geqq 0. \tag{1.2}$$

Das Lemma von FARKAS[1] besagt gerade, daß aus dem Bestehen von (1.2) als Konsequenz von (1.1) folgt, daß es nichtnegative Konstanten λ_ν gibt, mit denen

$$f = \sum \lambda_\nu g^{(\nu)} \tag{1.3}$$

gilt. Damit ist die Multiplikatorregel für diesen Fall bewiesen; die nicht benutzten Nebenbedingungen erhalten den Faktor Null.

Beweis des Lemma von FARKAS:

Es bezeichne K die Menge aller Vektoren $\sum\limits_{\nu} \mu_\nu g^{(\nu)}$ mit $\mu_\nu \geqq 0$, ein konvexer abgeschlossener Kegel. Da gezeigt werden soll, daß $f \in K$ enthalten ist, nehmen wir das Gegenteil an und „fällen von f das Lot auf K“, d. h., wir suchen denjenigen Punkt g mit dem minimalen Abstand:

$$\|f - g\| \equiv \sqrt{\sum (f_i - g_i)^2} = \inf_{k \in K} \|f - k\| \leqq \|f - k\| \quad \text{für } k \in K.$$

Durch Einsetzen von Vergleichsvektoren der Gestalt $k = g(1 + \varepsilon)$ mit kleinem $\varepsilon \lesseqgtr 0$ erhalten wir

$$\|f - g\|^2 - 2\varepsilon(f - g, g) + \varepsilon^2 \|g\|^2 \equiv \|f - g - \varepsilon g\|^2 \geqq \|f - g\|^2.$$

Bei positivem ε erhalten wir nach Division durch ε und $\varepsilon \to 0$

$$-(f - g, g) \geqq 0.$$

bei negativem ε entsprechend

$$(f - g, g) \geqq 0.$$

Aus beidem folgt

$$(f - g, g) = 0. \tag{1.4}$$

Wir können auch andere Vergleichsvektoren einsetzen, insbesondere $k = g + \varepsilon g^{(\nu)}$. Hierbei muß $\varepsilon > 0$ sein, um sicher zu sein, daß $k \in K$ liegt. Durch eine ähnliche Rechnung folgt jetzt $(g - f, g^{(\nu)}) \geqq 0$.

[1] Crelles J. reine angew. Math. 124 (1902) 1—27.

Wegen der Voraussetzung des Lemmas von FARKAS folgt

$$(g - f, f) \geqq 0, \tag{1.5}$$

und aus (1.4) und (1.5) ergibt sich

$$\|g - f\|^2 = (g - f, g) - (g - f, f) \leqq 0, \quad \text{also} \quad f = g.$$

q. e. d.

2. Der Dualitätssatz der linearen Optimierung

In der Menge aller Vektoren mit nichtnegativen Komponenten $x_i \geqq 0$, wofür kurz $x \geqq 0$ geschrieben werde, soll unter denjenigen, die den Bedingungen

$$\sum_{k=1}^{n} a_{ik} x_k \geqq b_i \quad (i = 1 \ldots m), \quad \text{d. h.} \quad A x \geqq b \tag{2.1}$$

genügen (oft „zulässige Vektoren" genannt), derjenige (diejenigen) ausgewählt werden, der eine lineare Funktion („Zielfunktion")

$$(c\, x) \equiv \sum_{i=1}^{n} c_i x_i \tag{2.2}$$

minimiert. Wir nehmen an, es gäbe eine Lösung und können nach der Multiplikatorregel mit Multiplikatoren $\alpha_i \geqq 0$ bzw. $y_i \geqq 0$ behaupten, daß diese folgenden Gleichungen genügen müssen:

$$c_i = \sum_{k=1}^{m} a_{ki} y_k + \alpha_i, \quad \text{d. h.} \quad c \geqq A^* y. \tag{2.3}$$

Wegen der Bemerkung über die nichtwirksamen Nebenbedingungen, zu denen verschwindende Multiplikatoren gehören, gilt dabei: Für diejenigen Komponenten i, für die bei der Lösung des Problems $x_i \neq 0$ ist, gilt $\alpha_i = 0$, und für diejenigen Ungleichungen (2.1), bei denen nicht das Gleichheitszeichen eintritt, gilt $y_i = 0$. Wir können die nichtnegativen y_i, die den Ungleichungen (2.3) genügen, als zulässige Vektoren eines zweiten Problems, des „dualen Problems" deuten, bei dem die Zielfunktion

$$(b\, y) \equiv \sum_{k=1}^{m} b_k y_k \tag{2.4}$$

zu maximieren ist.

Zunächst gilt für jedes Paar zulässiger Vektoren beider Probleme

$$(b\, y) = \sum_{k\, i} b_i y_i \leqq \sum_{k\, i} a_{ik} x_k y_i \leqq \sum_{k} c_k x_k = (c\, x), \tag{2.5}$$

so daß jeder Wert der Zielfunktion des dualen Problems kleiner oder gleich jedem Wert der Zielfunktion des ursprünglichen Problems, insbesondere also auch kleiner oder gleich dessen Minimalwert, ist. Für den zulässigen Vektor, der durch die Multiplikatoren gebildet wird, gilt aber, wie man sich wegen der Bemerkung über das Verschwinden gewisser Multiplikatoren leicht klarmacht, das Gleichheitszeichen in (2.5), und wir erhalten das Ergebnis („Dualitätssatz der linearen Optimierungstheorie"):

Hat das ursprüngliche Problem eine Lösung, so hat auch das duale Problem eine, und der Maximalwert seiner Zielfunktion ist gleich dem Minimalwert der Zielfunktion des ursprünglichen Problems. Das duale Problem zu dem dualen Problem ist wieder das ursprüngliche.

Eine scheinbar allgemeinere Fassung ergibt sich, wenn man Paare von Vektoren x, y sucht, die folgenden Ungleichungen genügen sollen:

$$\begin{aligned} x &\geqq 0, \quad y \text{ beliebig}, \\ A\,x + B\,y &\geqq a, \\ C\,x + D\,y &= b, \end{aligned} \tag{2.6}$$

während $(c\,x) + (d\,y)$ zu minimieren ist. Indem man jede Gleichung als ein Paar von Ungleichungen schreibt, und bedenkt, daß man jeden Vektor als Differenz zweier Vektoren mit nichtnegativen Komponenten schreiben kann, erhält man als duales Problem eines, das sich durch entsprechende Zusammenfassung wieder in folgender Weise schreiben läßt,

$$\begin{aligned} u &\geqq 0, \quad v \text{ beliebig}, \\ A^*\,u + C^*\,v &\leqq c, \\ B^*\,u + D^*\,v &= d, \end{aligned} \tag{2.7}$$

während die Zielfunktion $(a\,x) + (b\,y)$ lautet.

1. Beispiel eines linearen Optimierungsproblems: Bei dem Ernährungsproblem seien folgende Größen gegeben: die Futterpreise c_k je Einheitsmenge der Futterart k, der Anteil a_{ik} von Vitamin i an der Futterart k und der Bedarf b_i an Vitamin i. Dann entsteht für den Einkäufer die Aufgabe, unter Wahrung der Bedingungen positiver Futtermengen $x_i \geqq 0$ und $\sum a_{ik} x_k \geqq b_i$ (Bedarfsbefriedigung) den Gesamtpreis $\sum c_k x_k$ zu minimieren. In diesem Fall läßt sich die duale Aufgabe leicht deuten:

Die Futterarten werden nur unter Berücksichtigung ihres Vitamingehaltes verkauft, wobei ein Preis $y_i \geqq 0$ für Vitamin i so festgelegt werden muß, daß $\sum a_{ik} y_i \leqq c_k$ (Konkurrenzbedingung) und dann der Gesamtpreis $\sum b_i y_i$ maximiert wird.

2. Beispiel: Bei einem Transportproblem[1] werden von den Herstellerorten i die festzusetzenden Mengen x_{ik} nach den Abnehmerorten k

---

[1] Dies Problem ist auch für die Kombinatorik nützlich. Vgl. z. B. H. G. Kellerer: Allgemeine Systeme von Repräsentanten. Z. Wahrsch.-Theorie verw. Geb. 2 (1964) 306—309. — Vogel, W.: Lineare Programme und allgemeine Vertretersysteme. Math. Z. 76 (1961) 103—115.

transportiert, und auf dem Weg von i nach k entstehen die Kosten a_{ik} je Einheit der Ware (nur eine Sorte wird hier betrachtet). Unter Wahrung der Bedingungen

$$\sum_k x_{ik} \leqq a_i \quad \text{(Herstellerkapazitäten)}$$

$$\text{und} \quad \sum_i x_{ik} \geqq b_k \quad \text{(Bedarfsbefriedigung)}$$

sollen die Gesamtkosten

$$\sum_{ik} a_{ik} x_{ik}$$

minimiert werden (volkswirtschaftlicher Standpunkt). Als duale Aufgabe ergibt sich die Bestimmung von y_i (Preisen am Ort i) und z_k (Preisen an den Orten k), so daß $z_i - y_k \leqq a_{ik}$ (Konkurrenzbedingung: durch Kauf an einem anderen Ort und Eigentransport kann man nicht billiger zu der Ware kommen) und der Gesamtverdienst

$$\sum a_i y_i - \sum b_k z_k$$

maximiert wird. Ein mathematischer Spezialfall dieser Aufgabe entsteht bei dem Zuordnungsproblem, etwa Arbeiter i so auf die Arbeitsplätze k zu verteilen, daß die Summe ihrer Nutzungsgrade (jeweils a_{ik}) für den Gesamtbetrieb maximiert wird:

$$\sum_k x_{ik} \leqq 1, \qquad \sum_i x_{ik} \leqq 1, \qquad \sum_{i,k} a_{ik} x_{ik} = \text{Max.}$$

Wie eine genauere Überlegung zeigt, sind die Lösungen ganzzahlig. (Kein Arbeiter muß aufgeteilt werden.) Die duale Aufgabe ist

$$u_i \geqq 0, \qquad v_k \geqq 0,$$
$$u_i + v_k \geqq a_{ik},$$
$$\sum u_i + \sum v_k = \text{Min}$$

und läßt sich wieder als Preisbildungsaufgabe deuten.

3. Der Hauptsatz der Theorie der Spiele

Nach der von J. v. NEUMANN[1] stammenden Idee kann man einen großen Teil der Spiele zwischen zwei Personen so charakterisieren: Der eine Spieler wählt eine Zahl i, der andere eine Zahl k (beide unbeeinflußt und in Unkenntnis voneinander); die Spielregel schreibt dann in Form einer Matrix a_{ik} vor, welchen Gewinn der erste Spieler von dem zweiten erhält. Läßt man auch „gemischte Strategien" zu, d. h. erlaubt man den Spielern, ihre Zahlen mit gewissen Wahrscheinlichkeiten x_i bzw. y_k zu wählen, so ergibt sich als Erwartungswert des Spielgewinns des ersten Spielers

$$a(x, y) \equiv \sum_{ik} a_{ik} x_i y_k. \tag{3.1}$$

[1] Zur Theorie der Gesellschaftsspiele. Math. Ann. 100 (1928) 295—320.

Der erste Spieler hat nun offenbar das Verlangen, durch geeignete Wahl von $x_i \geqq 0$, $\sum x_i = 1$ den dann immer noch möglichen geringsten Gewinn

$$\operatorname*{Min}_y a(x, y)$$

zu maximieren. Diesen Wert, den er also durch geeignete Strategie erreichen kann, nennt man den unteren Spielwert. Die für alle stetigen Funktionen $f(x, y)$ leicht zu beweisende Ungleichung

$$\operatorname*{Max}_x \operatorname*{Min}_y f(x, y) \leqq \operatorname*{Min}_y \operatorname*{Max}_x f(x, y) \tag{3.2}$$

geht nun aber für die speziellen Funktionen, die den Spielwert darstellen, in eine Gleichung über (Hauptsatz der Theorie der Spiele).

Auf Grund des allgemeinen Dualitätssatzes ist das leicht einzusehen: Der untere Spielwert $\alpha = \operatorname*{Max}_x \operatorname*{Min}_y \sum_{i,k} a_{ik} x_i y_k$ läßt sich als Maximalwert der Zielfunktion dieser linearen Optimierungsaufgabe darstellen:

$$\left.\begin{aligned} x_i &\geqq 0, \\ u &\leqq \sum_i a_{ik} x_i \quad \text{für alle } k, \\ \sum x_i &= 1, \\ u &= \text{Max} \quad (= \alpha). \end{aligned}\right\} \tag{3.3}$$

Als duale Aufgabe ergibt sich für die Multiplikatoren y_i, β

$$\left.\begin{aligned} y_k &\geqq 0, \quad \beta \text{ beliebig} \\ \sum_k a_{ik} y_k &\leqq \beta \quad \text{für alle } i, \\ \sum y_k &= 1, \\ \beta &= \text{Min}. \end{aligned}\right\} \tag{3.4}$$

Dieser Wert ist offenbar gleich $\operatorname*{Min}_y \operatorname*{Max}_x a(x, y)$, und die Gleichheit ist bewiesen.

4. Abschätzung von Erwartungswerten und Wahrscheinlichkeiten

In § 11.6 wurden aus Kenntnissen über Erwartungswert und Momente einer Verteilung auf gewisse Wahrscheinlichkeiten geschlossen. Dies läßt sich in folgender Weise allgemein formulieren: Aus $\boldsymbol{E}(f_\mu(X)) \geqq a_\mu$ ($\mu = 1, \ldots, m$) mit bekannten Funktionen f_μ und Konstanten a_μ wird auf eine untere Schranke für $\boldsymbol{E}(g(X))$ (g = bekannte Funktion) geschlossen. Die Abschätzung einer Wahrscheinlichkeit $\boldsymbol{P}(X \in A)$ (A = gegebenes Intervall) läßt sich dem durch $g(\xi) = I_A(\xi)$ unterordnen. Der Wunsch nach besten derartigen Schranken führt zu Aufgaben vom Typ der linearen Optimierungstheorie; um im Rahmen der Aufgaben mit endlich vielen Unbekannten zu bleiben, beschränken wir uns auf diskrete Verteilungen $\boldsymbol{P}(X = \xi_\nu) = p_\nu$. Dann haben wir also folgende Aufgabe vor uns: Durch geeignete Wahl von $p_\nu \geqq 0$ mit $\sum_{\nu=1}^{n} p_\nu = 1$ und $\sum_\nu f_\mu(\xi_\nu) p_\nu \geqq a_\mu$ $(\mu = 1, \ldots, m)$ soll $\sum_{\nu=1}^{n} g(\xi_\nu)\, p_\nu$ minimiert werden.

Die zugehörige duale Aufgabe ist nach der allgemeinen Theorie

$$y_\mu \geqq 0 \quad (\mu = 1, \ldots, m), \qquad y_0 \text{ beliebig},$$

$$y_0 + \sum_\mu f_\mu(\xi_\nu)\, y_\mu \leqq g(\xi_\nu) \quad (\nu = 1, \ldots, n),$$

$$y_0 + \sum_\mu a_\mu\, y_\mu = \text{Max!},$$

und dieser Maximalwert ist gleich dem ursprünglich gesuchten Minimalwert; das früher angewendete Verfahren, durch geeignete Linearkombinationen $\sum y_\mu f_\mu(\xi) \leqq g(\xi)$ und Erwartungswertbildung zu Schranken zu kommen, ist also — mindestens für diskrete Verteilungen — optimal! Daß die so gefundenen Schranken auch im allgemeinen Fall gute Schranken liefern, ist plausibel.

Als Beispiel wählen wir für Verteilungen von nichtnegativen Größen die Abschätzung von $\boldsymbol{P}(X > 0)$ nach unten durch $\boldsymbol{E}(X) = m_1$ und $\boldsymbol{E}(X^2) = m_2$. Dazu werden y_0, y_1, y_2 so gewählt, daß $y_0 + y_1\,\xi + y_2\,\xi^2 \leqq 1$ für $0 \leqq \xi < \infty$ und $y_0 + m_1 y_1 + m_2 y_2$ maximiert wird. Eine elementare Rechnung führt zu

$$y_0 = 0, \qquad y_1 = 2\,\frac{m_1}{m_2}, \qquad y_2 = -\,\frac{m_1^2}{m_2^2}$$

und ergibt die Abschätzung

$$\boldsymbol{P}(X > 0) \geqq \frac{m_1^2}{m_2}.$$

Für $X = \sum I_{A_\nu}$ mit beliebigen Ereignissen A_ν ergibt das die nützliche Aussage

$$\boldsymbol{P}(\bigcup A_\nu) \geqq \frac{[\sum \boldsymbol{P}(A_\nu)]^2}{\sum_{\nu,\mu} \boldsymbol{P}(A_\nu A_\mu)},$$

aus der man leicht die Rényische Verallgemeinerung des Borel-Cantellischen Lemmas für paarweise unabhängige Ereignisse folgen kann: Dann folgt aus $\sum_\nu P(A_\nu) = \infty$ wegen der letzten Ungleichung nämlich

$$\boldsymbol{P}\Big(\bigcup_{\nu=\mu}^{\infty} A_\nu\Big) = 1$$

und damit auch

$$\boldsymbol{P}(\text{unendlich oft } A_\nu) = 1\,.$$

5. Aufstellung optimaler Teste

Besonders wichtig sind die Verfahren der Minimierung in der mathematischen Statistik bei der Aufstellung von Test- und Schätzverfahren, die nach irgendwelchen Prinzipien optimal sein sollen.

Am übersichtlichsten sind die Verhältnisse bei dem einfachsten statistischen Problem, dem Alternativproblem (§ 14; dort mit Dichten, jetzt hier mit diskreten Wahrscheinlichkeiten). Es gibt verschiedene Optimalitätskriterien, z. B. in der Menge aller randomisierten Teste (wenn ξ_i beobachtet, mit Wahrscheinlichkeit φ_i für Antwort „p", mit Wahrscheinlichkeit $1 - \varphi_i$ für Antwort „q" bei den in Betracht kommenden Wahrscheinlichkeitsbelegungen p_i bzw. q_i) zu gegebener Höchstwahrscheinlichkeit für Fehler erster Art

$$\alpha_1 \geqq 1 - \sum \varphi_i p_i \tag{5.1}$$

die Wahrscheinlichkeit für Fehler zweiter Art

$$\alpha_2 = \sum \varphi_i q_i \tag{5.2}$$

zu minimieren. Vollständig aufgeschrieben lautet diese Aufgabe

$$\left.\begin{aligned} \varphi_i &\geqq 0, \\ -\varphi_i &\geqq -1, \\ \sum \varphi_i p_i &\geqq 1 - \alpha_1, \\ \sum \varphi_i q_i &= \text{Min.} \end{aligned}\right\} \tag{5.3}$$

Die duale Aufgabe für die Multiplikatoren ergibt sich in der Form

$$\left.\begin{aligned} \lambda_i &\geqq 0, \quad \delta \geqq 0, \\ -\lambda_i + \delta p_i &\leqq q_i, \\ -\sum \lambda_i + (1 - \alpha_1)\,\delta &= \text{Max.} \end{aligned}\right\} \tag{5.4}$$

Aus der Bemerkung über die verschwindenden Multiplikatoren bei unbenutzten Ungleichungen folgt, daß aus $\varphi_i \neq 0$ folgt $-\lambda_i + \delta p_i = q_i$, und aus $\varphi_i \neq 1$ folgt $\lambda_i = 0$. Wegen $\lambda_i \geqq 0$ bedeutet das: Wenn $\delta p_i - q_i < 0$, dann $\varphi_i = 0$, und wenn $\delta p_i - q_i > 0$, dann $\varphi_i = 1$. Wir haben also den Likelihood-Quotiententest mit kritischem Quotienten δ erhalten!

Dieselbe Methode ergibt auch den gewichteten Maximum-Likelihood-Test für das Alternativproblem mit mehr als zwei Hypothesen (§ 14.5).

6. Ungünstigste Verteilungen

In Betracht kommen folgende, einzeln bekannte, Wahrscheinlichkeitsbelegungen $p_i^{(\nu)}$ $(\nu = 1 \ldots n)$, $q_i^{(\mu)}$ $(\mu = 1 \ldots m)$. Die Frage lautet: Gilt eine der p- oder eine der q-Verteilungen? (Der Antwortraum umfaßt also mit nur zwei möglichen Antworten weniger Elemente als es mögliche Wahrscheinlichkeitsbelegungen gibt; man spricht von „zusammengesetzten Hypothesen“.) Unter Einschränkung der Fehlerwahrscheinlichkeiten für Fehler erster Art

$$\boldsymbol{P}_{p_\mu}(„q“) = \sum_i p_i^{(\mu)}(1 - \varphi_i) \leqq \alpha_1 \quad (\mu = 1 \ldots m) \tag{6.1}$$

soll nun das Maximum der Fehlerwahrscheinlichkeiten für Fehler zweiter Art

$$\operatorname*{Max}_\nu \boldsymbol{P}_{q_\nu}(„p“) = \operatorname*{Max}_\nu \sum_i q_i^{(\nu)} \varphi_i \tag{6.2}$$

minimiert werden[1]!

Bei Beschreibung des randomisierten Tests, wie in Ziffer 5 durch φ_i, entsteht dann folgende Aufgabe

$$\left.\begin{aligned} \varphi_i &\geqq 0, \quad \beta \text{ beliebig,} \\ -\varphi_i &\geqq -1, \\ \sum_i p_i^{(\mu)} \varphi_i &\geqq 1 - \alpha_1 \quad (\mu = 1 \ldots m), \\ -\sum q_i^{(\nu)} \varphi_i + \beta &\geqq 0 \quad (\nu = 1 \ldots n), \\ \beta &= \text{Min.} \end{aligned}\right\} \tag{6.3}$$

Als duale Aufgabe für die Multiplikatoren ergibt sich

$$\left.\begin{aligned} \lambda_i \geqq 0, \quad \delta_\mu \geqq 0, \quad \gamma_\nu \geqq 0, \\ -\lambda_i + \sum_\mu \delta_\mu p_i^{(\mu)} - \sum \gamma_\nu q_i^{(\nu)} \leqq 0, \\ \sum_\nu \gamma_\nu = 1, \\ -\sum \lambda_i + \Big(\sum_\mu \delta_\mu\Big)(1 - \alpha_1) = \text{Max.} \end{aligned}\right\} \tag{6.4}$$

Die Bemerkung über die verschwindenden Multiplikatoren bei nichtbenutzten Nebenbedingungen ergibt:

Wenn $\varphi_i \neq 0$, dann $-\lambda_i + \sum_\mu \delta_\mu p_i^{(\mu)} - \sum_\nu \gamma_\nu q_i^{(\nu)} = 0$,

d. h. $A_i \equiv \sum \delta_\mu p_i^{(\mu)} - \sum \gamma_\nu q_i^{(\nu)} \geqq 0$

Wenn $\varphi_i \neq 1$, dann $\lambda_i = 0$, d. h. $A_i \leqq 0$, d. h.,
wenn $A_i > 0$, dann $\varphi_i = 1$, und wenn $A_i < 0$, dann $\varphi_i = 0$.

Man erkennt sofort, daß $\sum_\mu \delta_\mu \neq 0$, denn sonst folgte $\varphi_i \equiv 0$, und der Test ergäbe nur die Antwort „q“ mit der Fehlerwahrscheinlichkeit 1 für Fehler erster Art. Deshalb kann man $\delta_\mu = \delta \varepsilon_\mu$ setzen mit

[1] Diese Theorie stammt von O. Krafft und H. Witting [Z. Wahrsch.-Theorie verw. Geb. 7 (1967) 289—302].

$\sum \varepsilon_\mu = 1$ und kann $\sum_\nu \gamma_\nu q_i^{(\nu)}$ bzw. $\sum_\mu \varepsilon_\mu p_i^{(\mu)}$ als gemischte Verteilungen ansehen und, wenn man vorübergehend diese Gewichte γ_ν und ε_μ als fest ansieht, wird die duale Aufgabe (6.4) zu (5.4), so daß der Maximalwert, der ja zugleich der Minimalwert von (6.3) ist und also die optimale Fehlerwahrscheinlichkeit zweiter Art darstellt, sich mitsamt den gewichteten Wahrscheinlichkeiten so deuten läßt:

In der Menge aller gemischten, gewichteten $\tilde{p}_i = \sum_\mu \varepsilon_\mu p_i^{(\mu)}$ ($\varepsilon_\mu \geqq 0$, $\sum \varepsilon_\mu = 1$) bzw. analogen $\tilde{q}_i$-Verteilungen wird die ursprüngliche Aufgabe (6.1) und (6.2) durch denjenigen Likelihood-Quotiententest für $\tilde{p}, \tilde{q}$ gelöst, der bei gegebener Fehlerwahrscheinlichkeit erster Art die Fehlerwahrscheinlichkeit für Fehler zweiter Art maximiert; deshalb spricht man von „ungünstigsten Verteilungen".

Ähnliche Aussagen gelten für weitere Fragestellungen, bei denen zusammengesetzte Hypothesen auftreten, z. B. bei einem Alternativproblem mit mehr als zwei, je zusammengesetzten, Hypothesen.

7. Nichtlineare Extremwertaufgaben

Die allgemeine Regel über die Multiplikatoren gilt auch für nichtlineare Funktionen, wenn es möglich ist, zu jedem Richtungselement $\dot{x}_i$ in dem betrachteten Punkt, welches den Bedingungen $\sum_i \frac{\partial g}{\partial x_i} \dot{x}_i \geqq 0$ (für diejenigen i mit $g_i = 0$) genügt, ein einseitiges Kurvenstück anzugeben, welches den Nebenbedingungen genügt; die Anwendung des Lemmas von FARKAS auf die Richtungselemente ergibt wieder die Multiplikatoren.

Eine interessante Anwendungsmöglichkeit ergibt sich für die Fragestellung von § 15.1 bzw. für das Minimum-Maximum-Problem der Spieltheorie, wenn die Funktion von der Form

$$f(x, y) = \sum_{i=1}^{m} x_i g_i(y_1 \ldots y_n) \qquad (x_i \geqq 0, \sum x_i = 1, y_i \geqq 0, \sum y_i = 1) \tag{7.1}$$

mit konvexen g_i ist.

Der Wert

$$a = \operatorname*{Min}_y \operatorname*{Max}_x \sum_i x_i g_i(y_1 \ldots y_n) \tag{7.2}$$

läßt sich durch dieses Extremalproblem mit Nebenbedingungen charakterisieren:

$$\left.\begin{aligned} y_i &\geqq 0, \\ -g_i(y) + \xi &\geqq 0, \\ \sum y_i &= 1, \\ \xi &= \operatorname{Min}(= a). \end{aligned}\right\} \tag{7.3}$$

Die Multiplikatoren genügen dann folgendem Gleichungssystem:

$$\left.\begin{aligned} &\lambda_i \geqq 0, \quad \mu \geqq 0, \\ &\mu - \sum_i \lambda_i \frac{\partial g_i}{\partial y_k} \leqq 0 \quad (k = 1 \ldots n), \\ &\sum_i \lambda_i = 1, \end{aligned}\right\} \tag{7.4}$$

und die Zusatzbemerkung über die verschwindenden Multiplikatoren bei unwirksamen Nebenbedingungen ergibt, daß aus $g_i < \xi$ folgt $\lambda_i = 0$. Wegen $\sum \lambda_i = 1$ sind nicht alle $\lambda_i = 0$, und deshalb gibt es mindestens ein $g_i = \xi$. Weil mit g_i auch $\sum \lambda_i g_i$ konvex ist, und weil diese Funktion an der betreffenden Stelle alle Ableitungen $\geqq \mu \geqq 0$ besitzt, sind alle Funktionswerte von $\sum_i \lambda_i g_i(y) \geqq \xi$.

Damit ist

$$\operatorname{Min}_y \sum x_i g_i(y) \geqq \xi \quad \text{für } x_i = \lambda_i$$

und

$$\operatorname{Max}_x \operatorname{Min}_y \sum x_i g_i(y) \geqq \xi = a,$$

womit wegen der allgemein gültigen Beziehung (3.2) die Gleichheit

$$\operatorname{Min}_y \operatorname{Max}_x \sum x_i g_i(y) = \operatorname{Max}_x \operatorname{Min}_y \sum x_i g_i(y)$$

bewiesen ist.

Dieser Sachverhalt genügt, um den in § 15.1 für das gewöhnliche Alternativproblem geometrisch gefundenen Satz allgemeiner als richtig zu erkennen (die x_i entsprechen dabei den a-priori-Wahrscheinlichkeiten): Ist das Risiko g_i bei dem durch y beschriebenen Test konvex in diesen, so gilt, daß der Minimum-Maximum-Test derselbe ist und dasselbe Risiko ergibt wie der Bayessche Test mit der ungünstigsten a-priori-Verteilung.

Aufgaben

1. Für das Alternativproblem mit mehr als 2 Alternativen gewinne man aus dem zugehörigen linearen Optimierungsproblem und dessen dualen Problem die gewichtete Maximum-Likelihood-Methode von § 14.5.

2. Für das Bayes-Problem bei k ($\geqq 2$) Alternativen entsteht die Aufgabe $\sum_{i=1}^{n} c_i \varphi_i$ unter den Bedingungen $0 \leqq \varphi_i \leqq 1$ zu minimieren (da jeder Summand für sich allein minimiert werden kann, ist die Lösung offenbar!). Wie ergibt sich die Lösung durch das duale Problem?

3. Zwischen den möglichen Wahrscheinlichkeiten $p_i^{(\nu)}$ ($\nu = 0, \ldots, k$) ist zu entscheiden, wenn die Irrtumswahrscheinlichkeit bei $\nu = 0$,

nämlich $\sum_i p_i^{(0)}(1-\varphi_i^{(0)}) \leqq \alpha$ beschränkt ist, und man außerdem weiß, daß im Falle, daß $p_i^{(0)}$ nicht die richtige Verteilung ist, die anderen je mit gleicher Wahrscheinlichkeit zutreffen. Wird der Test durch $\varphi_i^{(\nu)} \geqq 0$ mit $\sum_\nu \varphi_i^{(\nu)} = 1$ beschrieben (bei Beobachtung von ξ_i entscheidet man mit Wahrscheinlichkeit $\varphi_i^{(\nu)}$ für die ν-te Verteilung), so soll also $\sum_{\nu i} \varphi_i^{(\nu)} p_i^{(\nu)}$ maximiert werden[1]. Lösung ist möglich durch das duale Problem oder durch Zurückführung auf Aufgabe 2 und das gewöhnliche Alternativproblem.

4. Man verallgemeinere Aufgabe 3 auf den Fall, daß statt $p_i^{(0)}$ auch mehrere Möglichkeiten $q_i^{(\mu)}$ $(\mu = 1 \ldots m)$ bestehen und $\sum_{\mu i} \psi_i^{(\mu)} q_i^{(\mu)} \leqq \alpha$ vorgeschrieben ist.

5. Für Zufallsgrößen mit $\boldsymbol{E}(X) = m$, $\operatorname{Var}(X) = \sigma^2 < m$ und die Funktion $g(\xi) = \operatorname{Min}\left(1, \frac{1}{1+\xi}\right)$ beweise man

$$\boldsymbol{E}(g(X+a)) \leqq g(a).$$

Zwischenergebnis: Die Hilfsfunktion ist die in $\xi = m + a$ berührende und durch $(0, 1)$ gehende Parabel

$$\frac{1}{m+a+1} - \frac{\xi-(m+a)}{(1+m+a)^2} + \frac{(\xi-(m+a))^2}{(1+a+m)^2}.$$

Bemerkung: Mittels dieses Lemmas beweisen Dubins und Savage in Proc. Acad. Sci. USA 53 (1965) 274 die Ungleichung [X_i unabhängig mit $\boldsymbol{E}(X_i) = 0$]

$$\boldsymbol{P}\left(\text{für alle } n \text{ gilt } \sum_{i=1}^{n} X_i < a \sum_{i=1}^{u} (\operatorname{Var} X_i) + b\right) \geqq \frac{a\,b}{1+a\,b}.$$

6. Durch Approximation (Benutzung vieler Stellen x) beweise man durch Zurückführen auf Ziffer 7 den Hauptsatz der Theorie der Spiele

$$\operatorname*{Min}_y \operatorname*{Max}_x f(x, y) = \operatorname*{Max}_x \operatorname*{Min}_y f(x, y)$$

für Funktionen, die konvex in y und konkav in x sind (x bzw. y durchlaufen wieder die n- bzw. m-dimensionalen Wahrscheinlichkeiten wie in Ziffer 3).

---

[1] Fragestellung und Ergebnis von J. Pfanzagl: Ein kombiniertes Test- und Klassifikationsproblem. Metrika 2 (1959) 11—45.

Literaturverzeichnis

(Auswahl weiterführender Bücher)

Naturgemäß ist diese knappe Auswahl subjektiv bedingt; sie enthält sachlich geordnet Bücher, die zum weiteren Studium oder zur Klärung einzelner weitergehender Fragen dienen können.

A. Grundlagen und Geschichte

1. CARNAP, R.: Logical Foundation of Probability. Chicago: University of Chicago Press 1950.

1a. CARNAP, R.: Induktive Logik und Wahrscheinlichkeit. Wien: Springer 1959.

2. REICHENBACH, H.: Theory of Probability. Berkeley and Los Angeles: University of California Press 1949.

3. SAVAGE, L. J.: Foundations of Statistics. New York: Wiley 1954.

4. TODHUNTER, I.: A history of the mathematical theory of probability from the time of PASCAL to that of LAPLACE 1865. New York: Chelsea 1949.

5. Grundzüge der Mathematik, Bd. IV: Praktische Methoden und Anwendungen der Mathematik (Geometrie und Statistik). Hrsg. H. BEHNKE, G. BERTRAM, R. SAUER, Göttingen: Vandenhoeck & Ruprecht 1966. Insbes. H. FREUDENTHAL und H. G. STEINER: Aus der Geschichte der Wahrscheinlichkeitstheorie und math. Statistik. H. MÜNZER und K. STANGE: Statistische Methoden.

B. Kombinatorik

1. RIORDAN, J.: An Introduction to Combinatorial Analysis. New York: Wiley 1958.

2. MACMAHON, P. A.: Combinatory Analysis. Bd. I u. II. New York: Chelsea 1960.

3. NETTO, E.: Lehrbuch der Combinatorik, 2. Aufl. Berlin: Teubner 1927. (Chelsea Nachdruck New York).

4. RYSER, H. J.: Combinatorial Mathematics. Carus Math. Monographs No. 14, New York: Wiley 1963.

5. DAVID, F. N., und D. E. BARTON: Combinatorial Chance. London: Griffin 1962.

   Auch wesentliche Teile von FELLER (C. 1.).

C. Wahrscheinlichkeitstheorie

1. FELLER, W.: Introduction to Probability Theory and its Applications. New York: Wiley 1950, 2. Aufl. 1958.

   Eine elementare, aber weitführende Darstellung.

2. GNEDENKO, B. W.: Lehrbuch der Wahrscheinlichkeitsrechnung. Aus der Reihe: Mathematische Lehrbücher und Monographien. Übersetzung aus dem Russischen. Berlin: Akademie-Verlag 1958.

3. KAPPOS, D. A.: Strukturtheorie der Wahrscheinlichkeitsfelder und -räume. Heft 24 der Reihe: Ergebnisse der Mathematik und ihrer Grenzgebiete. Berlin/Göttingen/Heidelberg: Springer 1960.

4. LOÈVE, M.: Probability Theory (allgemeine Darstellung einschließlich Fourier-Transformation und stochastische Prozesse). Princeton: Van Nostrand 1955, 3. Aufl. 1963.
5. RICHTER, H.: Wahrscheinlichkeitstheorie. Band 86 der Reihe: Grundlehren der mathematischen Wissenschaften. Berlin/Göttingen/Heidelberg: Springer 1956. 2. Aufl. 1966.
Hier wird auch auf die Frage der Grundlegung eingegangen.
6. KRICKEBERG, K.: Wahrscheinlichkeitstheorie. Stuttgart 1963.
7. RÉNYI, A.: Wahrscheinlichkeitsrechnung. Berlin 1962.
Außerdem wesentliche Teile aus CRAMÉR (D. 2.) und DOOB (F. 6.).

D. Allgemeine Bücher über mathematische Statistik

(die meisten enthalten eine Einführung in die Wahrscheinlichkeitsrechnung)

1. ANDERSON, R. L., u. T. A. BANCROFT: Statistical Theory in Research. New York: McGraw-Hill 1952.
2. CRAMÉR, H.: Mathematical Methods of Statistics. Princeton: University Press 1958.
3. FISZ, M.: Wahrscheinlichkeitsrechnung und mathematische Statistik. Berlin: Akademie-Verlag 1958. (Übersetzung aus dem Polnischen. Die dritte Auflage des Originals erschien ın englischer Sprache. New York: Wiley 1963).
4. KENDALL, M. G.: The Advanced Theory of Statistics (jetzt als 3bändiges Werk zusammen mit A. STUART bearbeitet). Bd. I: Distribution Theory 1958, Bd. II: Inference and Relationship 1961, Bd. III: Planning and Analysis and Time Series 1964. London: Griffin
5. SCHMETTERER, L.: Einführung in die mathematische Statistik. Wien: Springer 1956, 2. Aufl. 1966.
6. v. D. WAERDEN, B. L.: Mathematische Statistik. Berlin/Göttingen/Heidelberg: Springer 1957, 2. Aufl. 1965.
7. WILKS, S. S.: Mathematical Statistics. New York: Wiley 1962.
8. WITTING, H.: Mathematische Statistik. Stuttgart: Teubner 1966.
9. PFANZAGL, I.: Allgemeine Methodenlehre der Statistik I., II., 2. Aufl., Sammlung Göschen 746, 746a, 747, 747a. Berlin: de Gruyter 1966.

E. Spezielle Teile der mathematischen Statistik

1. ANDERSON, T. W.: Introduction to Multivariate Statistical Analysis. New York: Wiley 1958.
2. BLACKWELL, D., und M. A. GIRSHICK: Theory of Games and Statistical Decisions. New York: Wiley 1954.
3. COCHRAN, W. G.: Sampling Techniques (Stichprobentheorie). New York: Wiley 1953.
4. COCHRAN, W. G., und GERTRUDE M. COX: Experimental Designs. New York: Wiley 1950, 2. Aufl. 1957.
5. DEMING, W. E.: Some Theory of Sampling, 1957. Sample Design in Business Research, 1960. New York: Wiley.
6. FEDERER, W. T.: Experimental Design. New York: Macmillan 1955, 1963.
7. FINNEY, D. J.: Statistical Method in Biological Assay. London: Griffin 1952.
8. FRASER, D. A. S.: Nonparametric Statistics. New York: Wiley 1957.
9. GUMBEL, E. J.: Statistics of Extremes. New York: Columbia Univ. Press 1958, 2. Aufl. 1960.

10. Hansen, M. H., W. N. Hurwitz und W. G. Madow: Sample Survey Methods and Theory. I. Methods and Applications, II. Theory. New York: Wiley 1953, 2. Aufl. 1956.
11. Kullback, S.: Information Theory and Statistics. New York: Wiley 1959.
12. Lehmann, E. L.: Testing Statistical Hypotheses. New York: Wiley 1959.
12a Raiffa, H., und R. Schlaifer: Applied Statistical decision theory. Boston: Harvard Univ. 1961.
13. Scheffé, H.: The Analysis of Variance. New York: Wiley 1959.
14. Siegel, S.: Nonparametric Statistics for the Behavioral Sciences. New York: McGraw-Hill 1956.
15. Stichproben in der amtlichen Statistik. Herausgegeben vom Statistischen Bundesamt, Wiesbaden. Stuttgart und Mainz: Kohlhammer 1960.
16. Linder, A.: Planung und Auswertung von Versuchen. Basel: Birkhäuser 1953.
17. Mann, H. B.: Analysis and Design of Experiments (Analysis of Variance and Analysis of Variance Designs). New York: Dover 1949.
18. Kellerer, H.: Theorie und Technik des Stichpıobenverfahrens. München: Dtsch. statist. Ges. 1953.
19. Walter, E.: Verteilungsunabhängige Methoden. Berlin/Heidelberg/New York: Springer (in Vorbereitung).
20. Lawley, D. N., und A. E. Maxwell: Factor Analysis as a statistical Method. London: Butterworth 1963.

F. Stochastische Prozesse

1. Bartlett, M. S.: Introduction to Stochastic Processes with special Reference to Methods and Applications. Cambridge: University Press 1956.
2. Bharucha-Reid, A. T.: Elements of the Theory of Markov-Processes and their Applications. New York: McGraw-Hill 1960.
3. Billingsley, P.: Statistical Inference for Markov-Processes. Chicago: University Press 1961.
4. Blanc-Lapierre, A., und R. Fortet: Théorie des fonctions aleatoires. Paris: Mason 1953.
5. Chung, Kai Lai: Markov Chains with Stationary Transition Probabilities. Bd. 104 der Reihe: Grundlehren der mathematischen Wissenschaften. Berlin/Göttingen/Heidelberg: Springer 1960.
6. Doob, J. L.: Stochastic Processes. New York: Wiley 1953, 2. Aufl. 1959.
7. Rosenblatt, M.: Random Processes. Oxford Univ. Press 1962.
8. Grenander, U., und M. Rosenblatt: Statistical Analysis of Stationary Time Series. Stockholm: Almquist & Wiksell 1956.
9. Jacobs, K.: Neuere Methoden und Ergebnisse der Ergodentheorie. Heft 29 der Reihe: Ergebnisse der Mathematik und ihrer Grenzgebiete. Berlin/Göttingen/Heidelberg: Springer 1960.
10. Jaglom, A. M.: Einführung in die Theorie der stationären Zufallsfunktionen. Heft 6 der Schriftenreihe des Forschungsinstituts für Mathematik. Berlin: Akademie-Verlag 1959.
11. Kemeny, J. G., und L. Snell: Finite Continuous Time Markov Chains. Princeton: Van. Nostrand 1959.

G. Verwandte Gebiete

1. Bellman, R.: Dynamic Programming. Princeton: University Press 1957, 2. Aufl. 1959.
2. Burger, E.: Einführung in die Theorie der Spiele. Berlin: de Gruyter 1959.
3. Feinstein, A.: Foundations of Information Theory. New York: McGraw-Hill 1958.

4. KRELLE, W., und H. P. KÜNZI: Lineare Programmierung. Zürich: Verlag Industrielle Organisation 1958.
5. LUCE, R. D., und H. RAIFFA: Games and Decisions (Introduction and Critical Survey). New York: Wiley 1957.
6. MEYER-EPPLER, W.: Grundlagen und Anwendungen der Informationstheorie. Berlin/Göttingen/Heidelberg: Springer 1959.
7. WAGEMANN, E.: Narrenspiegel der Statistik. Berlin 1930.
8. FANO, R. M.: Transmission of Information. New York: MIT-Wiley 1961.
9. VOGEL, W.: Lineares Optimieren. Leipzig: Akad. Verl. 1967.

H. Versicherungsmathematik

1. SAXER, W.: Versicherungsmathematik, Bd. I = Bd. 79, Bd. II = Bd. 98 der Reihe Grundlehren der mathematischen Wissenschaften. Berlin/Göttingen/Heidelberg: Springer 1955/1958.
2. ZWINGGI, E.: Versicherungsmathematik. Basel und Stuttgart: Birkhäuser 1958.

I. Tabellen

1. HAIGHT, F. A.: Index to the distribution of mathematical Statistics. Auckland University, New Zealand: Auckland 1955. (MR. 17,52).
2. GREENWOOD, J. A., und H. O. HARTLEY: Guide to tables in mathematical statistics. Princeton: University Press 1962.
3. GRAF, U., H.-J. HENNING und K. STANGE: Formeln und Tabellen der mathematischen Statistik, 2. Aufl. Berlin/Heidelberg/New York: Springer 1966.
4. KOLLER, S.: Graphische Tafeln zur Bestimmung statistischer Daten. Darmstadt: Steinkopff 1953.
5. FISHER, R. A., und F. YATES: Statistics Tables, 6. Aufl. Edinburgh: Oliver & Boyd 1963.
6. WETZEL, W., M.-D. JÖHNK und P. NAEVE: Statistische Tabellen. Berlin: de Gruyter 1967.

Namen- und Sachverzeichnis

Die Grundlehren der mathematischen Wissenschaften in Einzeldarstellungen mit besonderer Berücksichtigung der Anwendungsgebiete

Lieferbare Bände:

2. Knopp: Theorie und Anwendung der unendlichen Reihen. DM 48,—; US $ 12.00
3. Hurwitz: Vorlesungen über allgemeine Funktionentheorie und elliptische Funktionen. DM 49,—; US $ 12.25
4. Madelung: Die mathematischen Hilfsmittel des Physikers. DM 49,70; US $ 12.45
10. Schouten: Ricci-Calculus. DM 58,60; US $ 14.65
14. Klein: Elementarmathematik vom höheren Standpunkt aus. 1. Band: Arithmetik. Algebra. Analysis. DM 24,—; US $ 6.00
15. Klein: Elementarmathematik vom höheren Standpunkt aus. 2. Band: Geometrie. DM 24,—; US $ 6.00
16. Klein: Elementarmathematik vom höheren Standpunkt aus. 3. Band: Präzisions- und Approximationsmathematik. DM 19,80; US $ 4.95
19. Pólya/Szegö: Aufgaben und Lehrsätze der Analysis I: Reihen, Integralrechnung, Funktionentheorie. DM 34,—; US $ 8.50
20. Pólya/Szegö: Aufgaben und Lehrsätze aus der Analysis II: Funktionentheorie, Nullstellen, Polynome, Determinanten, Zahlentheorie. DM 38,—; US $ 9.50
22. Klein: Vorlesungen über höhere Geometrie. DM 28,—; US $ 7.00
26. Klein: Vorlesungen über nicht-euklidische Geometrie. DM 24,—; US $ 6.00
27. Hilbert/Ackermann: Grundzüge der theoretischen Logik. DM 38,—; US $ 9.50
30. Lichtenstein: Grundlagen der Hydromechanik. DM 38,—; US $ 9,50
31. Kellogg: Foundations of Potential Theory. DM 32,—; US $ 8.00
32. Reidemeister: Vorlesungen über Grundlagen der Geometrie. DM 18,—; US $ 4.50
38. Neumann: Mathematische Grundlagen der Quantenmechanik. DM 28,—; US $ 7.00
40. Hilbert/Bernays: Grundlagen der Mathematik I. DM 68,—; US $ 17.00
50. Hilbert/Bernays: Grundlagen der Mathematik II. 2. Aufl. In Vorbereitung
52. Magnus/Oberhettinger/Soni: Formulas and Theorems for the Special Functions of Mathematical Physics. DM 66,—; US $ 16.50
57. Hamel: Theoretische Mechanik. DM 84,—; US $ 21.00
58. Blaschke/Reichardt: Einführung in die Differentialgeometrie. DM 24,—; US $ 6.00
59. Hasse: Vorlesungen über Zahlentheorie. DM 69,—; US $ 17.25
60. Collatz: The Numerical Treatment of Differential Equations. DM 78,—; US $ 19.50
61. Maak: Fastperiodische Funktionen. DM 38,—; US $ 9.50
62. Sauer: Anfangswertprobleme bei partiellen Differentialgleichungen. DM 41,—; US $ 10.25
64. Nevanlinna: Uniformisierung. DM 49,50; US $ 12.40
65. Tóth: Lagerungen in der Ebene, auf der Kugel und im Raum. DM 27,—; US $ 6.75
66. Bieberbach: Theorie der gewöhnlichen Differentialgleichungen. DM 58,50; US $ 14.60
68. Aumann: Reelle Funktionen. DM 59.60; US $ 14.90
69. Schmidt: Mathematische Gesetze der Logik I. DM 79,—; US $ 19.75
71. Meixner/Schäfke: Mathieusche Funktionen und Sphäroidfunktionen mit Anwendungen auf physikalische und technische Probleme. DM 52,60; US $ 13.15

73. Hermes: Einführung in die Verbandstheorie. DM 46,—; US $ 11.50
74. Boerner: Darstellungen von Gruppen. DM 58,—; US $ 14.50
75. Rado/Reichelderfer: Continuous Transformations in Analysis, with an Introduction to Algebraic Topology. DM 59,60; US $ 14.90
76. Tricomi: Vorlesungen über Orthogonalreihen. DM 37,60; US $ 9.40
77. Behnke/Sommer: Theorie der analytischen Funktionen einer komplexen Veränderlichen. DM 79,—; US $ 19.75
79. Saxer: Versicherungsmathematik. 1. Teil. DM 39,60; US $ 9.90
80. Pickert: Projektive Ebenen. DM 48,60; US $ 12.15
81. Schneider: Einführung in die transzendenten Zahlen. DM 24,80; US $ 6.20
82. Specht: Gruppentheorie. DM 69,60; US $ 17.40
83. Bieberbach: Einführung in die Theorie der Differentialgleichungen im reellen Gebiet. DM 32,80; US $ 8.20
84. Conforto: Abelsche Funktionen und algebraische Geometrie. DM 41,80; US $ 10.45
85. Siegel: Vorlesungen über Himmelsmechanik. DM 33,—; US $ 8.25
86. Richter: Wahrscheinlichkeitstheorie. DM 68,—; US $ 17.00
87. van der Waerden: Mathematische Statistik. DM 49,60; US $ 12.40
88. Müller: Grundprobleme der mathematischen Theorie elektromagnetischer Schwingungen. DM 52,80; US $ 13.20
89. Pfluger: Theorie der Riemannschen Flächen. DM 39,20; US $ 9.80
90. Oberhettinger: Tabellen zur Fourier Transformation. DM 39,50; US $ 9.90
91. Prachar: Primzahlverteilung. DM 58,—; US $ 14.50
92. Rehbock: Darstellende Geometrie. DM 29,—; US $ 7.25
93. Hadwiger: Vorlesungen über Inhalt, Oberfläche und Isoperimetrie. DM 49,80; US $ 12.45
94. Funk: Variationsrechnung und ihre Anwendung in Physik und Technik. DM 98,—; US $ 24.50
95. Maeda: Kontinuierliche Geometrien. DM 39,—; US $ 9.75
97. Greub: Linear Algebra. DM 39,20; US $ 9.80
98. Saxer: Versicherungsmathematik. 2. Teil. DM 48,60; US $ 12.15
99. Cassels: An Introduction to the Geometry of Numbers DM 69,—; US $ 17.25
100. Koppenfels/Stallmann: Praxis der konformen Abbildung. DM 69,—; US $ 17.25
101. Rund: The Differential Geometry of Finsler Spaces. DM 59,60; US $ 14.90
103. Schütte: Beweistheorie. DM 48,—; US $ 12.00
104. Chung: Markov Chains with Stationary Transition Probabilities. DM 56,—; US $ 14.00
105. Rinow: Die innere Geometrie der metrischen Räume. DM 83,—; US $ 20.75
106. Scholz/Hasenjaeger: Grundzüge der mathematischen Logik. DM 98,—; US $ 24.50
107. Köthe: Topologische Lineare Räume I. DM 78,—; US $ 19.50
108. Dynkin: Die Grundlagen der Theorie der Markoffschen Prozesse. DM 33,80; US $ 8.45
109. Hermes: Aufzählbarkeit, Entscheidbarkeit, Berechenbarkeit. DM 49,80; US $ 12.45
110. Dinghas: Vorlesungen über Funktionentheorie. DM 69,—; US $ 17.25
111. Lions: Equations différentielles opérationnelles et problèmes aux limites. DM 64,—; US $ 16.00
112. Morgenstern/Szabó: Vorlesungen über theoretische Mechanik. DM 69,—; US $ 17.25
113. Meschkowski: Hilbertsche Räume mit Kernfunktion. DM 58,—; US $ 14.50

114. MacLane: Homology. DM 62,—; US $ 15.50
115. Hewitt/Ross: Abstract Harmonic Analysis. Vol. 1: Structure of Topological Groups. Integration Theory. Group Representations. DM 76,—; US $ 19.00
116. Hörmander: Linear Partial Differential Operators. DM 42,—; US $ 10.50
117. O'Meara: Introduction to Quadratic Forms. DM 48,—; US $ 12.00
118. Schäfke: Einführung in die Theorie der speziellen Funktionen der mathematischen Physik. DM 49,40; US $ 12.35
119. Harris: The Theory of Branching Processes. DM 36,—; US $ 9.00
120. Collatz: Funktionalanalysis und numerische Mathematik. DM 58,—; US $ 14.50
121.
122. Dynkin: Markov Processes. DM 96,—; US $ 24.00
123. Yosida: Functional Analysis. DM 66,—; US $ 16.50
124. Morgenstern: Einführung in die Wahrscheinlichkeitsrechnung und mathematische Statistik. DM 38,—; US $ 9.50
125. Itô/McKean: Diffusion Processes and Their Sample Paths. DM 58,—; US $ 14.50
126. Lehto/Virtanen: Quasikonforme Abbildungen. DM 38,—; US $ 9.50
127. Hermes: Enumerability, Decidability, Computability. DM 39,—; US $ 9.75
128. Braun/Koecher: Jordan-Algebren. DM 48,—; US $ 12.00
129. Nikodým: The Mathematical Apparatus for Quantum-Theories DM 144,—; US $ 36.00
130. Morrey: Multiple Integrals in the Calculus of Variations. DM 78,—; US $ 19.50
131. Hirzebruch: Topological Methods in Algebraic Geometry. DM 38,—; US $ 9.50
132. Kato: Perturbation theory for linear operators. DM 79,20; US $ 19.80
133. Haupt/Künneth: Geometrische Ordnungen. DM 68,—; US $ 17.00
134. Huppert: Endliche Gruppen I. DM 156,—; US $ 39.00
135. Handbook for Automatic Computation. Vol. 1/Part a: Rutishauser: Description of ALGOL 60. DM 58,—; US $ 14.50
136. Greub: Multilinear Algebra. DM 32,—; US $ 8.00
137. Handbook for Automatic Computation. Vol. 1/Part b: Grau/Hill/Langmaack: Translation of ALGOL 60. DM 64,—; US $ 16.00
138. Hahn: Stability of Motion. DM 72,—; US $ 18.00
139. Mathematische Hilfsmittel des Ingenieurs. Herausgeber: Sauer/Szabó. 1. Teil. DM 88,—; US $ 22.00
141. Mathematische Hilfsmittel des Ingenieurs. Herausgeber: Sauer/Szabó. 3. Teil. DM 98,—; US $ 24.50
143. Schur/Grunsky: Vorlesungen über Invariantentheorie. DM 32,—; US $ 8.00
144. Weil: Basic Number Theory. DM 48,—; US $ 12.00
145. Butzer/Berens: Semi-Groups of Operators and Approximation. DM.56,—; US $ 14.00
146. Treves: Locally Convex Spaces and Linear Partial Differential Equations. DM 36,—; US $ 9.00
147. Lamotke: Semisimpliziale algebraische Topologie. DM 48,—; US $ 12.00
148. Chandrasekharan: Introduction to Analytic Number Theory. DM 28,—; US $ 7.00
149. Sario/Oikawa: Capacity Functions. In Vorbereitung
150. Iosifescu/Theodorescu: Random Process and Learning. DM 68,—; US $ 17.00
151. Mandl: Analytical Treatment of One-Dimensional Markov Processes. DM 36.—; US $ 9.00
152. Hewitt/Ross: Abstract Harmonic Analysis. Vol. 2. In Vorbereitung

---

721/38/68—III/18/203